IT Text

IPSJ 情報処理学会 編集

自然言語処理の基礎

岡﨑直観
荒瀬由紀
鈴木　潤　共著
鶴岡慶雅
宮尾祐介

はしがき

2010年頃からの深層学習の隆盛により，自然言語処理の研究と技術は急激な進展を遂げた．機械翻訳をはじめとする多くの応用タスクにおいて，深層学習に基づく手法が従来手法の性能を大きく上回り，高性能かつ汎用的な「知能」を実現しようと，より大規模なデータ，モデル，計算資源を活用する流れが強まっている．技術面では，深層学習フレームワーク，クラウドコンピューティング，コンテナ技術の成熟により，最先端の研究成果に基づいたサービスを素早く開発・デプロイできるようになった．

情報処理学会の教科書編集委員会から自然言語処理の新しい教科書の執筆のお話を頂いたのは，2020年の3月のことであった．当時，自然言語処理の学術書はTransformerやBERTなど，最近の自然言語処理の話題を収録していなかった．また，従来の学術書では形態素解析や品詞タグ付け，構文解析，意味解析など，基盤的な解析技術を順に解説することが多かったが，今やこれらすべてにBERTが活用される時代になった．そこで，TransformerやBERTを系統立てて説明することを本書の柱に据え，新しい構成の教科書を目指した．全11章の概要は以下のとおりである（括弧内は執筆者）．

第1章（岡崎）では，自然言語処理の概要と難しさ，言葉の使い方の「お手本」であるコーパスについて説明する．第2章（鶴岡，岡崎）では，機械学習や深層学習の基礎事項を確認する．第3章（荒瀬）では，単語を低次元密ベクトルで表現する手法としてWord2Vecなどを紹介する．第4章（岡崎）では，句や文など，単語よりも広い範囲を表現するベクトルを計算する手法として，RNN，LSTM，GRU，CNNを紹介する．第5章（鈴木）では，単語列を予測する言語モデルを導入し，その拡張として系列変換モデルを説明する．

第6章（鈴木）は本書のハイライトの一つである．自然言語処理だけでなく他分野でも汎用的に用いられるようになったTransformerを詳説する．第7章（荒瀬）は，事前学習とファインチューニングというアプローチを説明し，事前学習済みモデルとしてGPT，BERT，BARTなどを紹介する．第8章（岡崎）では，系列ラベリング問題および条件付き確率場を説明する，第9章

（宮尾）では，句構造解析や依存構造解析の手法を紹介する．第 10 章（宮尾）では，テキスト間含意関係認識，述語項構造解析，論理表現による推論，セマンティックパージングなどを取り上げ，自然言語の意味の取扱いにおける課題を論じる．第 11 章（岡﨑）では，機械翻訳，質問応答，対話システムなどの応用を紹介し，最後に，自然言語処理の歴史，今後の展望や課題を述べる．

本書は自然言語処理の研究を志す方や，ソフトウェア開発において理論面を強化したい方を想定読者としている．本書を読み進めるにあたり，線形代数や微分の基礎知識は必須である．機械学習の基礎は第 2 章で復習するが，他の参考書や機械学習帳*1も活用してほしい．大学の講義 1 回で一つの章を進めることを想定し，各章の文量はおおむね 20 ページになるように執筆した．ただし，第 2 章と第 5 章の文量は他の章の約 2 倍であるので，講義 2 回分に相当するかもしれない．全体として，15 回くらいで構成される講義に丁度良い量であろう．

本書は，マルコフモデル，トピックモデル，クラスタリング，語義曖昧性解消などの話題にあまり紙面を割いていない．これは，ページ数の上限の範囲内で，既刊の学術書に載っていない内容を優先したためである．また，深層学習に基づく自然言語処理の実装に関する内容も省略した．これらについては，他の書籍や言語処理 100 本ノック*2などを参照して頂きたい．

末筆ながら，情報処理学会教科書編集委員として本書を企画して頂き，全般的なアドバイスを頂いた沼尾雅之氏，差し替えや大量の校正にも柔軟に対応して頂き，本書を完成まで導いて頂いたオーム社編集局の方々に感謝申し上げます．さらに，徳永健伸氏，永田亮氏，二宮崇氏には，出版直前の原稿に目を通して頂き，記述の正確さや明確さなど，貴重なコメントを頂きました．最後に，本書の草稿に対して丁寧かつ的確なコメントを頂いた，朝倉卓人氏，飯田大貴氏，大矢一穂氏，瓦祐希氏，小西由希子氏，古山翔太氏，高山隼矢氏，谷口大輔氏，丹羽彩奈氏，野本英梨子氏，文翔煥氏，馬尤咪氏，水木栄氏，村岡雅康氏，吉川和氏，吉田奈央氏，李凌寒氏，Mengsay Loem 氏に深く感謝致します．

2022 年 7 月

岡﨑　直観

*1 https://chokkan.github.io/mlnote/
*2 https://nlp100.github.io/

目　次

第3章 単語ベクトル表現

第4章 系列に対するニューラルネットワーク

第5章　言語モデル・系列変換モデル

第6章 Transformer

第7章 事前学習済みモデルと転移学習

第8章　系列ラベリング

第9章　構文解析

第10章　意味解析

第11章　応用タスク・まとめ

本書では以下の表記法を採用する[*3].

数値とベクトル・行列・テンソル

a	スカラー（同じ書体で単語や文書を表すこともある）
$\boldsymbol{a}$	ベクトル（断りのない限り列ベクトル）
$\boldsymbol{A}$	行列
$\mathsf{\mathbf{A}}$	テンソル
$\boldsymbol{I}_n$	$n \times n$ の単位行列
$\boldsymbol{I}$	単位行列（行列のサイズは文脈から推測すること）
$\mathrm{diag}(\boldsymbol{a})$	対角成分が $\boldsymbol{a}$ で表される対角行列

集合とグラフ

$\mathbb{A}$	集合
$\mathbb{R}$	実数の集合
$\{0,1\}$	0 と 1 を要素にもつ集合
$\{0,1,\ldots,n\}$	0 から n までのすべての整数による集合
$[a,b]$	a から b までの実数の閉区間（a と b を含む）
$(a,b]$	a から b までの実数の半開区間（a を含めず b を含む）
$\mathbb{A} \backslash \mathbb{B}$	集合 $\mathbb{A}$ の要素のうち，集合 $\mathbb{B}$ に含まれていない要素から構成される集合（集合の差）
$\mathcal{G}$	グラフ

インデックス

a_i	ベクトル $\boldsymbol{a}$ の i 番目の要素（先頭の要素は 1 番目）
$A_{i,j}$	行列 $\boldsymbol{A}$ の i 行 j 列の要素
$\boldsymbol{A}_{i,:}$	行列 $\boldsymbol{A}$ の i 行ベクトル
$\boldsymbol{A}_{:,i}$	行列 $\boldsymbol{A}$ の i 列ベクトル
$\mathsf{A}_{i,j,k}$	3 次元テンソル $\mathsf{\mathbf{A}}$ の (i,j,k) 要素
$\mathsf{\mathbf{A}}_{:,:,i}$	3 次元テンソルの 2 次元のスライス

*3 Goodfellow らの書籍[42)]で採用されているものに準拠した LaTeX コードを一部改変して作成した．
https://github.com/goodfeli/dlbook_notation

線形代数の操作

$\boldsymbol{a} \oplus \boldsymbol{b}$	ベクトル $\boldsymbol{a}$ とベクトル $\boldsymbol{b}$ の連結
$\boldsymbol{A} \odot \boldsymbol{B}$	$\boldsymbol{A}$ と $\boldsymbol{B}$ の要素ごとの（アダマール）積
$\boldsymbol{A}^\top$	行列 $\boldsymbol{A}$ の転置

微積分

$\frac{dy}{dx}$	y の x に関する微分
$\frac{\partial y}{\partial x}$	y の x に関する偏微分
$\nabla_{\boldsymbol{x}} y$	y の $\boldsymbol{x}$ に関する傾き
∇y	y の傾き（何に関する傾きかは文脈から推測すること）
$\frac{\partial f}{\partial \boldsymbol{x}}$	$f : \mathbb{R}^n \to \mathbb{R}^m$ に関するヤコビ行列 $\boldsymbol{J} \in \mathbb{R}^{n \times m}$

本書では分母レイアウトを採用する．$\boldsymbol{y} = f(\boldsymbol{x})$ のとき，

$$\frac{\partial \boldsymbol{y}}{\partial \boldsymbol{x}} = \begin{pmatrix} \frac{\partial y_1}{\partial x_1} & \frac{\partial y_2}{\partial x_1} & \cdots & \frac{\partial y_m}{\partial x_1} \\ \frac{\partial y_1}{\partial x_2} & \frac{\partial y_2}{\partial x_2} & \cdots & \frac{\partial y_m}{\partial x_2} \\ \vdots & \vdots & \ddots & \vdots \\ \frac{\partial y_1}{\partial x_n} & \frac{\partial y_2}{\partial x_n} & \cdots & \frac{\partial y_m}{\partial x_n} \end{pmatrix}$$

確率

$P(\mathrm{a})$	離散的な変数に対する確率分布
$\mathrm{a} \sim P$	確率変数 a の確率分布は P である

関数

$f : \mathbb{A} \to \mathbb{B}$	定義域が $\mathbb{A}$ で値域が $\mathbb{B}$ である関数 f
$f(\boldsymbol{x};\boldsymbol{\theta})$	$\boldsymbol{\theta}$ をパラメータにもち，$\boldsymbol{x}$ を引数とする関数（簡略化するため，しばしば $\boldsymbol{\theta}$ を省略し $f(\boldsymbol{x})$ と書くことがある）
$f(\cdot)$	ある関数 f（定義域と値域は文脈から推測すること）
$\mathrm{TF}(\cdot)$	ある関数 TF（関数名が 2 文字以上の場合）
$\exp x$	指数関数 e^x
$\log x$	x の自然対数

$\sigma(x)$	標準シグモイド関数 $\dfrac{1}{1+\exp(-x)}$
$\lvert\boldsymbol{a}\rvert$	ベクトル $\boldsymbol{a}$ の L^1 ノルム
$\lVert\boldsymbol{a}\rVert$	ベクトル $\boldsymbol{a}$ の L^2 ノルム
$\lVert\boldsymbol{A}\rVert$	行列 $\boldsymbol{A}$ の L^2 ノルム
$\mathbf{1}_{\mathrm{condition}}$	もし条件（condition）が真ならば 1，そうでなければ 0

スカラーを引数にとる関数 f に対して，$f(\boldsymbol{x})$ や $f(\boldsymbol{X})$，$f(\mathsf{\mathbf{X}})$ としてベクトルや行列，テンソルを引数に与えることがある．これは，引数の各要素に対して関数 f を適用することを意味する．例えば，$\mathsf{\mathbf{C}}=\sigma(\mathsf{\mathbf{X}})$ と表したとき，すべての有効な i, j, k に対して $\mathsf{C}_{i,j,k}=\sigma(\mathsf{X}_{i,j,k})$ である．

データセット

x_t	単語
$\boldsymbol{x}=(x_1,\ldots,x_T)$	T 個の単語からなる文（単語列） ※行ベクトルとする
$\boldsymbol{x}_t$	単語 x_t の埋込み表現（ベクトル）
$\boldsymbol{X}=(\boldsymbol{x}_1,\ldots,\boldsymbol{x}_T)$	T 個の単語からなる文（単語の埋込みを並べた行列）
$\boldsymbol{x}^{(i)}$	データセットにおける i 番目の事例
$y^{(i)}$ または $\boldsymbol{y}^{(i)}$	教師あり学習において $\boldsymbol{x}^{(i)}$ に対応付けられる目的変数
$\mathcal{D}=\{(\boldsymbol{x}^{(i)},\boldsymbol{y}^{(i)})\}_{i=1}^{N}$	N 件の事例からなる訓練データの集合

第1章 自然言語処理の概要

鉄腕アトムやドラえもんなどで描かれているように，人間とロボットが言葉で意思疎通できるようになることは，コンピュータの未来として長年描かれてきた．ウェブ上の機械翻訳サービスの品質は実用レベルに到達し，スマートスピーカなどの音声対話可能な **AI** アシスタントが登場するなど，自然言語処理の応用は身近なものとなりつつある．現在の自然言語処理の成功を支えているのは，コンピュータに言葉の使い方の「お手本」を示すコーパスと，そのお手本から自動的に「学ぶ」仕組みである．ところが，現在の自然言語処理は完璧ではない．コンピュータで言葉の意味を扱うことの難しさを考えながら，人間の言葉を扱う知能の神秘を探求する旅に出かけよう．

1.1 自然言語処理の応用

自然言語処理（natural language processing）は，コンピュータが人間のように言葉を操れるようになることを目指した研究・技術の総称である．文章の読み書きや対話など，人間の言葉に関する知能をコンピュータ上で再現することは，その知能の仕組みの解明にもつながると期待される．自然言語という用語は人間が日常的に用いる言語（日本語や英語など）を指し，人工言語（プログラミング言語や論理式などの形式言語）と対をなす．以降では，単に「言語」というと自然言語を表すことにする．

自然言語処理の身近な応用を挙げる．

- **機械翻訳**（machine translation）：ある言語の文章を別の言語に翻訳する．機械翻訳はソフトウェアやウェブサービスとして普及し，人間の言語の壁を取り払いつつある．
- **仮名漢字変換**：平仮名やローマ字で入力された文章を漢字仮名交じりの表記に変換する．仮名漢字変換は，日本語を扱うコンピュータやスマートフォンなどに必ず搭載されており，日本で最も普及した自然言語処理技術である．
- **情報検索**（information retrieval）：文書集合の中からユーザが必要としている情報を探し出し，提示する．例えば，ウェブ検索サービスは，キーワードなどで表現された問合せ（検索クエリ）に対して，ユーザが閲覧したいと思われるウェブサイトを提示する．
- **質問応答**（question answering）：自然言語で与えられる質問に対して，その答えを提示する．情報検索と似ているが，自然言語による複雑な問合せに対応すること，質問の答えをピンポイントで返すことが異なる．例えば，「富士山の高さは」という質問に対して「3776 m」と答えることが期待される．ウェブ検索サービスの一部では，検索クエリに応じて情報検索と質問応答の結果を同時に提示するものがある．
- **対話システム**（dialogue system）：人間とコンピュータの間で会話をすることを目指したシステムである．ホテルの予約や家電の操作など，ユーザのタスクを遂行することを目的としたタスク指向対話システムと，何気ないおしゃべりの相手となることを目的としたチャットボット（非タスク指向対話システム）に大別される．対話システムは，スマートフォンやスマートスピーカなどで実用化が進んでいる．
- **自動要約**（automatic summarization）：与えられた文章の要旨を短くまとめる．新聞記事の本文からその内容を端的に表す見出しを自動的に生成する技術は，一部のニュースサイトやキュレーションサービスで活用されている．また，会議の議事録から要点を文章にまとめるなど，自動要約に対する期待は高い．
- **自然言語生成**（natural language generation）：コンピュータに文章を生成させる技術・研究の総称である．機械翻訳や対話システム，自動要約などは自然言語生成の一種と見なすこともできる．これらの応用以外にも，データベースの内容や画像を説明する文章の自動生成や，広告の自動生成および作成支援など，新たな応用が開拓されつつある．

- **文法誤り訂正**（grammatical error correction）：与えられた文章中に含まれる語彙的・文法的な誤りを自動的に検出し，その修正の候補をユーザに提示する．綴りや句読点の誤りなど，一般に文法誤りとは見なされないものを訂正対象とすることもある．母語ではない言語で文章を書くときや，新しい言語を学習するときなどに役に立つ．

日本語や英語などの自然言語で書かれたデータを分析し，有用な知見を得る取組みは，**テキスト分析**（text analytics）と呼ばれる．特に，大量のテキストデータから自動的に情報を抽出・分析し，新しい知識を発見したり，仮説を裏付けたりするエビデンスを見いだす取組みは，**テキストマイニング**（text mining）と呼ばれる．先ほど挙げた応用よりはやや専門的であるが，テキスト分析技術の応用例を紹介する．

- **キーワード抽出**（keyword extraction）：文書の中から重要と思われる単語やフレーズを抽出する．例えば，ソーシャルネットワーク上の投稿の中でよく出現するキーワードを取り出すことで，世の中の動向や関心を知ることができる．また，大統領の演説の書き起こしに対してキーワード抽出を適用することで，その大統領が重視している政策を見いだすことができる．
- **文書分類**（document classification）：あらかじめ決められたカテゴリに文書を分類する．例えば，「スパム」と「非スパム」というカテゴリを用意し，届いた電子メールに文書分類を適用すると，スパムメールの検出（スパムフィルタ）が実現できる．「ポジティブ」「ネガティブ」「中立」というカテゴリを用意し，ある製品のレビューに文書分類を適用すると，その製品の評判を自動的に分析する**感情分析**（sentiment analysis）となる．性別，年齢，職業，居住地に対応するカテゴリを用意し，あるユーザのソーシャルネットワーク上の投稿に対して文書分類を適用すると，ユーザのプロファイリングが実現する．このように，文書分類の応用例は広い．
- **文書クラスタリング**（document clustering）：類似する内容の文書群

をまとめてグループ化する．文書分類と似ているが，分類の仕方（カテゴリ）を与えず，文書の類似性に基づいてグループ分けを自動的に導き出すところが異なる．例えば，大学の講義に関して受講生にアンケートを実施し，講義に関して自由記述による回答を収集した場合を考える．自由記述ではさまざまな回答があり得るが，「オンライン講義を見逃したときのために，講義を録画したものを見たい」「用事で講義に参加できなかった場合に，講義動画を見られるようにしてほしい」「講義を録画したものを視聴したい」という三つの回答は，いずれも講義の録画視聴について言及しており，内容が似ているので一つのグループ（クラスタ）にまとめられる．

- **情報抽出**（information extraction）：文書からモノやコトに関する情報を取り出す．例えば，生命医学分野の論文では，病気や遺伝子などの実体・概念（モノ）と，ある遺伝子がある病気を引き起こす，といった関係（コト）に関する知識が書かれている．このような情報を文書から自動的に取り出すことで，ある病気に対する世界中の研究者の取り組みを俯瞰・統合し，新たな研究・開発の方向性を決めることに役立つ．

1.2　コーパスと自然言語処理

1.　さまざまなコーパス

現在の自然言語処理の発展は**コーパス**（corpus）によって支えられている．コーパスとは，何らかの目的や話題に関して，文章や会話の書き起こしなどのテキストを収集・加工したもので，自然言語処理のための主要な**言語資源**（language resource）である．新聞記事やウェブサイトのテキストなど，既に書かれているテキストに基づいてコーパスを構築することもあれば，会議やホテルの予約などの場面を設定し，文章や会話を収集することもある．

世界初の電子化されたコーパスは，アメリカ英語のテキストを収録した Brown Corpus*1といわれている．Brown Corpus は 1961 年にアメリカで印

*1　正式名称は Brown University Standard Corpus of Present-Day American English, https://www.sketchengine.eu/brown-corpus/

刷された文章（散文）から構成されている．情報を伝える文章として報道，解説，レビューなど，空想に基づく文章としてミステリー，アドベンチャー，ユーモアなどのジャンルを定め，その内訳を慎重に検討したうえで文章を無作為に抽出するという戦略を採用し，全体で約 100 万単語の規模のコーパスを作り上げた．このように，テキストの多様性を考慮して構築されたコーパスは，**均衡コーパス**（balanced corpus）と呼ばれる．

英語のテキストの文法的な分析を行えるようにするため，Brown Corpus の各単語には**品詞**（part of speech）の情報が付与されている．このように，コーパスに追加された付加的な情報は，**注釈**（annotation），**タグ**（tag），**ラベル**（label）と呼ばれる．以下に，品詞が付与された文の例を示す[*2]．

I/PPSS had/HVD a/AT long/JJ talk/NN with/IN him/PPO ./.

スラッシュ (/) の後に書かれている文字列が品詞のタグを表す．例えば，PPSS は人称代名詞（三人称単数ではない主格），HVD は動詞 have の過去形，AT は冠詞を表す．Brown Corpus のように注釈が付与されているコーパスは，**注釈付きコーパス**（annotated corpus），**タグ付きコーパス**（tagged corpus），**ラベル付きコーパス**（labeled corpus）と呼ばれる．

自然言語処理において注釈付きコーパスが果たす役割は，大きく分けて三つある．まず，言語学の諸分野の理論や知見に基づき注釈付きコーパスを構築しながら，言語の構造や意味などの重要課題への検討を深めることである．品詞タグ付けコーパスを構築する際には，形態論，語彙論，統語論などの理論を踏まえながら，自然言語処理における品詞や文法の取扱いを掘り下げる．

次に，自然言語処理の自動解析手法の確立である．例えば，品詞タグが付与されていない文から品詞タグを予測する手法を設計・開発することで，自動品詞タグ付け器を構築できる．最近の自然言語処理では，機械学習や深層学習を用いて自動解析手法を構築することが多く，注釈付きコーパスはタグ付けのお手本，すなわち訓練データとして利用される．注釈付きコーパスを訓練データとして用い，自動解析器を構築する方法は，第 2 章以降の中心的話題である．

最後に，自動解析手法の評価である．例えば，コンピュータによって予測された品詞と人間によって注釈付けされていた品詞との一致度を測定することで，自動品詞タグ付け器の正確さを定量化できる．また，同じ注釈付きコーパ

*2 Brown Corpus 中のファイル cp10 から抽出し，わかりやすいように品詞タグを大文字で表記した．

スを用いて自動解析器の開発と評価を積み重ねることで，異なる自動解析手法間の性能を比較できる．

これまでに数多くの注釈付きコーパスが開発され，自然言語処理の研究開発を支えてきた．英語テキストの基盤的な解析に用いられるコーパスとしては，Brown Corpus のほか，Penn Treebank*3，OntoNotes*4が代表的である．日本語テキストの基盤的な解析に用いられる注釈付きコーパスとしては，京都大学テキストコーパス*5，NAIST テキストコーパス*6，現代日本語書き言葉均衡コーパス（BCCWJ）*7が有名である．さらに，固有表現抽出，関係抽出，感情分析，質問応答など，さまざまな自然言語処理タスクに対して注釈付きコーパスが開発され，活用されている．

注釈付きコーパスに対して，注釈付けを行わずにテキストを集めただけのコーパスは**注釈なしコーパス**（unannotated corpus），**ラベルなしコーパス**（unlabeled corpus），**生コーパス**（raw corpus）と呼ばれる．生コーパスの典型例は，ウィキペディアのコンテンツ*8をダウンロードし，マークアップを除去してテキストデータに変換したものであろう．大規模な生コーパスとしては，ウェブページを自動的に巡回・ダウンロードした Common Crawl*9が有名である．生コーパスは，単語の使われ方や単語の並びなど，言語に関する一般的な知識を取り出すために用いられる．これらの利用例については，第 3 章および第 7 章で詳説する．

ところで，ウェブ上にはさまざまな言語で書かれたページが存在する．したがって，ウェブ上から収集したコーパスには，（言語に関するフィルタリング処理を行わなければ）複数の言語のテキストが含まれる．このように，複数の言語のテキストから構成されるコーパスは**多言語コーパス**（multilingual corpus）と呼ばれる．これに対し，一つの言語のテキストから構成されるコーパスは**単言語コーパス**（monolingual corpus）と呼ばれる．

多言語コーパスの代表例は，二つ以上の言語間で翻訳関係にあるテキストを収録した**対訳コーパス**（translation corpus）である．対訳コーパスは機械翻

*3　https://catalog.ldc.upenn.edu/LDC99T42
*4　https://catalog.ldc.upenn.edu/LDC2013T19
*5　https://nlp.ist.i.kyoto-u.ac.jp/?京都大学テキストコーパス
*6　https://sites.google.com/site/naisttextcorpus/
*7　https://clrd.ninjal.ac.jp/bccwj/
*8　https://dumps.wikimedia.org/
*9　https://commoncrawl.org/　2022 年 1 月時点で約 30 億ページ，320 テビバイトのテキストを収録．

訳の研究開発に欠かせない．対訳コーパスのうち，文などを単位として翻訳関係が明確になっているものを，**パラレルコーパス**（parallel corpus）と呼ぶ．例えば，日本語のテキストの文をそれぞれ英語に翻訳し，日本語とその英訳の文対を収集すると，日英パラレルコーパスを構築できる．一方で，翻訳関係にあるとは限らないものの，異なる言語で同じトピックについて記述しているテキストをまとめたものは，**コンパラブルコーパス**（comparable corpus）と呼ばれる．例えば，同じ出来事について日米の報道機関が独立に報道した記事対や，同じトピックについて日本語版と英語版のウィキペディアに収録されている記事対*10は，コンパラブルコーパスとして用いることができる．

代表的なパラレルコーパスとして，欧州議会の議事録が多言語で作成されることに着目し，21 の言語対のパラレルコーパスを収録した Europarl*11が挙げられる．また，ウェブ上から大量のテキストを収集し，文レベルの翻訳関係を自動的に推定し，大規模な多言語対訳コーパスを構築した ParaCrawl*12も注目を集めている．

2. 品詞の注釈付けの例

表 1.1 に，Penn Treebank で採用されている品詞タグのうち，主要なものの一覧を示した[105)]．この表を見ながら，テキストにタグを付与する作業者，すなわち**アノテータ**（annotator）になったつもりで，以下の例文におけるイタリック体の単語 *near* について，どの品詞タグを付与すべきか考えよう．

(1) The *near* side of the moon.
(2) They had approached quite *near*.
(3) We were *near* the station.

単語と品詞の対応は 1 対 1 ではなく，文脈に依存するので，文全体の構造を考えて品詞タグを付与する必要がある．(1) は名詞 side を修飾しているので形容詞（JJ），(2) は動詞 approached の程度を表しているので副詞（RB），(3) は名詞句 the station を引き連れて前置詞句を構成していると考えられるので前置詞（IN）が妥当と考えられる．

*10 ウィキペディアでは異なる言語の記事間がリンクで結ばれることがあるが，ある言語の記事が別の言語の記事の翻訳である保証はない．
*11 正式名称は European Parliament Proceedings Parallel Corpus 1996-2011.
*12 https://opus.nlpl.eu/ParaCrawl.php

表 1.1　Penn Treebank の品詞タグ（抜粋）

品詞タグ	英語での説明	日本語訳
CC	Coordinating conjunction	等位接続詞
CD	Cardinal number	基数
DT	Determiner	限定詞
EX	Existential there	存在を表す there
IN	Preposition or subordinating conjunction	前置詞または従属接続詞
JJ	Adjective	形容詞
JJR	Adjective, comparative	形容詞（比較級）
JJS	Adjective, superlative	形容詞（最上級）
MD	Modal	法
NN	Noun, singular or mass	名詞（単数または集合名詞）
NNS	Noun, plural	名詞（複数）
NNP	Proper noun, singular	固有名詞（単数）
NNPS	Proper noun, plural	固有名詞（複数）
PDT	Predeterminer	前限定辞
POS	Possessive ending	所有格の語尾
PRP	Personal pronoun	人称代名詞
PRP$	Possessive pronoun	所有代名詞
RB	Adverb	副詞
RBR	Adverb, comparative	副詞（比較級）
RBS	Adverb, superlative	副詞（最上級）
RP	Particle	不変化詞
TO	to	to
VB	Verb, base form	動詞（原形）
VBD	Verb, past tense	動詞（過去形）
VBG	Verb, gerund or present participle	動詞（動名詞または現在分詞）
VBN	Verb, past participle	動詞（過去分詞）
VBP	Verb, non-3rd person singular present	動詞（三人称ではない単数現在形）
VBZ	Verb, 3rd person singular present	動詞（三人称単数現在形）

では，次の二つの文における *striking* はどうであろうか？

(4)　He wore a *striking* hat.

(5)　The *striking* teachers protested.

(4) は名詞 hat を，(5) は名詞 teachers を修飾していると考えられるので，両方とも形容詞（JJ）のように思われる．ところが，*striking* は動詞 strike の現在分詞（VBG）と考えることもできる．したがって，(4) と (5) の *striking* に

現在分詞(VBG)との区別に関して，単語が以下の条件のいずれかを満たすならば，形容詞(JJ)のタグを付与する．

- 程度を付けられる — つまり，程度を表す副詞 very を付けたり，比較級にしたりすることができる．
  - Her talk was very *interesting*/JJ.
  - Her talk was more *interesting*/JJ than theirs.
- un- を付けることで逆の意味が得られる．
  - An *interesting*/JJ conversation
  - An *uninteresting*/JJ conversation
- be 動詞の構文で用いられる場合，その be 動詞を become や feel などで置き換えることができる．
  - The conversation was *depressing*/JJ.
  - The conversation became *depressing*/JJ.
  - That place feels *depressing*/JJ.
- 名詞の直前に出現する場合において，対応する(ing を除去した)動詞が自動詞である場合，もしくは対応する動詞の意味が異なる場合．
  - a *winning*/JJ smile ⟶ *a smile that wins
  - a *holding*/VBG company ⟶ a company that holds another one

図 1.1 Penn Treebank のアノテーションガイドラインの抜粋（一部改変）

対して，形容詞と動詞の現在分詞のどちらの品詞タグを付与すればよいか，迷うかもしれない．迷いが生じたままタグ付け作業を進めてしまうと，付与された品詞タグの一貫性，およびコーパスとしての品質が低下する．

一般に，テキストへの注釈付けを作業者が行うときは，表 1.1 のような注釈の定義だけでなく，より詳細な仕様（ガイドライン）を策定する必要がある．例えば，Penn Treebank のアノテーションガイドラインでは，形容詞（JJ）と現在分詞（VBG）の区別に関して，図 1.1 に示すテストが示されている．このテストに従うと，(4) は形容詞（JJ），(5) は動詞の現在分詞（VBG）である．

さて，次の三つの文の斜体の単語はどのようにタグ付けすればよいか？

(6) I don't trust him *at all.*

(7) *All right*!

(8) The couple loves *each other*.

これらは，成句として意味を捉えることが多いため，個々の単語の品詞を問われると難しいかもしれない．Penn Treebank のアノテーションガイドラインでは，これらを特定の品詞を割り当てる事例として挙げており，(6) は前置詞（IN）と限定詞（DT），(7) は副詞（RB）と形容詞（JJ），(8) は限定詞（DT）と形容詞（JJ）としてタグ付けする．

このように，品詞のタグ付きコーパスを作るだけでも，紛らわしい事例や取扱いが難しい事例に遭遇する．実際のアノテーション作業では，事前に作成したアノテーションの仕様に従って作業を進めるとともに，仕様から逸脱する事例や判断が難しい事例を記録しておき，アノテーションの仕様を再検討・更新し，アノテーションも更新するというサイクルを回す．さらに，同じテキストを複数の作業者で注釈付けし，作業者間の注釈の一致率を測定することで，注釈付けの良し悪しを推定することもできる．

3.　コーパスに対する統計的な分析

第 2 章以降で，コーパスを使って確率モデルや機械学習モデルを構築する手法を紹介していく．ここでは，より単純な統計的処理の実例を見ながら，自然言語処理でよく用いられる仮説や法則に触れてみよう．自然言語処理でしばしば用いられる仮説に，「テキスト中で頻繁に出現する単語や語句はそのテキストの中心的な話題を表すであろう」というものがある．このことを，日本語版ウィキペディアから世界中の国家に言及している記事を抽出し*13，マークアップ（MediaWiki 記法）を除去したテキストを対象として確認してみよう．

表 1.2 (a) に，コーパス中に含まれる単語*14のうち，その出現回数，すなわち出現**頻度**（frequency）が高いトップ 10 のランキングを示した．日本語のテキストでは助詞が頻繁に出現するため，この表の大部分を占めている．英語のコーパスで同様の分析をすると，a, the, and, but などの単語の出現頻度が高い傾向にある．代名詞，接続詞，助動詞，助詞，前置詞のように，単語の意味よりも文法的な役割を強く示す単語を**機能語**（function word）と呼ぶ．これに対し，名詞，動詞，形容詞のように，意味内容を強く示す単語を**内容語**（content word）と呼ぶ．表 1.2 (a) のランキングでは機能語が上位を占め，内

*13　https://nlp100.github.io/data/jawiki-country.json.gz
*14　日本語の単語区切りとして，MeCab（IPA 辞書）で認識された形態素を用いた．
https://taku910.github.io/mecab/

表 1.2　コーパス全体で出現頻度の高い単語

(a) すべての単語

順位	単語	出現回数
1	の	81 162
2	に	53 057
3	は	49 361
4	が	42 113
5	を	36 614
6	と	32 465
7	年	24 667
8	で	18 988
9	いる	12 846
10	さ	12 448

(b) 名詞のみ

順位	単語	出現回数
1	国	9 571
2	語	6 129
3	人	5 864
4	日本	4 625
5	こと	4 401
6	世界	3 390
7	政府	3 267
8	島	3 211
9	大統領	3 157
10	共和	3 042

容語が少ないため，コーパスの内容がわかりにくい．

よりテキストの内容に注目したランキングを得るため，コーパス中に含まれる名詞だけを対象として出現頻度ランキングを作成したのが表 1.2 (b) である．世界中の国家に関するウィキペディア記事を集めたので，「国」「語」「人」などの単語がランキングの上位を占めている．テキストデータ中における単語や句の出現頻度は，term frequency の略で TF と呼ぶことがある．

続いて，特定の国家の話題に着目してみよう．表 1.3 (a) は，日本に関するウィキペディア記事をコーパスと見なし，出現頻度の高い名詞のランキングを作成したものである．表 1.2 (b) と比較すると，「日」「関係」「中国」「経済」などの単語がランキングに登場するようになったが，日本を説明するキーワードとしては物足りなさを感じる．特に，「国」「世界」「人」など，多くの国家の記事にも出現していると思われる単語や，「こと」「ため」など意味的な役割よりも文法的な役割のほうが強い単語がランキングに登場している．

各記事の特徴をより捉えたキーワードを見いだすには，あらゆる記事によく出現する単語ではなく，特定の記事に偏って出現する単語に着目すればよい．このアイディアを実現する一つの方法として，**TF-IDF** を紹介したい．N 件の文書からなるコーパスにおいて，ある文書 d における単語 x の出現頻度を $\mathrm{TF}(x, d)$，単語 x が出現する文書の数を $\mathrm{DF}(x)$ と書くことにすると，文書 d における単語 x の TF-IDF スコアは，次式で定義される．

表 1.3　日本に関する記事から名詞のキーワードを抽出する例

(a) 単語の頻度

順位	単語	出現回数
1	日本	796
2	国	359
3	日	148
4	世界	143
5	こと	142
6	人	132
7	関係	121
8	経済	113
9	中国	112
10	ため	88

(b) TF-IDF

順位	単語	TF	DF	TF-IDF
1	天皇	65	16	178.2
2	倭国	30	2	144.6
3	朝鮮	61	26	137.6
4	列島	42	11	130.9
5	書紀	22	1	121.3
6	明治	47	23	111.8
7	琉球	25	3	110.4
8	沖縄	37	14	106.4
9	倭	21	2	101.2
10	新幹線	21	4	86.7

$$\text{TF-IDF}(x,d) = \text{TF}(x,d) \times \log\left(\frac{N}{\text{DF}(x)}\right) \tag{1.1}$$

TF-IDF は単語の出現頻度（TF）と**逆文書出現頻度**（inverse document frequency; IDF）の積で定義され，単語がその文書でよく出現し，かつ他の文書ではあまり出現しないときにスコアが高くなる．表 1.3 (b) に，国家に関するウィキペディア記事の中で，日本の記事において TF-IDF スコアが高いトップ 10 件の単語を示した．表 1.3 (a) のランキングと比較すると，日本固有の話題を表すキーワードが上位を占めるようになったことが明白であろう．

本節の締めくくりとして，単語の出現頻度の統計に関する有名な法則である**ジップの法則**（Zipf's law）を紹介したい．あるテキストデータ上で単語の出現頻度を計測したとき，単語 x の出現頻度 f_x とその出現順位[*15] r_x の間には，次の関係が成り立つという法則である．

$$f_x \times r_x = C\ (C\ \text{はある定数})\quad \text{すなわち}\quad f_x \propto \frac{1}{r_x} \tag{1.2}$$

式 (1.2) は，単語の出現頻度 f_x がその出現順位 r_x に反比例するという関係を表す．別の言い方をすれば，テキスト中ではごく少数の単語が頻繁に用いられ，それ以外の多くの単語はあまり使用されないことを表している．図 1.2 に，国家に関するウィキペディア記事のコーパスに対して，単語の出現頻度を

*15　出現頻度が最も高い単語を 1 位とする．

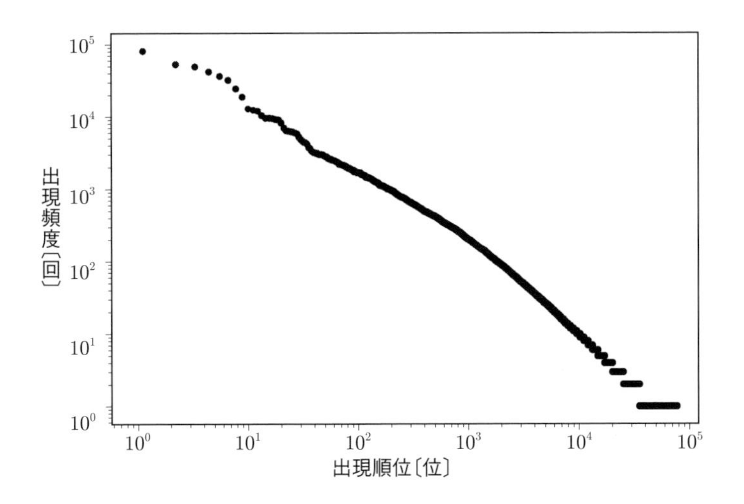

図 1.2 ウィキペディアの記事のうち，国家に関する記述を抽出して生コーパスを構築し，単語（形態素）の出現順位と出現頻度をプロットしたグラフ

計測し，横軸を出現順位，縦軸を出現頻度とした両対数グラフを示した．両端（左上と右下）に若干の乖離が見られるが，おおよそジップの法則に従っていることがうかがえる*16．

1.3 自然言語処理の難しさ

自然言語処理には驚くような応用例が登場しているので，自然言語処理は既に完成した研究・技術のように思われるかもしれない．ところが，現時点では，言葉を人間のように自由自在に操るコンピュータの実現には至っていない．本節では，自然言語処理の基盤解析の概要，およびその難しさを説明したい．

我々が外国語の文の意味を考えるとき，その言語の**文字**（character）に関する知識，意味の基本単位である**単語**（word）の知識，単語から**文**（sentence）を組み立てる**文法**（syntax）の知識が必要である．最近のオペレーティングシステムやソフトウェアは**ユニコード**（Unicode）に対応しているため，各国で

*16 式 (1.2) より $\log f_x = \log C - \log r_x$ であるので，両対数グラフでは右下がりの直線となる．

用いられる文字をコンピュータ上で統一的に扱えるようになった．ゆえに，コンピュータは既に自然言語の文字を修得していると考える．では，単語や文法をコンピュータ上でどのように扱えばよいのだろうか？

1．形態素解析

文の構造や意味を考える前に，文中の単語を認識する必要がある．英語のように単語がスペースで区切られている言語とは異なり，日本語の文は単語に**分かち書き**（tokenization）されていない．そこで，次の例文を単語に分かち書きしてみよう．

【例文 1】外国人参政権について議論した

図 1.3 に分かち書きの例を示した．(a) の分かち書きでは，【例文 1】を「外国人参政権」「について」「議論し」「た」の 4 単語に分割した．日本語の知識があれば，この分かち書きはさほど難しくない．ただし，この分かち書きでは，

- 「議論し」はサ行変格活用の動詞「議論する」の連用形である
- 「た」は過去や完了を表す助動詞である

(a) 外国人参政権　について　議論し　た
名詞　助詞　動詞　助動詞

(b) 外国人　参政権　に　つい　て　議論　し　た
名詞　名詞　助詞　動詞　助詞　名詞　動詞　助動詞

(c) 外国　人参　政権　に　つい　て　議論　し　た
名詞　名詞　名詞　助詞　動詞　助詞　名詞　動詞　助動詞

(d) 外国　人　参政　権　に　つい　て　議論　し　た
名詞　名詞　名詞　名詞　助詞　動詞　助詞　名詞　動詞　助動詞

……（膨大な数の分かち書き候補）……

(x) 外　国　人　参　政　権　に　つい　て　議　論　した
名詞　名詞　名詞　名詞　名詞　名詞　動詞（煮る）　副詞　名詞（手）　名詞　名詞　名詞（下）

図 1.3 【例文 1】「外国人参政権について議論した」の分かち書き候補

といった日本語の語彙知識が用いられている．単語と語彙知識を対応付けるため，図 1.3 では各単語の下に品詞を示した．

(a) の分かち書きは日本語として自然ではあるが，気になる点もある．例えば，「について」を一塊として助詞と認定しているが，「付く」という動詞が語源として考えられることや，「に対して」「に関して」などの似たような言い回しがあることから，「に」「つい」「て」に分割してもよさそうである．「議論し」は「議論」という名詞に「する」という動詞が付いたものと考えることも可能である．さらに，「外国人参政権」は「外国人の参政権」と言い換え可能なので，「外国人」と「参政権」の 2 単語に分割できる．

これらの考察に基づき，図 1.3 (a) の分かち書きよりも細かく単語を認定したのが，図 1.3 (b) である．形態論としての妥当性に加えて，後続の処理の都合も考慮に入れる必要があるため，(a) と (b) のどちらの分かち書きを採用すべきか，明確な結論を出すことは難しい．一般に，意味をもつ最小の言語単位を**形態素**（morpheme）と呼ぶ．文を形態素列に分割する処理は，**形態素解析**（morphological analysis）と呼ばれる．本書では，何を形態素と定義するかには立ち入らず，「形態素」「単語」「語」を区別せずに用いる．

なお，「外国人参政権」をさらに細かく分割することも可能である．図 1.3 (d) のように，「外国」「人」「参政」「権」に分割することは妥当のように思われる．一方で，図 1.3 (c) のように，「外国」「人参」「政権」に分割することには違和感を覚える．ところが，「外国」「人参」「政権」はそれぞれ，日本語として一般的な単語であるため，この分かち書きが不適切であることをコンピュータに教えるのは容易ではない．

日本語では，1 文字の漢字や平仮名の多くを名詞として解釈できる．したがって，図 1.3 (x) のような分かち書きを考えることも不可能ではない．これは極端な例であるが，図 1.3 の (d) と (x) の間には，膨大な数の分かち書き候補が存在する．このように，コンピュータが自然言語の文を分かち書きするだけでも，大量の候補を検討しなければならない．一般的に，自然言語の文章には**曖昧性**（ambiguity）が存在し，複数の解釈が可能であることが多い．複数の候補の中から，適切と思われる解釈を選ぶ処理を**曖昧性解消**（disambiguation）と呼ぶ．曖昧性は自然言語の特徴の一つであると同時に，自然言語処理のあらゆる解析を難しくする厄介な存在である．

2. 構文解析

文を単語に分かち書きした後，**構文解析**（parsing）を行い，文の構造を解明する．ここでは，以下の例文に対して構文解析の一種である**係り受け解析**（dependency parsing）を適用したい*17．

【例文2】新聞で汚れた窓を掃除した

図1.4に，【例文2】に対する文節の**係り受け木**（dependency tree）の例を示した．文節は，1個以上の自立語と0個以上の付属語から構成される単語の塊であり，図1.4では文節を角丸四角で囲っている．文節と文節を結ぶ矢印は**係り受け**（dependency），すなわち主語・述語や修飾・被修飾の関係を表している．

この係り受け木によると，「汚れた」と「窓を」や「窓を」と「掃除した」は係り受けの関係にある．さらに，「新聞で」という文節が「掃除した」に係っていることから，「新聞が窓を綺麗にした」と解釈できる．ところが，【例文2】に対して図1.5の係り受け木を考えることもできる．この係り受け木では，「新聞で」が「汚れた」に，「汚れた」が「窓を」にそれぞれ係っていることから，「窓を汚したのは新聞である」と解釈している．このように，構文解析においても言語の曖昧性と対峙することになる．

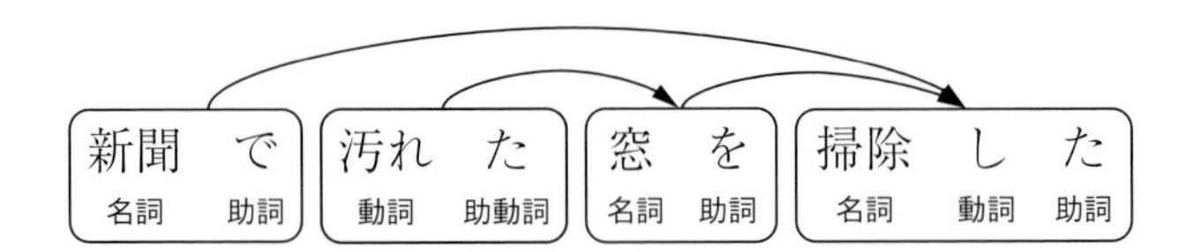

図1.4　【例文2】「新聞で汚れた窓を掃除した」の係り受け木の例

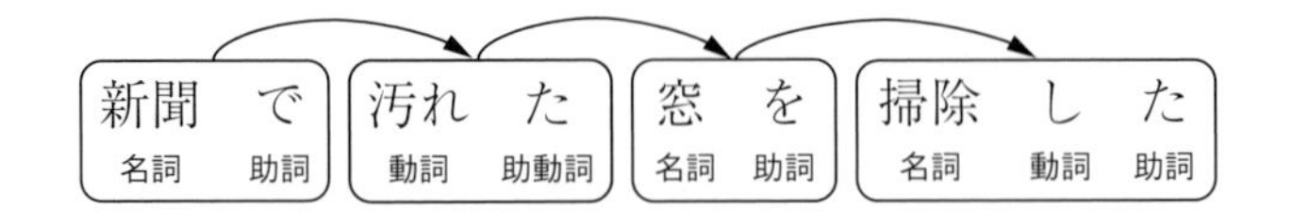

図1.5　図1.4とは異なる係り受け木の例

---

*17　日本語の自然言語処理では伝統的に係り受け解析と呼ばれてきたが，最近ではUniversal Dependenciesをはじめとして他の言語でも同様のタスクが多く研究されており，それらは**依存構造解析**と呼ばれることが多い．9.3節では，日本語を含めて一般的なタスクとして依存構造解析の説明を行う．

一般的に，「新聞が窓を汚す」という状況は稀であるので，図 1.5 よりも図 1.4 の係り受け木のほうが妥当と考え，曖昧性を解消できる．ところが，【例文 2】の「窓」を「国」に置き換えると，どうであろうか*18？　元の例文と新しい例文の差は「窓」と「国」の名詞の部分のみで，その他の語構成は同一である．ところが，話者の意図や聞き手の解釈により，新しい例文では図 1.4 と図 1.5 のどちらの木を採用すべきか，判断が分かれる．このように，自然言語の構文を解析するだけでも，一筋縄ではいかない．

3.　意味解析

一般的に，文の意味を解析する処理は，**意味解析**（semantic analysis）と呼ばれる．ところが，コンピュータが文の意味を理解するとは，文の意味をコンピュータ上でどのように表現すればよいか，という問いに対して，自然言語処理の研究者の間で明確な合意は得られていない．ここでは，文から「誰がいつどこで何をした」という情報を取り出す**述語項構造解析**（predicate-argument structure analysis）を題材として，以下の例文を考える．

【例文 3】多くの観客に感動を与えた映画

図 1.6 に，【例文 3】の係り受け木（下側）と述語項構造（上側）を示した．述語項構造解析では，文中に含まれる述語（「何をした」に相当）とその項（「誰が」や「どこで」に相当）が矢印で結ばれる．この図は，「与えた」という述語のガ格（主格）は「映画」，ヲ格（目的格）は「感動」，ニ格（与格）は「観客」であることを表している．これは，係り受け木において「与えた」という文節

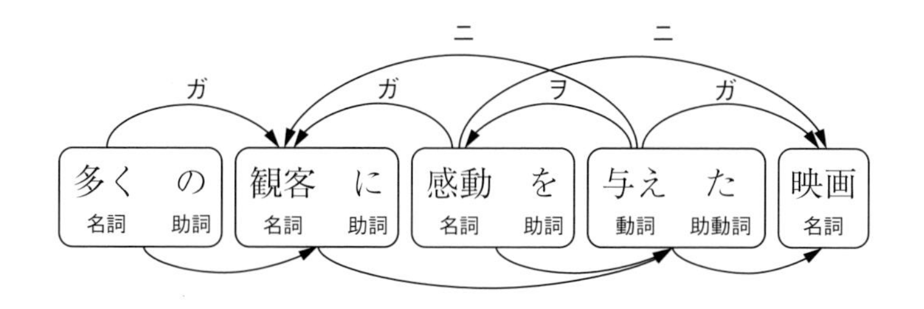

図 1.6　【例文 3】「多くの観客に感動を与えた映画」の述語項構造解析結果

*18　ある年の新聞週間の標語である「新聞で汚れた国の大掃除」[132] を参考に，本書で改変したものである．

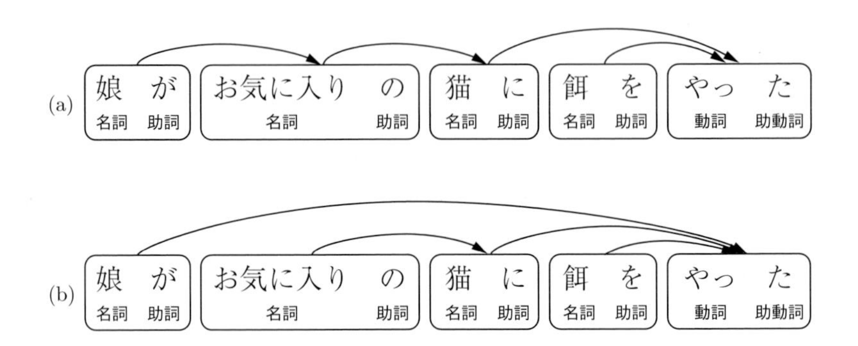

図 1.7　【例文 4】「娘がお気に入りの猫に餌をやった」の係り受け木

が「映画」を連体修飾していること,「感動を」という文節が「与えた」を修飾していること,「観客に」という文節が「与えた」を修飾していることから，容易に推定できる．

【例文 3】の「多く」と「感動」は名詞であるが，それぞれ,「多い」と「感動する」という述語でもある．「感動する」という述語に着目すると，そのガ格は「観客」, ニ格（対格）は「映画」である．ゆえに，観客が映画に感動しているから，この文は映画に対して好意的な評価を述べている．また，映画に対して好意的な評価を与えている主体は「観客」である．ところが，この述語項関係の矢印は係り受け木で明示されていない．

同じ係り受け木から複数の文の意味が考えられる場合もある．次の例文を考えてみよう．

【例文 4】娘がお気に入りの猫に餌をやった

この例文の係り受け木としては，図 1.7 の (a) もしくは (b) が有力である．(b) の構造をとる場合,「餌をやる」という行為の主体が「娘」であることが明示されているが，(a) の構造の場合は主体が明示されていない．「餌をやる」という行為は自然には発生しないため，何らかの主体が存在するはずである．この場合,「餌をやる」の主体は「娘」もしくは話者（例えば「私」）として解釈するのが自然であろう．このように，文中で陽に表現されずに省略された名詞句を**ゼロ代名詞**（zero pronoun）と呼ぶ．

さらに，「娘がお気に入りの猫」は，「娘が猫を気に入っている」（「気に入る」行為の主体が「娘」で対象が「猫」），もしくは「猫が娘を気に入っている」（「気に入る」行為の主体が「猫」で対象が「娘」）という真逆の解釈が可能である．したがって，この例文の意味を 5 通り考えることができる*19．

(1) 娘が気に入っている猫に，娘が餌をやった [(a)，(b)]
(2) 娘が気に入っている猫に，私が餌をやった [(a)]
(3) 娘のことを気に入っている猫に，娘が餌をやった [(a)]
(4) 娘のことを気に入っている猫に，私が餌をやった [(a)]
(5) 私が気に入っている猫に，娘が餌をやった [(b)]

おそらく，例文の解釈としては (1) が最も素直であるが，この例文だけから解釈を一つに決めるのは難しい．人間は文章を読んでいるとき，すべての解釈を頭の中に思い浮かべているわけではなさそうに思われるので，自然言語処理においても解釈を一つに絞り込まなくてもよいと考えるかもしれない．ところが，この例文を英語に翻訳した結果は，(1) から (5) のどの解釈を採用するかによって異なるので，機械翻訳で問題となる．なお，先ほどの例文の冒頭に「入院した私に代わって」という表現が付き，この例文の**文脈**（context）がより明確になると，(1)，(3)，(5) の解釈の可能性が高まる．

より単純な事例として，

【例文 5】菅首相が会見で辞任を表明した

にも意味に関する曖昧性が存在する．日本において「菅首相」が指し示す歴史上の人物は，「菅直人首相」と「菅義偉首相」の 2 人が存在するからである．一方で，【例文 6】における「菅首相」は，歴史的な事実に照らせば「菅直人首相」を表すと推測できる．

【例文 6】菅首相がヘリコプターで福島第一原発に到着した．

これらの例文における「菅首相」や「福島第一原発」のように，特定の人物や組織，場所を指す表現を**固有表現**（named entity）と呼ぶ．固有表現が指し示す実体を特定し，曖昧性を解消するタスクは**エンティティリンキング**（entity

*19　図 1.7 (b) の係り受け木では，猫が私を気に入っているという読みは不自然である．また，「私が気に入っている猫に，私が餌をやる」という読みも，娘が関与できないため不自然である．

linking）と呼ばれる．

次章以降で，さまざまな自然言語処理タスクの手法やモデルを説明していく．一見すると成功しているように見えていても，ここに挙げたような難しい事例が積み残されているかもしれないことに，注意が必要である．

演習問題

問1　Penn Treebank の品詞タグ付けのアノテーションガイドラインを参考にして，以下の例文の斜体の単語の品詞を答えよ．

(1)　He was *invited* by some friends of hers.

(2)　He was very *surprised* by her remarks.

問2　表 1.2 のランキングを作成するプログラムを実装せよ．

問3　表 1.3 のランキングを作成するプログラムを実装せよ．

問4　図 1.2 のグラフを描画するプログラムを実装せよ．

問5　ジップの法則にはさまざまな適用例および関連概念・法則がある．それらを調べて説明せよ．

問6　“I made her duck.” という英語の文の意味を考えよ．

問7　「乗用車が中央分離帯を乗り越えて走ってきたトラックと正面衝突した」という文[135)]の係り受け木を図示せよ．

第2章 自然言語処理のための機械学習の基礎

前章では，コンピュータに言葉の「お手本」を示すコーパスについて説明した．そのお手本からコンピュータが「学ぶ」ための枠組みとして，機械学習が活用されている．最近では，深層ニューラルネットワークに基づく手法が自然言語処理においても主流になった．本章では，自然言語処理でよく用いられる機械学習およびニューラルネットワークの基礎を説明する．

2.1 機械学習とは

機械学習（machine learning）には，**教師あり学習**（supervised learning），**教師なし学習**（unsupervised learning），**強化学習**（reinforcement learning）などの代表的な枠組みが存在する．

教師あり学習の代表的な問題設定は，入力と出力の例（お手本）が与えられたうえで，未知の入力に対して出力を予測することである．テキスト分類，品詞タグ付け，構文解析，機械翻訳などのさまざまな自然言語処理タスクは，教師あり学習の問題として定式化できる．

教師なし学習は，入力データの事例を説明する特徴的な関係や構造を発見する枠組みである．**クラスタリング**（clustering）や**次元削減**（dimensionality reduction）などが代表的な教師なし学習手法である．また最近では，ニューラルネットワークを事前学習するときに用いられる**自己教師あり学習**（self-supervised learning）も，教師なし学習の一種として説明されることがある．

強化学習は，環境から与えられる**報酬**（reward）を手がかりに，**エージェント**（agent）と呼ばれる主体が試行錯誤を繰り返すことによって，より良い行動規則を獲得することを目指す．本書が取り扱う範囲を超えるが，対話エージェントの学習など，通常の教師あり学習では最適化が難しい問題において，強化学習が活用されている．

現在の自然言語処理において，これらの三つの枠組みはそれぞれ重要な役割を果たしているが，その中でも教師あり学習は最も基本で，幅広く利用されている．本章では，教師あり学習について詳しく解説する．

2.2　教師あり学習

教師あり学習の典型例は，**回帰**（regression）と**分類**（classification）である．いずれの問題も，入力と出力を対応付ける関数をデータから学習する．このとき，入力は**入力変数**（input variable）や**説明変数**（explanatory variable），**独立変数**（independent variable）などと呼ばれる．出力は**出力変数**（output variable）や**目的変数**（target variable），**被説明変数**（explained variable），**従属変数**（dependent variable）などと呼ばれる．

出力変数が**量的変数**（quantitative variable）であるとき，すなわち入力変数から出力変数の数や量の大小を表現することを回帰と呼ぶ．例えば，SNS（ソーシャルネットワーキングサービス）に投稿された文章に付く「いいね」の数を予測するタスクは回帰問題として定式化できる．これに対し，出力変数が**質的変数**（qualitative variable）であるとき，すなわち出力変数で数や量の大小を表すのではなく，種類や有無などを表したい場合に，出力変数と入力変数を対応付けることを分類と呼ぶ．先ほどの SNS 投稿の文章を例にとると，文章のトピックを「政治」,「経済」,「スポーツ」,「芸能」といった**カテゴリ**（category）もしくは**クラス**（class）に自動的に仕分けるタスクは，分類問題として定式化できる．さらに，品詞タグ付けや構文解析のように，出力が系列や木などの構造をもつ場合は，**構造予測**（structured prediction）問題と呼ばれる．構造予測問題については，第 8 章で取り上げることとし，本章では，出力変数が構造をもたない分類問題について詳しく説明する．

表 2.1 感情分類の学習データ

番号	文	カテゴリ
1	This is a very good movie	Positive
2	This movie is very boring	Negative
3	I like it very much	Positive

表 2.1 に，文をカテゴリに分類する例を示す．この表では，それぞれの文に対して，その感情極性を表す**ラベル**（label），すなわち，Positive または Negative が付与されている．以降では，表 2.1 を分類のお手本と見なし，与えられた文に Positive または Negative のラベルを自動的に付与するタスク（感情分類）に取り組む．実際の自然言語処理で利用されるお手本のデータはこれよりもはるかに大きいが，説明を単純にするため少量のデータを用いた．なお，表 2.1 の感情分類のように，出力変数（クラス）の取り得る値が 2 種類の分類を**二値分類**（binary classification），3 種類以上の分類を**多値分類**（multiclass classification）と呼ぶ[*1]．

ここで，機械学習と対比されることが多い**ルールベースの手法**（rule-based method）について，簡単に触れておきたい．先ほど述べた文分類タスクを実現するには，もし入力文が good という単語を含んでいたら Positive に分類，boring という単語を含んでいたら Negative に分類といったように，いわゆる if-then ルールを書き連ねることが考えられる．このような手法は，タスクに関する人間の知識を直接的に活用する簡便なアプローチとして，しばしば用いられる．特に，分類の仕方が単純である場合は，ルールベースの手法が効果的なこともある．また，ルールベースの手法には，システムの出力の理由を簡単に可視化できるという利点もある．しかし，ルールベースの手法で高い精度を達成することは難しいうえ，分類の仕方が複雑になるとルールの設計や管理が困難となる．

教師あり学習では，表 2.1 のような分類のお手本を**学習データ**や**訓練データ**（training data），**教師データ**（supervision data）と呼ぶ．本書では，分類問題の学習データにおいて，入力と出力の一組を**事例**（example または instance）と呼ぶ．入力変数を x，出力変数を y で表すことにして，i 番目の事

*1 出力変数の取り得る値が 2 種類の場合も，多値分類として扱うことは可能である．

例を $(x^{(i)}, y^{(i)})$ $(i = 1, 2, \ldots, N)$ と書くことにすると，N 個の事例からなる学習データ $\mathcal{D}$ は次のように表される．

$$\begin{aligned} \mathcal{D} &= \{(x^{(1)}, y^{(1)}), (x^{(2)}, y^{(2)}), \ldots, (x^{(N)}, y^{(N)})\} \\ &= \{(x^{(i)}, y^{(i)})\}_{i=1}^{N} \end{aligned} \tag{2.1}$$

表 2.1 の例では，$(x^{(1)}, y^{(1)}) = (\text{“This is a very good movie”}, \mathsf{Positive})$ である．教師あり学習における分類問題は，有限の学習データから，出力 y と入力 x の対応付け $y = f(x)$ を推定することである．

2.3　特徴量表現

機械学習では，実数値を要素とするベクトル $\boldsymbol{x} \in \mathbb{R}^d$ で入力を表現することが多い（d はベクトルのサイズ）*2．そこで，表 2.1 の各文を実数値ベクトルで表現することを考えてみよう．簡単な方法の一つは，各文がもつ何らかの**特徴** (feature) に着目し，それらをベクトルの各次元に対応させる方法である*3．例えば，ベクトルの最初の次元は，文が good という単語を含んでいるかどうかに着目し，含んでいる場合は 1，そうでない場合は 0 という値をとるものとしよう．同様に，2 番目の次元は，文が boring という単語を含んでいるかどうかに着目し，3 番目の次元は，文が very という単語を含んでいるかどうかに着目することとする．3 個の特徴を用いるので，$d = 3$ である．したがって，入力の特徴ベクトルは $\boldsymbol{x} \in \mathbb{R}^3$ である．すると，表 2.1 の 1 番目の文 “This is a very good movie” は，実数値ベクトル

$$\boldsymbol{x}^{(1)} = (1, 0, 1)^\top \tag{2.2}$$

で表されることになる．同様に，2 番目と 3 番目の文は，それぞれ

$$\boldsymbol{x}^{(2)} = (0, 1, 1)^\top \tag{2.3}$$

$$\boldsymbol{x}^{(3)} = (0, 0, 1)^\top \tag{2.4}$$

*2　$\mathbb{R}^d$ はサイズが d の任意の実数値ベクトルの集合を表す．
*3　自然言語処理では，特徴を素性（そせい）と呼ぶこともある（3.2 節参照）．

と表される．ここでは，単語の有無に着目して，1 か 0 のどちらかの値をとる**特徴量**を考えたが，単語の出現回数を特徴量とする方法も考えられるだろう．

このように，各入力を実数値ベクトルで表現したものを**特徴ベクトル**（feature vector）と呼ぶ．一般に，入力のどのような特徴に着目し，それらをどのように特徴ベクトルに変換するのかは，機械学習の性能に大きな影響を与える．そのため，実際のデータに機械学習を適用する際には，特徴量の抽出の方法を試行錯誤しながら決めていくことも多い．このような作業は**特徴量エンジニアリング**（feature engineering）と呼ばれ，機械学習に基づいてシステムを構築する際に，多くの時間と労力を要する作業となることも多い．第 3 章以降で説明するように，深層学習では人手による特徴量エンジニアリングを不要にし，データから優れた特徴量が自動的に抽出される．

さて，このように特徴量ベクトルで表現された入力が与えられたとして，それを正しいカテゴリに分類するにはどのようにすればよいだろうか．ここで，特徴量ベクトルと同じサイズの実数値ベクトルである**重みベクトル**（weight vector）を考える．重みベクトルの一つの要素は，入力のある特徴に対応し，その特徴が存在するときに感情極性が Positive であることを示唆する場合には正の値を，Negative であることを示唆する場合には負の値をとるものとしよう．また，重みベクトルの要素の絶対値は，示唆の程度が強いほど大きな値をとるものとする．先ほど式 (2.2)～(2.4) で示した特徴ベクトルの例では，good という単語が Positive な感情極性を示唆すると考えるならば，重みベクトルの最初の要素は $+1.3$ のような正の値をとることになる．逆に，boring という単語が Negative な感情極性を強く示唆すると考えるならば，対応する重みベクトルの要素は -2.5 のような値になる．また，very という単語はどちらの極性を示唆するものでもないとすると，その重みは 0.1 などのゼロに近い値となる．この重みベクトル $\boldsymbol{w} \in \mathbb{R}^3$ は，次のように表される．

$$\boldsymbol{w} = (1.3, -2.5, 0.1)^\top \tag{2.5}$$

このように定式化を行うと，重みベクトルと特徴ベクトルの内積 $\boldsymbol{w}^\top \boldsymbol{x}$ から，その文の感情極性が Positive である可能性の度合いを見積もることができる．例えば，表 2.1 の 1 番目の文，すなわち式 (2.2) の $\boldsymbol{x}^{(1)}$ に関しては，

$$\boldsymbol{w}^\top \boldsymbol{x}^{(1)} = 1.3 \times 1 + (-2.5) \times 0 + 0.1 \times 1 = 1.4 \tag{2.6}$$

であることから，感情極性が Positive であることが示唆される．2 番目の文，すなわち式 (2.3) の $\boldsymbol{x}^{(2)}$ に関しては，

$$\boldsymbol{w}^\top \boldsymbol{x}^{(2)} = 1.3 \times 0 + (-2.5) \times 1 + 0.1 \times 1 = -2.4 \tag{2.7}$$

であることから，感情極性が Negative であることが強く示唆される．

ここで，学習事例のカテゴリを表す変数 y を 2 種類の値で表現しよう．文が Positive と分類される場合を $y = 1$，Negative と分類される場合を $y = 0$ とする．したがって，表 2.1 の例では，$y^{(1)} = 1, y^{(2)} = 0, y^{(3)} = 1$ である．二値分類の学習データにおいて，$y = 1$ と分類されるべき事例は**正例**（positive example または positive instance），$y = 0$ と分類されるべき事例は**負例**（negative example または negative instance）と呼ばれる*4．

次に，重みベクトルを用いて入力を分類した結果を変数 $\hat{y}$ で表すことにしよう．この変数に ^（ハット）を付けているのは，学習データの値（観測値）y と予測された値（推定値）$\hat{y}$ を区別するためである．

さて，予測されたカテゴリに対応する出力値 $\hat{y}$ は次式で決定できる．

$$\hat{y} = \mathbf{1}_{\boldsymbol{w}^\top \boldsymbol{x} \geq 0} = \begin{cases} 1 & (\boldsymbol{w}^\top \boldsymbol{x} \geq 0 \text{ の場合}) \\ 0 & (\text{上記以外の場合}) \end{cases} \tag{2.8}$$

式 (2.8) を用いて $\boldsymbol{x}^{(1)}, \boldsymbol{x}^{(2)}, \boldsymbol{x}^{(3)}$ の分類結果を求めると，表 2.1 のすべての文に対して正しい分類を行うことを確認できる．なお，式 (2.8) のように特徴量の線形結合により入力を分類するものを**線形分類器**（linear classifier），特徴量の線形結合のように予測したい対象の形や構造を抽象化して表現したものを**モデル**（model），モデルの中で入力と出力の関係を定量的に表現するもので，学習により決定するもの（先の例では $\boldsymbol{w}$）を**パラメータ**（parameter）と呼ぶ．

さて，これまで重みベクトルの各要素の値は，+1.3 や −2.5 などといった具体的な値が都合良く決まっているとして説明した．これらの値はどのようにして決めればよいだろうか．人間の直感に基づいて決める方法も考えられるが，特徴量の数が多い場合にはその作業に膨大な時間がかかるうえに，そのようにして決めた重みが正しい判定を実現する保証もない．これに対し，機械学習で

*4　ここでは，負例を $y = 0$ としたが，$y = -1$ として定式化する場合も多い．$y = -1$ のほうが「負」が意味することと合致するが，2.5 節で説明するロジスティック回帰の定式化で便利なため $y = 0$ と定義した．

は学習データを利用して重みベクトルを自動的に決定する．本章で説明する分類器の学習では，あるモデルを仮定し，その重みベクトルをパラメータと見なし，学習データに合うようにパラメータを求める問題，すなわち**パラメータ推定**（parameter estimation）に帰着させる．

2.4　パーセプトロン

二値分類問題において，学習データから重みベクトルを自動的に求める最も簡単な方法の一つとして，**パーセプトロン**（perceptron）アルゴリズムが知られている．パーセプトロンでは，重みベクトルを適当な値で初期化し，学習データの各事例に対して，現時点での重みベクトルを用いて判定を行い，その判定がその学習事例に付与されているラベルと異なる場合には重みベクトルを修正する，という処理を繰り返す．これにより，学習データが**線形分離可能**（linearly separable），すなわち，線形分類器において学習データのすべての事例を正しく判別する重みベクトルが存在する場合には，そのような重みベクトルを有限の計算回数で発見できることが知られている．

図 2.1 にパーセプトロンのアルゴリズムを示す．なお，このアルゴリズムの 4 行目の関数 g の定義は $g(a) = \mathbf{1}_{a \geq 0}$ であり，この行の実行結果は式 (2.8) に相当する．このアルゴリズムは，1 行目で重みベクトル $\boldsymbol{w}$ を $\mathbf{0}$ に初期化し，3〜6 行目の処理を繰り返すことにより，学習データの各事例が正しく分類できるように重みベクトルを更新していく．3 行目は，自然数 $\{1, 2, \ldots, N\}$ の中から一つをランダムに選ぶことで，学習データ $\mathcal{D}$ から学習事例 $(\boldsymbol{x}^{(i)}, y^{(i)})$ を一つ選択することに相当する．4 行目では式 (2.8) を用い，選ばれた事例 $\boldsymbol{x}^{(i)}$

01:	$\boldsymbol{w} \leftarrow \mathbf{0}$	重みベクトル $\boldsymbol{w}$ を $\mathbf{0}$ に初期化
02:	**for** $t = 1 \ldots T$ **do**	以下の処理を T 回繰り返す
03:	$i \leftarrow \mathrm{rand}(N)$	N 件の学習事例からランダムに一つを選択
04:	$\hat{y}^{(i)} \leftarrow g(\boldsymbol{w}^\top \boldsymbol{x}^{(i)})$	現在の重みベクトルで分類
05:	**if** $\hat{y}^{(i)} \neq y^{(i)}$ **then**	分類が間違っていたら
06:	$\boldsymbol{w} \leftarrow \boldsymbol{w} + (y^{(i)} - \hat{y}^{(i)})\boldsymbol{x}^{(i)}$	重みベクトルを更新

図 2.1　パーセプトロンのアルゴリズム

を現在のパラメータ $\boldsymbol{w}$ で分類し，その結果を変数 $\hat{y}^{(i)}$ に格納する．もし，分類結果 $\hat{y}^{(i)}$ が正解のラベル $y^{(i)}$ と異なるならば（5 行目の条件分岐），6 行目で以下の更新式を適用する．

$$\boldsymbol{w} \leftarrow \boldsymbol{w} + (y^{(i)} - \hat{y}^{(i)})\boldsymbol{x}^{(i)} \tag{2.9}$$

このアルゴリズムは，3〜6 行目の処理を T 回繰り返し，停止する．

パーセプトロンの学習アルゴリズムで適切な重みベクトルが学習できる理由は，次のように説明できる．簡略化のため，ランダムに選んだ学習事例を $(\boldsymbol{x}, y)$ と書くことにする（インデックス $^{(i)}$ の表示を省略する）．いま，実際には正例（$y = 1$）に分類されるべき事例 $\boldsymbol{x}$ に関して，現在の重みベクトル $\boldsymbol{w}$ が $\hat{y} = 0$ と誤分類したとする．これは，ベクトルの内積 $\boldsymbol{w}^\top\boldsymbol{x}$ がゼロよりも小さかった，すなわち適切な値よりも小さかったことを意味している．パーセプトロンでは，分類を誤った事例 $\boldsymbol{x}$ に関して，現在の重みベクトル $\boldsymbol{w}$ を新しい重みベクトル $\boldsymbol{w}'$

$$\boldsymbol{w}' \leftarrow \boldsymbol{w} + \boldsymbol{x} \tag{2.10}$$

に更新する．さて，この修正された重みベクトル $\boldsymbol{w}'$ を用いて，再び同じ事例 $\boldsymbol{x}$ を判定した場合，内積は，

$$\boldsymbol{w}'^\top\boldsymbol{x} = (\boldsymbol{w} + \boldsymbol{x})^\top\boldsymbol{x} = \boldsymbol{w}^\top\boldsymbol{x} + \|\boldsymbol{x}\|^2 \tag{2.11}$$

となる．右辺の第 1 項は修正前の内積，第 2 項は $\boldsymbol{x} \neq \boldsymbol{0}$ であれば正の値となるため，重みベクトルの更新によって内積は大きくなる．この学習事例の判定を誤った理由は，内積が小さすぎたためであるので，分類の間違いを修正する方向を目指して，内積が大きくなるように重みベクトルを更新するのは理にかなっている．同様に，負例（$y = 0$）と予測すべきところを $\hat{y} = 1$ と間違って分類した場合は $y - \hat{y} = -1$ になるため，内積が小さくなるように重みベクトルが更新される．

この説明は，単一の学習事例に対して重みベクトルが適切な方向に更新されることを示したものだが，このような処理を繰り返すことによって，学習データが線形分離可能な場合には，すべての学習事例を正しく分類できるような値に重みベクトルが収束することが知られている（パーセプトロンの収束定理）．

2.5 ロジスティック回帰

2.4 節では，二値分類問題のための最も簡単な機械学習アルゴリズムとしてパーセプトロンを紹介した．パーセプトロンは，実装が簡単で学習も効率的であるなど，優れた機械学習アルゴリズムであるが，一つ大きな欠点がある．それは，分類器がクラスを判定した際の確からしさの解釈を想定していないことである．重みベクトルと特徴ベクトルの内積の正負によって判定するので，内積の絶対値を確からしさと解釈すればよいと思うかもしれない．しかし，例えば内積が $+1.5$ の場合と $+2.8$ の場合で，後者のほうが前者よりも定量的にどれだけ確からしいのか，明らかではない．

1. ロジスティック回帰モデル

本節で紹介する**ロジスティック回帰**（logistic regression）は，二値分類問題に用いられる統計モデルであり，判定の確からしさが確率として表される*5．ロジスティック回帰モデルでは，入力として与えられた特徴ベクトル $\boldsymbol{x} \in \mathbb{R}^d$ を $\hat{y} = 1$ と分類する確率 $P(\hat{y} = 1|\boldsymbol{x})$ を次のように計算する．

$$P(\hat{y} = 1|\boldsymbol{x}) = \frac{1}{1 + \exp\{-(\boldsymbol{w}^\top \boldsymbol{x} + b)\}} \tag{2.12}$$

ここで，$\boldsymbol{w} \in \mathbb{R}^d$ は重みベクトル，$b \in \mathbb{R}$ はバイアスと呼ばれるパラメータである．式 (2.12) は，

$$\sigma(a) = \frac{1}{1 + \exp(-a)} \tag{2.13}$$

を用いて，

$$P(\hat{y} = 1|\boldsymbol{x}) = \sigma(\boldsymbol{w}^\top \boldsymbol{x} + b) \tag{2.14}$$

と書かれることもある．式 (2.13) は**標準ロジスティック関数**（standard logistic function）もしくは**標準シグモイド関数**（standard sigmoid function）と呼ばれ，以降では単にシグモイド関数と呼ぶ．シグモイド関数は図 2.2 に示すように，単調増加な関数であり，値域が $(0, 1)$ である．二値分類問題の場

*5 入力から確率値を予測する回帰モデルがベースになっており，モデルの名称は「回帰」であるが，分類問題に対して広く利用されている．

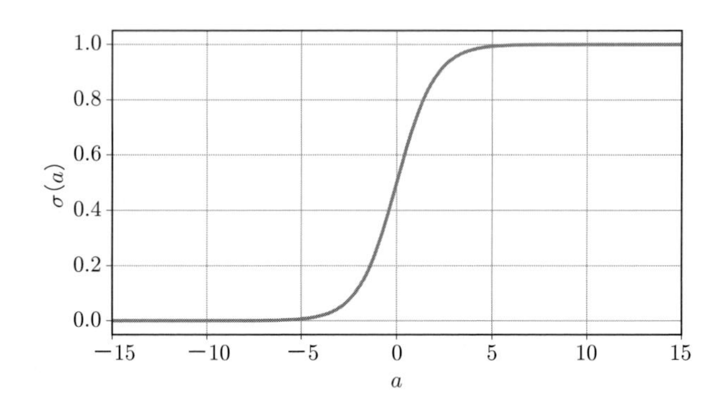

図 2.2　標準シグモイド関数

合，出力の取り得る値は 0 または 1 であるから，入力 $\boldsymbol{x}$ を $\hat{y}=0$ と分類する確率は，

$$P(\hat{y}=0|\boldsymbol{x}) = 1 - P(\hat{y}=1|\boldsymbol{x}) \tag{2.15}$$

である．ロジスティック回帰では，このように入力をカテゴリに分類する確率を計算することで，例えば，「Positive である確率が 65%，Negative である確率が 35%」といったように，分類の確からしさが直感的に解釈可能な形で得られる．入力 $\boldsymbol{x}$ を分類するには，$P(\hat{y}=1|\boldsymbol{x}) \geq 0.5$ ならば Positive（$\hat{y}=1$），そうでなければ Negative（$\hat{y}=0$）と判定すればよい．$P(\hat{y}=1|\boldsymbol{x}) \geq 0.5$ に対応する条件を求めると，次の判別式が得られる．

$$\hat{y} = \mathbf{1}_{\boldsymbol{w}^\top \boldsymbol{x}+b \geq 0} = \begin{cases} 1 & (\boldsymbol{w}^\top \boldsymbol{x} + b \geq 0 \text{ の場合}) \\ 0 & (\text{上記以外の場合}) \end{cases} \tag{2.16}$$

式 (2.8)，(2.16) を見比べると，式 (2.16) では $\hat{y}=1$ と判定する条件にバイアス項 b が追加され，内積 $\boldsymbol{w}^\top \boldsymbol{x}$ の正負ではなく，しきい値 $-b$ で分類が行われる．ただし，ロジスティック回帰の本質はバイアス項の有無ではないことに注意してほしい．例えば，内積 $\boldsymbol{w}^\top \boldsymbol{x}$ の正負で分類を行う場合でも，特徴ベクトルの中にすべての事例に関して必ず 1 とする要素を追加すれば，対応する重みがバイアス項として働く．式 (2.16) ではモデルにおけるバイアス項の存在を明示しているだけで，判別の仕組みという観点では，式 (2.8)，(2.16) は等価である．

2. 最尤推定

2.4 節でパーセプトロンの学習アルゴリズムを天下り的に導入したが，ロジスティック回帰では，学習データ全体に対して定義される**尤度**（likelihood）と呼ばれる値を基準にパラメータを最適化することが多い．パラメータ推定に確率的勾配降下法（2.5.3 項）を用いることで，パーセプトロンによく似た学習アルゴリズムを導出できる．その導出過程を見ていこう．

入力 $\boldsymbol{x}^{(i)} \in \mathbb{R}^d$ とそのクラス $y^{(i)} \in \{0, 1\}$ の組からなる事例を N 件集めた学習データ $\mathcal{D} = \{(\boldsymbol{x}^{(i)}, y^{(i)})\}_{i=1}^{N}$ があるとする．まず，あるパラメータ $\boldsymbol{w}, b$ が与えられた学習事例 $(\boldsymbol{x}, y)$ をどのくらい正しく分類できるかを定量化する指標として，ある事例に対するパラメータの尤度 $l_{(\boldsymbol{x},y)}(\boldsymbol{w}, b)$ を定義する．

$$l_{(\boldsymbol{x},y)}(\boldsymbol{w}, b) = P(\hat{y} = y | \boldsymbol{x}) \tag{2.17}$$

ここで，事例に対する尤度の関数表記 $l_{(\boldsymbol{x},y)}(\boldsymbol{w}, b)$ では，パラメータ $\boldsymbol{w}, b$ を引数，事例 $(\boldsymbol{x}, y)$ を添字として，尤度の値を変化させるのはパラメータであり，事例はパラメータに対して定数と見なす，という立場を表している．式 (2.17) の右辺は，入力の特徴ベクトル $\boldsymbol{x}$ に対して分類器が正解のラベル y を予測する場合の確からしさである*6．

表 2.1 の学習データを式 (2.2)〜(2.4) の特徴ベクトルで表現し，パラメータを

$$\boldsymbol{w} = (0.8, -1.5, 0.3)^\top, \quad b = -0.5 \tag{2.18}$$

に設定した場合に，これらの事例に対する尤度を計算する例を表 2.2 に示した．各事例 $(\boldsymbol{x}^{(1)}, y^{(1)}), (\boldsymbol{x}^{(2)}, y^{(2)}), (\boldsymbol{x}^{(3)}, y^{(3)})$ に対する尤度は，それぞれ，

$$l_{(\boldsymbol{x}^{(1)},y^{(1)})}(\boldsymbol{w}, b) = P(\hat{y} = 1 | \boldsymbol{x}^{(1)}) = \sigma(0.6) \approx 0.65 \tag{2.19}$$

$$l_{(\boldsymbol{x}^{(2)},y^{(2)})}(\boldsymbol{w}, b) = P(\hat{y} = 0 | \boldsymbol{x}^{(2)}) = 1 - \sigma(-1.7) \approx 0.85 \tag{2.20}$$

$$l_{(\boldsymbol{x}^{(3)},y^{(3)})}(\boldsymbol{w}, b) = P(\hat{y} = 1 | \boldsymbol{x}^{(3)}) = \sigma(-0.2) \approx 0.45 \tag{2.21}$$

と計算される．これは，表 2.2 の右端 2 列の確率値のうち，下線を引いた値が事例に対する尤度として採用されることに対応する．事例に対する尤度は確率値であるので，0 から 1 までの値をとる．二値分類において，事例に対する尤

*6 「確からしさ」という言葉を「尤もらしさ」に置き換えると，尤度の意味が理解しやすくなるかもしれない．

表 2.2　尤度の計算例

番号	文	カテゴリ	y	$P(\hat{y}=1\|\boldsymbol{x})$	$P(\hat{y}=0\|\boldsymbol{x})$
1	This is a very good movie	Positive	1	$\underline{0.65}$	0.35
2	This movie is very boring	Negative	0	0.15	$\underline{0.85}$
3	I like it very much	Positive	1	$\underline{0.45}$	0.55

度が 1 に近いことはその事例を尤もらしく分類できることを表し，0 に近いことはその事例を間違って分類することを表す．先ほどの例では，現在のパラメータ $\boldsymbol{w}, b$ は事例 1 と 2 を正しく分類できるが，事例 3 を正しく分類できないことを示している．また，事例 1 と 2 を比較すると，現在のパラメータは事例 2 をより尤もらしく分類できる．尤度に基づいて二値分類器を学習するときは，すべての事例に関して尤度ができるだけ 1 に近づくように，パラメータを調整していく．

そこで，学習データ全体 $\mathcal{D}$ に対するパラメータの尤度 $L_{\mathcal{D}}(\boldsymbol{w}, b)$ を，各事例に対する尤度の積として定義する．

$$L_{\mathcal{D}}(\boldsymbol{w}, b) = \prod_{i=1}^{N} l_{(\boldsymbol{x}^{(i)}, y^{(i)})}(\boldsymbol{w}, b) \tag{2.22}$$

先ほどの例で学習データ全体に対する尤度を計算すると，

$$0.65 \times 0.85 \times 0.45 \approx 0.25 \tag{2.23}$$

である．学習データ全体に対する尤度も 0 と 1 の間の値をとり，1 に近いほどパラメータが学習データの分類をよく再現できていることを表す．そこで，尤度 $L_{\mathcal{D}}(\boldsymbol{w}, b)$ の値が最大となるようなパラメータ $\boldsymbol{w}^*, b^*$ を求めることを考える[*7]．別な表現としては，モデルが学習データに最も適合する，あるいは最もよく学習データを「説明する」ようにパラメータを決める，といってもよいかもしれない．このように，尤度を最大化することでパラメータ推定を行うことを，**最尤推定**（maximum likelihood estimation）と呼ぶ．

なお，コンピュータ上で小さい数の乗算はアンダーフローを引き起こしやすいこと，また，ニューラルネットワークの学習では最大化問題ではなく最小化問題を考えることが多いことから，式 (2.22) の代わりに，**負の対数尤度**

*7　パラメータの変数に付けられている *（スター）は，パラメータの値の中で最適なものを指す．

(negative log-likelihood) を最小化することが多い.

$$J_{\mathcal{D}}(\boldsymbol{w}, b) = -\log L_{\mathcal{D}}(\boldsymbol{w}, b) = -\sum_{i=1}^{N} \log l_{(\boldsymbol{x}^{(i)}, y^{(i)})}(\boldsymbol{w}, b) \tag{2.24}$$

式 (2.24) のように，最適化の対象となる関数を一般に，**目的関数** (objective function) と呼ぶ．また，式 (2.24) の値は学習事例の分類を完璧に再現できる場合は 0 となり，その理想的な状態からのずれを正の値で計測していると見なすことができるので，**損失関数** (loss function) とも呼ばれる.

3. 確率的勾配降下法

これまでの議論により，ロジスティック回帰モデルの学習は，式 (2.24) で定義される目的関数を最小にするパラメータ $\boldsymbol{w}^*, b^*$ を求める問題に帰着した．この問題を解くためには，どのような計算をすればよいのだろうか．本書では説明しないが，線形回帰モデルのような単純なモデルの場合，最尤推定に対応するパラメータが行列演算で解析的に求まる．ところが，ロジスティック回帰モデルや多くのニューラルネットワークモデルに対しては，最尤推定に対応するパラメータを解析的に求めることができない．そこで，この最適化問題の**反復法** (iterative method) による解法として，**確率的勾配降下法** (stochastic gradient descent; SGD) がよく用いられる.

(a) 確率的勾配降下法の一般的な説明

ここでは，$\boldsymbol{x}$ が事例の特徴ベクトルであることは一旦忘れて，一般的な実ベクトル $\boldsymbol{x} \in \mathbb{R}^d$ としよう．多変数実関数 $F : \mathbb{R}^d \longmapsto \mathbb{R}$ が与えられ，$F(\boldsymbol{x})$ を目的関数として極小解 $\boldsymbol{x}^*$ を求めたい．ここで，$F(\boldsymbol{x})$ が N 個の多変数実関数 $f_1, f_2, \ldots, f_N$ ($f_i : \mathbb{R}^d \longmapsto \mathbb{R}; i = 1, 2, \ldots, N$) の和で表現できるとする.

$$F(\boldsymbol{x}) = \sum_{i=1}^{N} f_i(\boldsymbol{x}) \tag{2.25}$$

確率的勾配降下法は，適当な初期値 $\boldsymbol{x}^{(1)}$ を出発点として，以下の更新式を $t = 1, 2, \ldots$ に関して繰り返し適用し，解 $\boldsymbol{x}^{(t)}$ を更新していく.

$$\boldsymbol{x}^{(t+1)} = \boldsymbol{x}^{(t)} - \eta_t \nabla f_i(\boldsymbol{x}^{(t)}) \tag{2.26}$$

ただし，f_i は $\{f_1, f_2, \ldots, f_N\}$ の中から反復のたびにランダムに選ぶ．また，$\nabla f_i(\boldsymbol{x}^{(t)})$ は関数 f_i の $\boldsymbol{x}^{(t)}$ における勾配ベクトル，η_t は t 回目の反復におけ

る**更新幅**（step size）もしくは**学習率**（learning rate）である．η_t は現在の解 $\boldsymbol{x}^{(t)}$ を最急方向 $-\nabla f_i(\boldsymbol{x}^{(t)})$ にどのくらい動かすかを調整するもので，凸最適化では $\eta_t = \eta_0/t$ や $\eta_t = \eta_0/\sqrt{t}$（η_0 は適当に設定する学習率の初期値）などが用いられるが，非凸最適化であるニューラルネットワークの学習ではさまざまな設定が試みられる．なお，関数 $F(\boldsymbol{x})$ が凸関数ならば，確率的勾配降下法で式 (2.26) を繰り返し適用することにより，大域的最小解が得られる．関数 $F(\boldsymbol{x})$ が非凸関数のときは，初期値 $\boldsymbol{x}^{(1)}$ の周りの極小解が得られる．式 (2.26) の反復を停止させる基準としては，$|\nabla f_i(\boldsymbol{x}^{(t)})|$ の値が十分に小さくなったときや，あらかじめ設定した反復回数の上限に到達したときなどが用いられる．

次式のように，三つの関数の和で構成される関数 $F(x_1, x_2)$ を最小化するために確率的勾配降下法を適用し，解が更新されていく様子を図 2.3 に示した．

$$F(x_1, x_2) = f_{-1,-1}(x_1, x_2) + f_{-3,0}(x_1, x_2) + f_{1,-2}(x_1, x_2) \tag{2.27}$$

$$f_{a,b}(x_1, x_2) = (x_1 - a)^2 + (x_2 - b)^2 \tag{2.28}$$

$(x_1, x_2) = (1, 3)$ を出発点として，各反復で関数を $f_{-1,-1}, f_{-3,0}, f_{1,-2}$ の順に選択し，選択された関数に関して最急方向に更新幅 $\eta_t = 0.3$ で解を更新したところ，解が $(-0.2, 0.6) \to (-1.9, 0.2) \to (-0.2, -1.1)$ と更新された．図 2.3 の網目は左上，右上，左下，右下の順に関数 $f_{-1,-1}, f_{-3,0}, f_{1,-2}, F$ の形状を表す．確率的勾配降下法の各反復では，左上，右上，左下の関数の形状のみを考慮して解が更新されるが，最終的に最小化したい関数 F においては，右下に示したように振動しながら最小解に近づくことになる．関数 F の視点で考えると，各反復で計算される勾配にぶれが生じているが，その定数倍が真の勾配 ∇F の不偏推定量になっている（期待値が真の勾配に一致している）ため，学習率を適切に設定すれば，いずれほぼ確実に最小解に辿り着く．

図 2.3 の右下を見ていると，目的関数 F の勾配 ∇F を正確に計算し，解を更新すればよいと思われるかもしれない．実際，このようなアプローチは**勾配降下法**（gradient descent）または**最急降下法**（steepest descent）と呼ばれる．ところが，機械学習で目的関数を最小化するときは，N が学習データの事例数に対応するため，大規模な学習データを用いると勾配 ∇F の計算に時間がかかる．ゆえに，勾配 ∇F を正確に計算して勾配降下法を適用するよりも，一つまたは少数の事例に対して勾配を計算する確率的勾配降下法のほうが，効率良く極小解を見つけることができる．

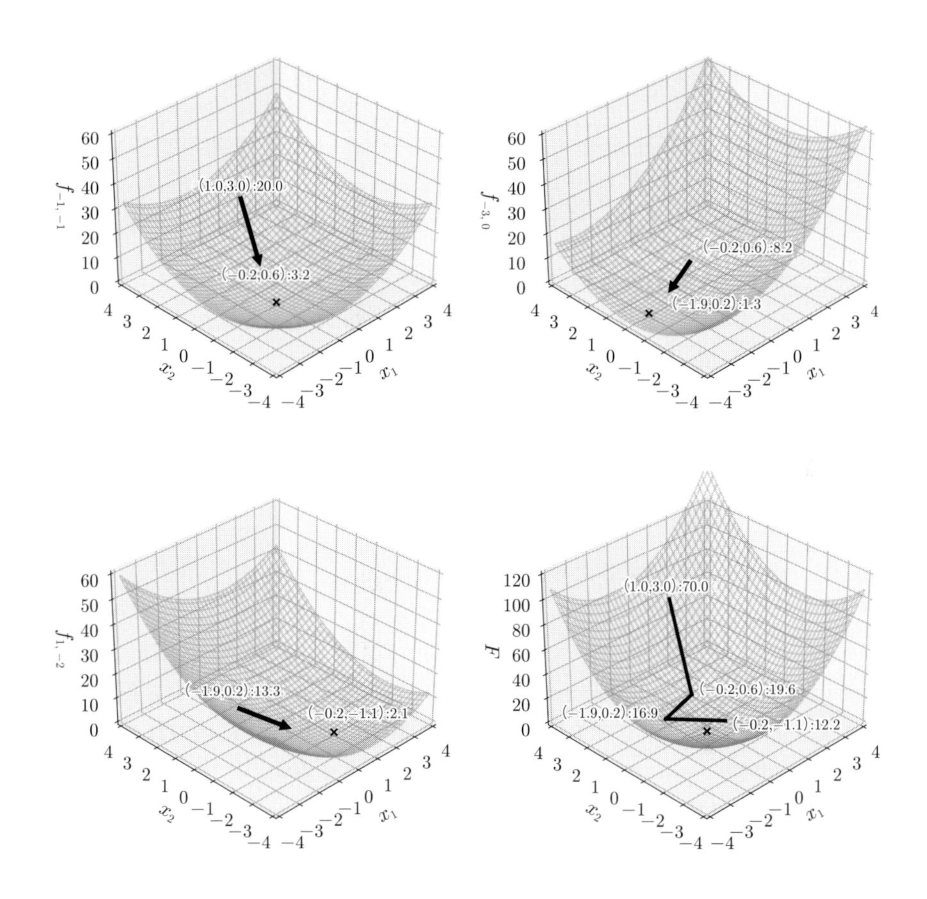

図 2.3　確率的勾配降下法で解を更新する様子．各図の網目は関数の形状，×印は各関数における最小解を表す．図中の点において (x_1, x_2) の値とコロン（：）に続けて，関数の値を示した．

(b) 確率的勾配降下法をロジスティック回帰モデルの学習に適用

さて，話をロジスティック回帰モデルの学習に戻そう．最小化したい目的関数は，式 (2.24) の $J_{\mathcal{D}}(\boldsymbol{w}, b)$ である．したがって，本項 (a) における $\boldsymbol{x}$ を $\boldsymbol{w}$ と b に置き換え，$\boldsymbol{x}$ は定ベクトルと見なす．また，式 (2.24) の形から，目的関数が $-\log l_{(\boldsymbol{x}^{(i)}, y^{(i)})}(\boldsymbol{w}, b)$ の和の形となっているので，確率的勾配降下法を適用できる．そこで，適当な初期値 $\boldsymbol{w}^{(1)}, b^{(1)}$ を出発点として，$t = 1, 2, \ldots$ に関して以下の更新式を繰り返し適用し，$\boldsymbol{w}^{(t)}$，$b^{(t)}$ を更新する（図 2.3 参照）．

$$\boldsymbol{w}^{(t+1)} = \boldsymbol{w}^{(t)} + \eta_t \frac{\partial \log l_{(\boldsymbol{x},y)}(\boldsymbol{w}^{(t)}, b^{(t)})}{\partial \boldsymbol{w}} \tag{2.29}$$

$$b^{(t+1)} = b^{(t)} + \eta_t \frac{\partial \log l_{(\boldsymbol{x},y)}(\boldsymbol{w}^{(t)}, b^{(t)})}{\partial b} \tag{2.30}$$

ただし，事例 $(\boldsymbol{x}, y)$ は各反復において学習データ $\mathcal{D}$ の中からランダムに選ぶ．

式 (2.29) 中の偏微分を計算し，重みベクトル $\boldsymbol{w}$ に関する更新式を導出してみよう．まず，式 (2.17) を次のように書き換える．

$$l_{(\boldsymbol{x},y)}(\boldsymbol{w}, b) = P(\hat{y} = y|\boldsymbol{x}) = \begin{cases} P(\hat{y} = 1|\boldsymbol{x}) & (y = 1 \text{ のとき}) \\ P(\hat{y} = 0|\boldsymbol{x}) & (y = 0 \text{ のとき}) \end{cases} \tag{2.31}$$

$$= p^y (1-p)^{1-y} \tag{2.32}$$

ここで，数式を簡素化するため，

$$p = P(\hat{y} = 1|\boldsymbol{x}) = \sigma(\boldsymbol{w}^\top \boldsymbol{x} + b) \tag{2.33}$$

とおいた（p は $\boldsymbol{x}, \boldsymbol{w}, b$ の式であることに注意せよ）．学習データ中の各事例に関して，正解のラベル y は 0 か 1 のいずれかであるから，式 (2.32) は $y = 1$ ならば p が残り，$y = 0$ ならば $(1-p)$ が残ることを表す．

式 (2.32) の対数をとると，

$$\log l_{(\boldsymbol{x},y)}(\boldsymbol{w}, b) = y \log p + (1-y) \log(1-p) \tag{2.34}$$

これを $\boldsymbol{w}$ に関して偏微分すると，次式が得られる（2.10 節で導出される）．

$$\frac{\partial \log l_{(\boldsymbol{x},y)}(\boldsymbol{w}, b)}{\partial \boldsymbol{w}} = \frac{\partial \left(y \log p + (1-y) \log(1-p)\right)}{\partial \boldsymbol{w}}$$

$$= (y - p)\boldsymbol{x} \tag{2.35}$$

そして，式 (2.35) を式 (2.29) に代入すると，$\boldsymbol{w}$ に関する更新式が得られる．

$$\boldsymbol{w}^{(t+1)} = \boldsymbol{w}^{(t)} + \eta_t \frac{\partial \log l_{(\boldsymbol{x},y)}(\boldsymbol{w}^{(t)}, b^{(t)})}{\partial \boldsymbol{w}}$$

$$= \boldsymbol{w}^{(t)} + \eta_t (y - p^{(t)})\boldsymbol{x} \tag{2.36}$$

ただし，$p^{(t)}$ は t 回目の反復におけるパラメータ $\boldsymbol{w}^{(t)}, b^{(t)}$ で事例 $\boldsymbol{x}$ を分類し

たとき，その事例が $\hat{y}=1$ として予測される確率である．

$$p^{(t)} = \sigma\left((\boldsymbol{w}^{(t)})^\top \boldsymbol{x} + b^{(t)}\right) \tag{2.37}$$

同様の手順で，バイアス b に関する更新式を得ることができる．なお，証明は省略するが，式 (2.24) の目的関数は凸関数であるため，確率的勾配降下法で大域的最小解が求まる．

(c) 学習アルゴリズム

最尤推定や確率的勾配降下法，目的関数の偏微分など，初めての読者には難解に思われたかもしれない．ところが，得られた結論が意味するところはシンプルである．確率的勾配降下法の更新式である式 (2.36) を読みやすくするため，パーセプトロンの更新式である式 (2.9) と同様のスタイルで書き直す．

$$\boldsymbol{w} \leftarrow \boldsymbol{w} + \eta_t (y^{(i)} - p^{(i)}) \boldsymbol{x}^{(i)} \tag{2.38}$$

ただし，$p^{(i)} = P(\hat{y}^{(i)} = 1|\boldsymbol{x}^{(i)}) = \sigma(\boldsymbol{w}^\top \boldsymbol{x}^{(i)} + b)$ は現在のパラメータ $\boldsymbol{w}, b$ で事例 $\boldsymbol{x}^{(i)}$ を分類したとき，$\hat{y}=1$ と予測される確率である．

ここで，2.4 節と同様に，インデックス $^{(i)}$ の表示を省略し，簡略化する．また，学習率を $\eta_t = 1$ に固定し，バイアス項を削除（$b=0$）して議論する．いま，正例（$y=1$）に分類されるべき事例 $\boldsymbol{x}$ に対して，更新式 (2.38) を適用すると，$\boldsymbol{w}$ は次のように更新される．

$$\boldsymbol{w} \leftarrow \boldsymbol{w} + (1-p)\boldsymbol{x} \tag{2.39}$$

この修正された重みベクトル $\boldsymbol{w}'$ を用いて，再び同じ事例 $\boldsymbol{x}$ を分類する場合，以下の内積が計算される．

$$\boldsymbol{w}'^\top \boldsymbol{x} = (\boldsymbol{w} + (1-p)\boldsymbol{x})^\top \boldsymbol{x} = \boldsymbol{w}^\top \boldsymbol{x} + (1-p)\|\boldsymbol{x}\|^2 \tag{2.40}$$

もし，現在のパラメータ $\boldsymbol{w}$ が推定した確率 p が 1 に近い場合，$(1-p)$ は小さい値となるので，内積はさほど上昇しない．一方で，推定された確率 p が 0 に近く，現在のパラメータの分類が大きく間違っていた場合は，$(1-p)$ は 1 に近くなるので，内積は（相対的に）大きく上昇する．以上の議論は，負例（$y=0$）に分類されるべき事例に対しても同様に成り立つ．このように，確率的勾配降下法ではランダムに選んだ学習事例に対して，$(y-p)$，すなわち確率の理想値 y と現在の値 p の差を係数として計算し，パラメータベクトルの更新

```
01:  w ← 0                                 重みベクトル w を 0 に初期化
02:  for t = 1 ... T do                    以下の処理を T 回繰り返す
03:      i ← rand(N)                       N 件の学習事例からランダムに一つを選択
04:      p^(i) ← σ(w^⊤ x^(i))              現在の重みベクトル P(ŷ = 1|x) を計算
05:      w ← w + η_t(y^(i) − p^(i))x^(i)   重みベクトルを更新
```

図 2.4　確率的勾配降下法によるロジスティック回帰モデルの学習（図 2.1 との対応が取りやすいように，$b = 0$ に固定した）

の度合いを調整する．

図 2.4 に，ロジスティック回帰モデルを確率的勾配降下法で学習するアルゴリズムを示した．このアルゴリズムにおいても，パーセプトロンのアルゴリズム（図 2.1）との対応を取りやすくするため，$b = 0$ に固定した．確率的勾配降下法のアルゴリズム（図 2.4）がパーセプトロンのアルゴリズムと本質的に異なるのは，4 行目と 5 行目だけである*8．したがって，両者の本質的な差はパラメータベクトル $\boldsymbol{w}$ の更新式だけである（パーセプトロンは式 (2.9)，確率的勾配降下法は式 (2.36)）．

なお，ロジスティック回帰は 2.9 節で説明するニューラルネットワークの構成要素と見なすことができる．パラメータ推定の勘所をつかむために，目的関数の微分や確率的勾配降下法の更新式を説明したが，ロジスティック回帰をニューラルネットワークとして実装するときは，2.10 節で説明する計算グラフと自動微分により，パラメータ推定を自動化することが多い．

2.6　ソフトマックス回帰モデル

前節で解説したロジスティック回帰モデルは，出力のクラスが二つ，すなわち二値分類問題のためのモデルである．自然言語処理では，文書分類などのタスクのように，分類したいクラスが三つ以上になることも珍しくない．例えば，前節の感情極性を判定する問題では，Positive と Negative のクラスに加えて，Neutral（中立）というクラスを設定することも考えられるだろう．ク

*8　図 2.1（パーセプトロンのアルゴリズム）の 5 行目には条件分岐があるが，$\hat{y} = y^{(i)}$ ならば $y^{(i)} - \hat{y} = 0$ となるので，この条件分岐を撤去しても動作は変わらない．

ラスが三つ以上の多クラス分類に適用できるように拡張されたロジスティック回帰は，**多クラスロジスティック回帰**（multi-class logistic regression）もしくは**多項ロジスティック回帰**（multinomial logistic regression）と呼ばれる．自然言語処理のやや古い文献では，**最大エントロピーモデリング**（maximum entropy modeling）という名前も使われている．深層学習の文脈では，**ソフトマックス回帰**（softmax regression）と呼ばれることも多い．本質的に同一のモデルがさまざまな分野で異なる名前で知られていることからも，このモデルがさまざまな分野で重要な役割を果たしていることがわかる．

(a)　ソフトマックス回帰

さて，二値分類のときと同様に，入力の特徴ベクトルを $\boldsymbol{x} \in \mathbb{R}^d$ と書く．入力の分類先として，K 個のクラス $\mathbb{Y} = \{\mathcal{C}_1, \mathcal{C}_2, \ldots, \mathcal{C}_K\}$ を考え，出力変数を $y \in \mathbb{Y}$ と書く．ソフトマックス回帰では，入力 $\boldsymbol{x}$ のクラスが $\mathcal{C}_j$ $(j \in \{1, 2, \ldots, K\})$ である確率を次式で計算する．

$$P(y = \mathcal{C}_j | \boldsymbol{x}) = \frac{\exp(\boldsymbol{w}_j^\top \boldsymbol{x} + b_j)}{\sum_{k=1}^{K} \exp(\boldsymbol{w}_k^\top \boldsymbol{x} + b_k)} \tag{2.41}$$

ここで，$\boldsymbol{w}_j \in \mathbb{R}^d$ と $b_j \in \mathbb{R}$ はそれぞれ，クラス $\mathcal{C}_j$ に関する重みベクトルとバイアスのパラメータである．分母の正規化項により，

$$\sum_{k=1}^{K} P(y = \mathcal{C}_k | \boldsymbol{x}) = 1 \tag{2.42}$$

すなわち，すべてのクラスに関して分類される確率の和が 1 になることが保証され，式 (2.41) を確率分布として解釈できる．なお，式 (2.41) によって計算される確率が最も高いクラス $\hat{y} \in \mathbb{Y}$ は，次式で求めることができる．

$$\hat{y} = \mathop{\mathrm{argmax}}_{\mathcal{C}_j \in \mathbb{Y}} P(y = \mathcal{C}_j | \boldsymbol{x}) = \mathcal{C}_{j^\star} \tag{2.43}$$

$$j^\star = \mathop{\mathrm{argmax}}_{j \in \{1, \ldots, K\}} \left(\boldsymbol{w}_j^\top \boldsymbol{x} + b_j \right) \tag{2.44}$$

ここで，argmax は最大値を与える引数を返すもので，式 (2.43) の最初の等式は $P(y = \mathcal{C}_j | \boldsymbol{x})$ が最大となる $\mathcal{C}_j \in \mathbb{Y}$ を返す．

(b)　ソフトマックス回帰の行列による表記

ニューラルネットワークとの関連において重要であるので，ソフトマックス回帰の別の表記を紹介したい．ベクトル $\boldsymbol{a} \in \mathbb{R}^K$ を次のように定義する．

$$\boldsymbol{a} = \begin{pmatrix} a_1 \\ a_2 \\ \vdots \\ a_K \end{pmatrix} = \begin{pmatrix} \boldsymbol{w}_1^\top \boldsymbol{x} + b_1 \\ \boldsymbol{w}_2^\top \boldsymbol{x} + b_2 \\ \vdots \\ \boldsymbol{w}_K^\top \boldsymbol{x} + b_K \end{pmatrix} \tag{2.45}$$

ベクトル $\boldsymbol{a}$ は，すべてのクラスに関して，重みベクトルと入力ベクトルの内積とバイアスの和をまとめたものである．次に，パラメータベクトルの転置とバイアス項を縦方向に並べ，行列 $\boldsymbol{W} \in \mathbb{R}^{K \times d}$ とベクトル $\boldsymbol{b} \in \mathbb{R}^K$ を構成する．

$$\boldsymbol{W} = \begin{pmatrix} \boldsymbol{w}_1^\top \\ \boldsymbol{w}_2^\top \\ \vdots \\ \boldsymbol{w}_K^\top \end{pmatrix}, \quad \boldsymbol{b} = \begin{pmatrix} b_1 \\ b_2 \\ \vdots \\ b_K \end{pmatrix} \tag{2.46}$$

すると，式 (2.45) は次のように簡単に書ける．

$$\boldsymbol{a} = \boldsymbol{W}\boldsymbol{x} + \boldsymbol{b} \tag{2.47}$$

さらに，次式を用いてベクトル $\boldsymbol{p} \in (0,1)^K$ を計算すると，$\boldsymbol{p}$ の j 番目の要素 p_j は，入力 $\boldsymbol{x}$ を $\mathcal{C}_j$ に分類するときの確率 $P(y = \mathcal{C}_j|\boldsymbol{x})$ に一致する．

$$\boldsymbol{p} = \mathtt{softmax}(\boldsymbol{a}) = \mathtt{softmax}(\boldsymbol{W}\boldsymbol{x} + \boldsymbol{b}) \tag{2.48}$$

ここで，$\mathtt{softmax} : \mathbb{R}^K \mapsto \mathbb{R}^K$ は**ソフトマックス関数**（softmax function）で，$\mathtt{softmax}(\boldsymbol{a})$ の計算結果の j 番目の要素は，

$$\mathtt{softmax}(\boldsymbol{a})_j = \frac{\exp(\boldsymbol{a}_j)}{\sum_{k=1}^{K} \exp(\boldsymbol{a}_k)} \tag{2.49}$$

と定義される．図 2.5 に示すように，ソフトマックス関数は入力のベクトルを確率分布に変換する．ソフトマックス関数はシグモイド関数を多入力に拡張したものと理解しても差し支えない．

式 (2.48) は，ソフトマックス回帰の式 (2.41) の別表記である．式 (2.48) の表記に慣れると，d 次元の入力ベクトル $\boldsymbol{x}$ が $K \times d$ の変換行列 $\boldsymbol{W}$ で K 次元のベクトルに変換され，K 次元のバイアス $\boldsymbol{b}$ を加えた後，ソフトマックス関数を経由して確率分布の値が K 次元のベクトル $\boldsymbol{p}$ に格納される，という一連の処理の流れを把握できる．また，深層学習フレームワークを用いてニューラル

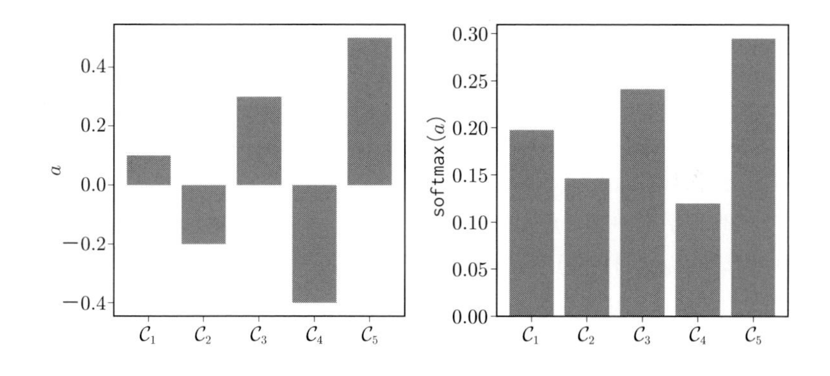

図 2.5　ソフトマックス関数の入力（左）と出力（右）の例

ネットワークを実装するときは，式 (2.48) のような数式をプログラムとして記述する．

(c) 最尤推定によるパラメータ推定

ソフトマックス回帰モデルのパラメータは，2.5 節で述べたロジスティック回帰モデルと同様，学習データにおいてモデルの負の対数尤度を最小化する．つまり，各学習例において正解のクラスに割り当てられる確率が高くなるようにパラメータを最適化することになる．

まず，K クラス多値分類の学習データの表記を導入する．入力変数を $\boldsymbol{x}$，出力変数を $\boldsymbol{y}$ で表すことにして，i 番目の事例を $(\boldsymbol{x}^{(i)}, \boldsymbol{y}^{(i)})$ $(i = 1, 2, \ldots, N)$ と書くことにすると，N 個の事例からなる学習データ $\mathcal{D}$ は次のように表される．

$$\mathcal{D} = \{(\boldsymbol{x}^{(i)}, \boldsymbol{y}^{(i)})\}_{i=1}^{N} \tag{2.50}$$

ここで，$\boldsymbol{x}^{(i)} \in \mathbb{R}^d$ は i 番目の訓練事例の入力の特徴ベクトルである．また，$\boldsymbol{y}^{(i)} \in \mathbb{R}^K$ は，以下の $y_j^{(i)}$ $(j \in \{1, 2, \ldots, K\})$ を要素とするベクトルである．

$$y_j^{(i)} = \begin{cases} 1 & (i \text{ 番目の事例の正解クラスが } \mathcal{C}_j \text{ である場合}) \\ 0 & (i \text{ 番目の事例の正解クラスが } \mathcal{C}_j \text{ でない場合}) \end{cases} \tag{2.51}$$

すなわち，ある事例の正解クラスが $\mathcal{C}_j$ であることを，j 番目の要素のみ 1，他の要素は 0 である K 次元ベクトルで表す．例えば，5 クラス分類の学習データにおいて，ある事例の正解のクラスが $\mathcal{C}_2$ であることを，

$$\boldsymbol{y} = (0, 1, 0, 0, 0)^\top \tag{2.52}$$

と表す．このような K 次元ベクトルは，ある要素の値のみが1で，それ以外の要素の値は0であるので，**1-of-K 表現**または**ワンホットベクトル**（one-hot vector）と呼ばれる．

さて，ある学習事例 $(\boldsymbol{x}, \boldsymbol{y})$ を選んだとき，その事例におけるパラメータ $\boldsymbol{W}, \boldsymbol{b}$ の尤度 $l_{(\boldsymbol{x},\boldsymbol{y})}(\boldsymbol{W}, \boldsymbol{b})$ は，

$$l_{(\boldsymbol{x},\boldsymbol{y})}(\boldsymbol{W}, \boldsymbol{b}) = \prod_{k=1}^{K} \begin{cases} p_k & (y_k = 1 \text{ のとき}) \\ 1 & (y_k = 0 \text{ のとき}) \end{cases} = \prod_{k=1}^{K} p_k^{y_k} \tag{2.53}$$

と計算される．ここで，$\boldsymbol{p} \in (0, 1)^K$ は事例 $\boldsymbol{x}$ の分類に関する確率分布（式(2.48)参照）を表す．ある学習事例に対する尤度は，その事例を正解のクラスに分類するときの確率であるから，式(2.53)は $y_k = 1$ となる要素のインデックス k に対して，p_k を取り出している．

ロジスティック回帰と同様に，ソフトマックス回帰のパラメータ推定は学習データにおける負の対数尤度を最小化すればよい．最小化する目的関数は次式で表され，$-\log l_{(\boldsymbol{x}^{(i)},\boldsymbol{y}^{(i)})}(\boldsymbol{W}, \boldsymbol{b})$ の和の形となっているので，確率的勾配降下法を適用できる．

$$\begin{aligned} J_{\mathcal{D}}(\boldsymbol{W}, \boldsymbol{b}) &= -\log \prod_{i=1}^{N} l_{(\boldsymbol{x}^{(i)},\boldsymbol{y}^{(i)})}(\boldsymbol{W}, \boldsymbol{b}) \\ &= -\sum_{i=1}^{N} \log l_{(\boldsymbol{x}^{(i)},\boldsymbol{y}^{(i)})}(\boldsymbol{W}, \boldsymbol{b}) \end{aligned} \tag{2.54}$$

そこで，事例 $(\boldsymbol{x}, \boldsymbol{y})$ に対する対数尤度 $\log l_{(\boldsymbol{x},\boldsymbol{y})}(\boldsymbol{W}, \boldsymbol{b})$ を，あるクラス $\mathcal{C}_j$ に対する重みベクトル $\boldsymbol{w}_j = \boldsymbol{W}_{j,:}$ で偏微分すると，最終的に次式が得られる．

$$\frac{\partial l_{(\boldsymbol{x},\boldsymbol{y})}(\boldsymbol{W}, \boldsymbol{b})}{\partial \boldsymbol{w}_j} = (y_j - p_j)\boldsymbol{x} \tag{2.55}$$

この結果を確率的勾配降下法に適用すると，次の更新式が得られる．

$$\boldsymbol{w}_j^{(t+1)} = \boldsymbol{w}_j^{(t)} + \eta_t \left(y_j - p_j^{(t)} \right) \boldsymbol{x} \tag{2.56}$$

ここで，$p_j^{(t)}$ は確率的勾配降下法の t 回目の反復時のパラメータを用い，入力

$\boldsymbol{x}$ がクラス $\mathcal{C}_j$ に分類されるときの確率である．この更新式は，ロジスティック回帰の更新式である式 (2.36) を分類されるクラス $\mathcal{C}_j$ ごとに適用することに相当する．同様の手順で，バイアスベクトル $\boldsymbol{b}$ に対する更新式も導出できる．

ところで，ある学習事例 $(\boldsymbol{x}, \boldsymbol{y})$ の損失（負の対数尤度）は，

$$-\log l_{(\boldsymbol{x},\boldsymbol{y})}(\boldsymbol{W}, \boldsymbol{b}) = -\log \prod_{k=1}^{K} p_k^{y_k} = -\sum_{k=1}^{K} y_k \log p_k \tag{2.57}$$

と展開できる．この右辺は，二つの確率分布 $p(x)$ と $q(x)$ の交差エントロピー（クロスエントロピー）の式と共通点がある．

$$H(p, q) = -\sum_{x} p(x) \log q(x) \tag{2.58}$$

式 (2.57) では，$p(x)$ が真のクラスの分布 y_k，$q(x)$ がモデルが推定したクラスの確率分布 p_k に対応付けられる．このため，ソフトマックス回帰の損失関数は**交差エントロピー損失**（cross-entropy loss）と呼ばれる．ロジスティック回帰の学習事例の損失も同様の関連を見いだすことができるので，**二値交差エントロピー損失**（binary cross-entropy loss）と呼ばれる．

2.7　機械学習モデルの評価

これまで説明してきたように，機械学習モデルのパラメータは，学習データにおけるモデルの尤度最大化や交差エントロピー損失の最小化という基準で最適化される．このような基準でパラメータを最適化することで，モデルは学習データに対して適合し，学習データの入出力を再現できるようになる．分類問題であれば，学習データのすべての事例に付与されているラベルを正確に再現できるようになる．ところが，我々が分類モデルに期待していることは，学習データの事例を丸覚えすることではなく，**汎化能力**（generalization ability），すなわち学習を通して分類に関する普遍的な知識を獲得し，未知の入力に対して正しい分類を行う能力である．

したがって，機械学習モデルの性能を評価する際には，学習データとは異なるデータを用いる必要がある．通常は学習データとは別に，**評価データ**（evaluation data）と**検証データ**（validation data）を用意することが一般的

である．評価データは**テストデータ**（test data）とも呼ばれ，機械学習モデルの汎化能力を最終的に測定するために用いられる．検証データは**開発データ**（development data）とも呼ばれ，複数の機械学習モデルの中から汎化能力が高いものを選ぶ目的で用いられる．分類器を機械学習で構築するときは，テキストから特徴量を取り出す方法や確率的勾配降下法の学習率の設定方法など，目的関数の最小化に先立って決めておくべき実験設定がある．このように，学習に先立って与えるべき実験設定のことを**ハイパーパラメータ**（hyperparameter）と呼ぶ．通常は，学習データ上でハイパーパラメータを変えながら複数のモデルを訓練し，その性能を検証データ上で評価することで，汎化能力が高いモデルを作り出すと思われるハイパーパラメータを選択する．そして，検証データ上で最も汎化能力が高かったモデルを採用し，評価データ上で最終的な汎化能力を測定する*9．

なお，ラベル付きコーパスは学習データ，検証データ，評価データにあらかじめ分けられていないことも多い．そのような場合は，例えば8 : 1 : 1などの比率で学習データ，検証データ，評価データに分割すればよい．

(a)　二値分類器の評価尺度

ここでは，スパムメールの検出を例に二値分類器の評価尺度を説明したい．メールがスパムであることをPositive（正例），スパムではないことをNegative（負例）と定義する．スパムメールのデータセットで二値分類器を学習しておき，新たに受け取ったメールに対して分類器および人間がスパムの判定を行った（人間のスパム判定は必ず正しいと仮定する）．一つのメールに対して，分類器および人間がそれぞれPositiveとNegativeのラベル付けを行うので，そのラベル付けのパターンは以下の$2 \times 2 = 4$通りある．

- **真陽性**（true positive）：分類器と人間の判定がPositiveで一致した事例数，すなわち分類器が正しくPositiveと判定した事例数（20）
- **偽陽性**（false positive）：分類器はPositive，人間はNegativeと判定した事例数，すなわち分類器が間違ってPositiveと判定した事例数（5）

*9　評価データと検証データの区別がわかりにくいかもしれない．機械学習モデルを開発するとき，評価データの内容を見てしまうと，評価データに特化した特徴量抽出や実験設定を意図せずに採用してしまい，モデルの汎化能力を正しく測定できなくなってしまう．そこで，モデルの開発時には評価データをできるだけ参照しないようにしておき，代わりに検証データをターゲットとして特徴量抽出の開発やモデルの取捨選択を行う．

表 2.3 二値分類器の混同行列の例

		人間（正解）		
		Positive	Negative	**合計**
分類器	Positive	20	5	25
	Negative	15	60	75
	合計	35	65	100

- **偽陰性**（false negative）：分類器は Negative，人間は Positive と判定した事例数，すなわち分類器が間違って Negative と判定した事例数（15）
- **真陰性**（true negative）：分類器と人間の判定が Negative で一致した事例数，すなわち分類器が正しく Negative と判定した事例数（60）

これらのパターンに該当する事例数をまとめたのが表 2.3 である（なお，上の箇条書きの末尾には，表 2.3 との対応がわかりやすくなるように，事例数を括弧付きで入れてある）．このような表を**混同行列**（confusion matrix）と呼ぶ．

二値分類器の性能を評価する指標として，最も簡単かつ標準的な指標は**正解率**（accuracy）であろう．

$$\text{正解率} = \frac{\text{正しく判定した事例数}}{\text{判定した全事例数}} \tag{2.59}$$

$$= \frac{20+60}{100} = 0.800 \tag{2.60}$$

しかし，タスクやデータの性質によっては，正解率が適切な評価指標とはいえない場合もある．例えば，スパムメールの検出では，偽陽性と偽陰性では分類器の判定ミスが利用者に与える影響が異なる*10．また，二値分類問題で正例の事例が負例の事例と比べて極端に少ない場合，常に負例と判定してしまう分類器でも正解率は高くなってしまう．このような状況において，分類器の性能をより適切に評価する指標として用いられるのが，**適合率**（precision），**再現率**（recall），**F スコア**（F-score）である．

適合率と再現率は次の式で計算される．

$$\text{適合率} = \frac{\text{正しく陽性と判定した事例数}}{\text{陽性と判定した事例数}} = \frac{\text{真陽性数}}{\text{真陽性数} + \text{偽陽性数}} \tag{2.61}$$

*10 偽陽性のメールはスパムフォルダに送られてしまうため，重要かもしれないメールを見逃してしまう．偽陰性のスパムメールは受信トレイに表示されるだけだが，偽陽性の数が多くなるとメールのチェックが大変になる．

$$= \frac{20}{20+5} = 0.800 \tag{2.62}$$

$$\text{再現率} = \frac{\text{正しく陽性と判定した事例数}}{\text{陽性と判定すべき事例数}} = \frac{\text{真陽性数}}{\text{真陽性数} + \text{偽陰性数}} \tag{2.63}$$

$$= \frac{20}{20+15} \approx 0.571 \tag{2.64}$$

適合率が高いということは，分類器が正例と判定したときの誤りが少ないことを意味する．再現率が高いということは，分類器が正例と判定すべき事例を見落とすことが少ないことを意味する．表 2.3 のスパム検出器は，適合率が高く再現率が低いので，スパムではないメールを間違ってスパム判定するよりも，スパムメールの判定漏れのほうが割合としては多いといえる．

一般に，適合率と再現率はトレードオフの関係にある．例えば，ロジスティック回帰では，予測された確率値が 0.5 以上であれば Positive，そうでなければ Negative と判定するのが標準的である．ここで，0.5 という確率のしきい値を 0.1 に変更すれば，本当は Positive である事例を Negative と判定する失敗が少なくなるため，再現率は高くなる．一方で，本当は Negative である事例を Positive と判定する傾向が強くなるため，適合率は低くなる．

適合率と再現率の両方を一つの評価尺度に統合したのが，F スコアである．F スコアは適合率と再現率の調和平均である[*11]．

$$\text{F スコア} = \frac{2}{\frac{1}{\text{適合率}} + \frac{1}{\text{再現率}}} = \frac{2 \times \text{適合率} \times \text{再現率}}{\text{適合率} + \text{再現率}} \tag{2.65}$$

$$= \frac{2 \times 0.80 \times 0.57}{0.80 + 0.57} \approx 0.666 \tag{2.66}$$

F スコアは分類器の性能を一つの数値で表現できるので，異なる分類器の性能を比較するときに便利である．

(b) 多値分類器の評価尺度

ここでは，与えられた文がある製品について「良い評判」に言及しているか，「悪い評判」に言及しているか，「どちらでもない（その他）」かを分類するタスクを考える．表 2.4 に分類器の混同行列の例を示す．

---

*11　適合率と再現率のどちらを重視するかにより，F スコアには $F_{0.5}$ や F_2 などのバリエーションがある．適合率と再現率の両方を等しく重要視し，それらの調和平均を計算するものは F_1 スコアと呼ばれる．ただ，単に F スコアというと通常は F_1 スコアを指すことが多い．

表 2.4　3 クラス分類器の混同行列の例

		人間（正解）			
		良い評判	悪い評判	その他	合計
分類器	良い評判	10	2	4	16
	悪い評判	6	40	18	64
	その他	4	16	400	420
	合計	20	58	422	500

表 2.5　3 クラス分類器の適合率・再現率・F スコアの計算例

クラス	適合率		再現率		F スコア
良い評判	0.625	(10/16)	0.500	(10/20)	0.556
悪い評判	0.625	(40/64)	0.690	(40/58)	0.656
その他	0.952	(400/420)	0.948	(400/422)	0.950
マクロ平均	0.625	((0.625+0.625)/2)	0.595	((0.500+0.690)/2)	0.606
マイクロ平均	0.625	(50/80)	0.641	(50/78)	0.633

正解率の計算方法は二値分類と同様で，式 (2.59) のとおりである．表 2.4 の混同行列の場合，

$$\frac{10+40+400}{500}=0.900 \tag{2.67}$$

である．適合率，再現率，F スコアは，各クラスが二値分類における「正例」クラスに相当すると見なして，クラスごとに計算すればよい．表 2.5 に，適合率，再現率，F スコアの計算例を示した．この分類器は高い正解率（0.900）を示していたが，「良い評判」や「悪い評判」を検出する F スコアはそれぞれ，0.556 と 0.656 であるので，分類器の性能としてはそこまで良いとはいえない．これは，このデータに「その他」クラスの事例が多く含まれているためで，正解率の数字が「その他」クラスの判定結果に大きく左右されるからである．

これまでに説明した適合率，再現率，F スコアは，多値分類器の性能をクラスごとに測定していた．一方で，異なる多値分類器の性能を比較したい場合は，各クラスの性能を統合した指標があると便利である．各クラスの性能の平均をとるときは，**マクロ平均**（macro average）や**マイクロ平均**（micro average）がよく用いられる．マクロ平均では，適合率，再現率，F スコアのそれぞれに対して各クラスの評価値の平均を算出する．このとき，評価で考慮したくない分類クラスを除外してもよい．表 2.5 の「マクロ平均」の行に，「その

他」クラスを除外して平均を算出する例を示す．これに対し，マイクロ平均では評価対象に含めたい分類クラスの真陽性数，偽陽性数，偽陰性数を集計し，式 (2.61)，(2.63) で適合率と再現率を計算する．マイクロ平均の F スコアは，マイクロ平均の適合率と再現率に対して，F スコアの定義式である式 (2.65) で計算する．マクロ平均は，各クラスの事例数の大小に関係なく平均を算出するので，すべてのクラスの性能を等しく重視したいときに用いるとよい．これに対し，マイクロ平均の評価値は真陽性数，偽陽性数，偽陰性数を集計してから計算するため，事例数の多いクラスの評価値の影響を受けやすい．

2.8　正則化

2.7 節で述べたように，機械学習モデルに期待することは，学習データ上で良い性能を示すことではなく，未知のデータに対して良い性能を発揮することである．一般に，パラメータ数が多い，つまり表現力の高いモデルを用いると，**過適合**（overfitting）または**過学習**と呼ばれる問題が起こる．これは，モデルが学習データに過剰に適合してしまうことにより，未知のデータに対する性能（汎化能力）が低下する現象である．自然言語処理における機械学習では，パラメータ数が多いモデルをよく用いるため，過適合への対処は重要である．

過適合を防ぐために，**正則化**（regularization）と呼ばれる方法がよく用いられる．正則化では，損失関数に正則化のためのペナルティ項を追加することにより，パラメータの値がゼロから大きく離れられないようにする*12．これにより，モデルの表現力を適度に下げて過適合を抑制し，未知のデータに対する性能を向上させることができる．

分類モデルの正則化では，損失関数にパラメータベクトルの L^2 ノルムを加えた L2 正則化がよく用いられる．一般に，モデルのパラメータをベクトル $\boldsymbol{w}$，正則化を行う前の損失関数を $J_0(\boldsymbol{w})$ で表すと，L2 正則化付きの損失関数は

$$J(\boldsymbol{w}) = J_0(\boldsymbol{w}) + \lambda \|\boldsymbol{w}\|^2 \tag{2.68}$$

と表される．ここで，$\lambda\ (\geq 0)$ は正則化の強さを制御するハイパーパラメー

*12　真のパラメータの値はゼロから大きく離れていないだろうという「事前知識」によってモデルの表現力（柔軟性）に制限をかけているといえる．

タで，検証データなどで調整される．パラメータの値がゼロから離れると式 (2.68) の右辺第 2 項が大きくなるため，損失関数 $J(\boldsymbol{w})$ の最小化においてペナルティがかかる．また，損失関数にパラメータベクトルの L^1 ノルム（各要素の絶対値の和）を追加する L1 正則化が用いられることもある．

$$J(\boldsymbol{w}) = J_0(\boldsymbol{w}) + \lambda|\boldsymbol{w}| \tag{2.69}$$

L1 正則化を用いた場合，パラメータがゼロに近づいてもその絶対値に比例する損失が発生するので，$J(\boldsymbol{w})$ の最小化を通して，値がゼロであるパラメータが多く得られる．値がゼロであるパラメータに対応する入力変数は無視できるため，L1 正則化を**特徴選択**（feature selection）の手段としても利用できる．

2.9　ニューラルネットワーク

近年，自然言語処理において**深層学習**（deep learning）が広く活用されるようになった．深層学習では多くの層をもつ**ニューラルネットワーク**（neural network）でモデルが構成され，ここまでに説明した機械学習モデルよりも複雑な入出力関係を学習できる．

本節では，ニューラルネットワークの基礎的な事項を解説する．ニューラルネットワークは，図 2.6 に示すような人工**ニューロン**（neuron）と呼ばれる要素によって構成される．一つのニューロンは複数の実数値を入力とし，一つの実数値を出力する．具体的には，d 個の入力 $x_1, x_2, \ldots, x_d$ から出力 $y \in \mathbb{R}$ を次式で計算する．

$$y = g\left(\sum_{i=1}^{d} w_i x_i + b\right) \tag{2.70}$$

ここで，$x_i \in \mathbb{R}$ は i 番目の入力値，$w_i \in \mathbb{R}$ は i 番目の入力値に対する重み，$b \in \mathbb{R}$ はバイアス，$g(\cdot)$ は**活性化関数**（activation function）と呼ばれる関数である．つまり，ニューロンでは，多数の入力の重み付き和に対して活性化関数を適用したものを出力とする．活性化関数としてはさまざまな非線形写像が利用されるが，代表的なものとしては，シグモイド関数

$$\sigma(a) = \frac{1}{1 + \exp(-a)} \tag{2.71}$$

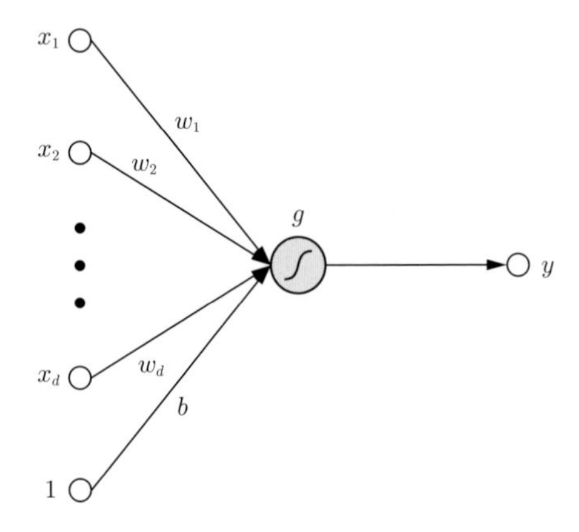

図 2.6　d 個の入力を受け取る人工ニューロン

のほか, 双曲線関数の一つ**ハイパボリックタンジェント** (hyperbolic tangent)

$$\tanh(a) = \frac{\exp(a) - \exp(-a)}{\exp(a) + \exp(-a)} \tag{2.72}$$

や **ReLU** (rectified linear function)

$$\mathrm{ReLU}(a) = \max(0, a) \tag{2.73}$$

などがある．ベクトル $\boldsymbol{x} = (x_1, x_2, \ldots, x_d)^\top, \boldsymbol{w} = (w_1, w_2, \ldots, w_d)^\top$ を導入すると，式 (2.70) は次のように書き直すことができる．

$$y = g\left(\boldsymbol{w}^\top \boldsymbol{x} + b\right) \tag{2.74}$$

この形において関数 g にシグモイド関数を採用すると，式 (2.14) の表すロジスティック回帰モデルとなる．このことからわかるように，ニューロンの一つ一つが二値分類の学習器や分類器として振る舞うことができる．

ニューラルネットワークは，このようなニューロンを多数並べることによって構成される．図 2.7 に二つの**層** (layer) からなるニューラルネットワークを示す．図の中央で縦に並んでいるのが 1 層目のニューロンである．このように，同じ入力を多数のニューロンが受け取り，それぞれがその入力の重みに応じて異なった値を出力する．中央のニューロンの出力は右端のニューロン (2

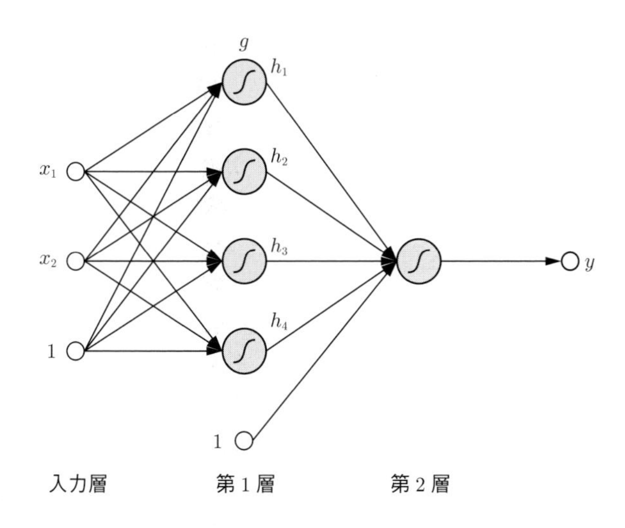

図 2.7 2層のニューラルネットワーク

層目）に送られ，その重み付き和によってネットワークの出力が計算される．また，2層目のように，すべてのニューロンがその前の層のすべてのニューロンと結合している層のことを**全結合層**（fully-connected layer）と呼ぶ．図2.7のように，二つ以上の層で構成されるものを**多層ニューラルネットワーク**（multi-layer neural network）と呼ぶ．これに対し，一つの層だけで構成されるものを**単層ニューラルネットワーク**（single-layer neural network）と呼ぶ．2.5節のロジスティック回帰や2.6節のソフトマックス回帰は，単層ニューラルネットワークの一種と見なすことができる．

図2.7のニューラルネットワークは次式で表すことができる．

$$y = \boldsymbol{v}^\top g\left(\boldsymbol{W}\boldsymbol{x} + \boldsymbol{b}\right) + c \tag{2.75}$$

ここで，$\boldsymbol{W} \in \mathbb{R}^{4\times2}$ は (i, j) 成分 $W_{i,j}$ が j 番目の入力から1層目の i 番目のニューロンへの結合の重み，$\boldsymbol{b} \in \mathbb{R}^4$ は i 番目の要素 b_i が常に1である入力から1層目の i 番目のニューロンへの結合の重みを表す．活性化関数 $g(\cdot)$ は，引数がベクトルの場合，ベクトルの要素ごとに関数を適用し，その結果をベクトルで返す．$\boldsymbol{v} \in \mathbb{R}^4$ と $c \in \mathbb{R}$ は2層目のニューロンへの結合の重みを表す．

さらに層を積み重ねたニューラルネットワークを構成することもできる．一

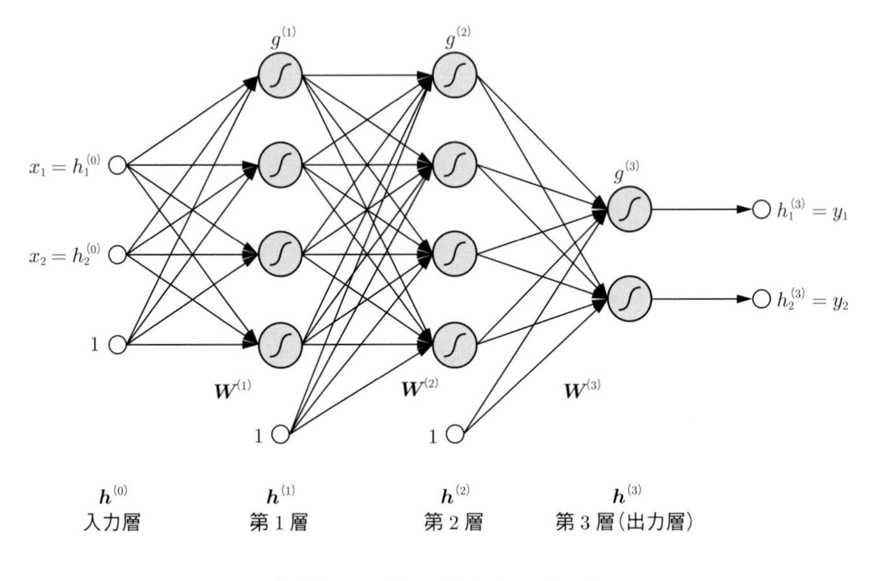

図 2.8　3層ニューラルネットワーク

般的に，L 層からなるニューラルネットワークにおいて，l $(\in \{1, 2, \ldots, L\})$ 層目の写像を $f^{(l)}$ と書くことにすると，入力 $\boldsymbol{x}$ に対する出力 $\boldsymbol{y}$ は

$$\boldsymbol{y} = f^{(L)}(f^{(L-1)}(\ldots f^{(2)}(f^{(1)}(\boldsymbol{x})))) \tag{2.76}$$

と記述できる．ここで，l 層目の写像 $f^{(l)}$ は，$l-1$ 層目の出力 $\boldsymbol{h}^{(l-1)} \in \mathbb{R}^{d_{l-1}}$ を受け取り，l 層目の出力 $\boldsymbol{h}^{(l)} \in \mathbb{R}^{d_l}$ を返す．

$$\boldsymbol{h}^{(l)} = f^{(l)}(\boldsymbol{h}^{(l-1)}) = g^{(l)}(\boldsymbol{W}^{(l)}\boldsymbol{h}^{(l-1)} + \boldsymbol{b}^{(l)}) \tag{2.77}$$

ただし，d_l は l 層目のニューロンの数，$\boldsymbol{W}^{(l)} \in \mathbb{R}^{d_l \times d_{l-1}}$ は $l-1$ 層目の出力から l 層目のニューロンへの結合の重み，$\boldsymbol{b}^{(l)} \in \mathbb{R}^{d_l}$ は l 層目のニューロンに対するバイアス，$g^{(l)}$ は l 層目の活性化関数である．また，$\boldsymbol{h}^{(0)} \in \mathbb{R}^{d_0}$ と $\boldsymbol{h}^{(L)} \in \mathbb{R}^{d_L}$ はそれぞれ，このニューラルネットワークの入力と出力を表す（d_0 と d_L はそれぞれ，入力と出力のベクトルのサイズ）．図 2.8 に 2 入力 2 出力の 3 層ニューラルネットワークの例を示す．このネットワークにデータが入力される $\boldsymbol{h}^{(0)}$ の部分を**入力層**（input layer），第 1 層と第 2 層のように出力への途中で中間的な値を計算する層を**隠れ層**（hidden layer），第 3 層のように出力に最も近い層を**出力層**（output layer）と呼ぶ．このように，入力から中間的な層を経て出力に向かって順に計算を行うものを**順伝播ニューラルネットワーク**（feedforward neural network）と呼ぶ．

通常，入力と出力の数はタスクに応じてあらかじめ決めておくことが多い．順伝播ニューラルネットワークを設計するときは，層の数 L と隠れ層のニューロンの数 $d_1, d_2, \ldots, d_{L-1}$ を決めれば，各層の重み行列とバイアスベクトルのサイズが自動的に決定される．ロジスティック回帰やソフトマックス回帰と同様に，ニューラルネットワークの学習では，出力値と学習データの間で計算される損失値を最小にするように，各層の重み行列とバイアスベクトルのパラメータを確率的勾配降下法などで求める．確率的勾配降下法を用いるためには，各重み行列やバイアスベクトルに関して損失の勾配を求め，式 (2.26) の更新式を適用すればよいが，ニューラルネットワークの構造や層によって勾配の計算式（例えばロジスティック回帰なら式 (2.35)，ソフトマックス回帰なら式 (2.55)）が異なるため，手作業で勾配の計算式を導出するのは現実的ではない．そこで，通常は 2.10 節で紹介する方法で勾配を自動的に計算する．

(a) 多層にすることの利点

さて，ニューラルネットワークを多層にすることにはどのような利点があるのだろうか．その利点を，2 入力の二値分類器が再現できる論理関数の観点から考察してみよう．入力 $x_1, x_2 \in \{0, 1\}$ に対して，対応する重み $w_1, w_2 \in \mathbb{R}$ の線形結合とバイアス $b \in \mathbb{R}$ で出力 $\hat{y} \in \{0, 1\}$ を計算する線形分類器を考える．式 (2.16) に基づくと，分類器が $\hat{y} = 1$ を出力するのは，

$$w_1 x_1 + w_2 x_2 + b \geq 0 \iff x_2 \geq -\frac{w_1}{w_2} x_1 - \frac{b}{w_2} \tag{2.78}$$

の場合である（ただし，$w_2 \neq 0$ とする）．これは，$x_1 x_2$ 平面を直線で二つの領域に分離し*13，点 (x_1, x_2) と直線の位置関係で出力 $\hat{y}$ が決定されることを意味している．図 2.9 では，入力 x_1，x_2 をそれぞれ横軸，縦軸とし，論理和（OR）や論理積（AND），否定論理積（NAND），排他的論理和（XOR）の各論理関数が $y = 1$ を返すべき場合を○印，$y = 0$ を返すべき場合を×印で示している．例えば，OR は $x_1 = 1$ または $x_2 = 1$ ならば $y = 1$ となるので，$(1, 0), (0, 1), (1, 1)$ の 3 点は○印，$(0, 0)$ は×印となる．OR, AND, NAND に

*13 単純な例として特徴ベクトルが 2 次元（$d = 2$）の場合を考えているが，一般に d 次元の特徴ベクトルで表される事例は d 次元空間上の超平面で分離される．

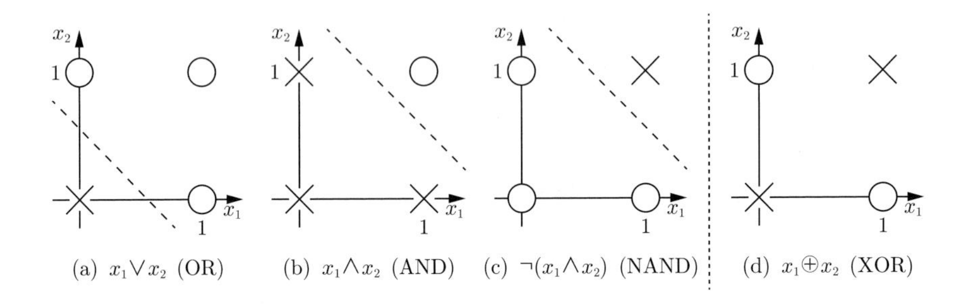

図 2.9　線形分離可能な OR, AND, NAND と線形分離不可能な XOR

ついては，○印と×印を分離する線を引くことができるが，XOR については，○印と×印を分離する線を引くことができない．これは，OR, AND, NAND の入出力は線形分離可能であるが，XOR の入出力は線形分離不能であるため，線形分類器では XOR の入出力を再現できないことを示している．

ところで，排他的論理和 $x_1 \oplus x_2$ は $(x_1 \vee x_2) \wedge \neg(x_1 \wedge x_2)$ と表すことができるので，OR, AND, NAND の組合せで表現できる．これまでに説明したように，OR, AND, NAND は線形分類器で表現できていたので，これらを組み合わせることで XOR の入出力を再現できるはずである．図 2.9 の例で説明すると，(a) と (c) の点の○×に対して AND をとることで，(d) の○×のパターンが得られる．線形分類器を単層のニューラルネットワークと見なすと，それを組み合わせて多層のニューラルネットワークを構成することで，線形分離不能である XOR の入出力を再現できる可能性が示唆される．

NAND は単体で関数的完全性（functional completeness）をもつため＊14，その組合せで任意の論理式，すなわち任意の論理関数を表現できることが保証されている．したがって，線形分類器を多段構成にしたもの，すなわち多層ニューラルネットワークは任意の論理関数を表現する能力がある．ゆえに，層やパラメータを十分に用意しておけば，多層ニューラルネットワークは線形分離不能な学習データを再現できる可能性がある．さらに，本書では詳細を省くが，**万能近似定理**（universal approximation theorem）により，1 層の隠れ層をもつニューラルネットワークは，いかなる連続関数も近似的に表現する能力があることが示されている．この定理は汎化能力の高いモデルを学習するこ

＊14　図 2.9 では示していないが，線形分類器で否定（NOT）の入出力も再現できるので，AND, OR, NOT による関数的完全性を考えてもよい．

とを保証するものではないが，多層ニューラルネットワークの利点を表現力の観点から説明するものである．

2.10 計算グラフと自動微分

2.9 節で少し触れたように，一般的にニューラルネットワークを学習するためには，各パラメータに関して損失の勾配を求める必要がある．本節では，**計算グラフ**（computation graph） と呼ばれる構造に基づいて，複雑な関数の偏微分係数を機械的に計算する**自動微分**（automatic differentiation）を紹介する．この仕組みを実装したPyTorch*15や TensorFlow*16などの深層学習フレームワークを用いると，ニューラルネットワークの構造を Python などのプログラミング言語で記述するだけで，損失や勾配の計算が自動化され，ニューラルネットワークの学習が簡単に実現できる．本節では，勾配の計算がどのように自動化されているのかを説明したい．

単純な例として，以下の関数に関して，$(x, y, z) = (-2, 5, -4)$ における勾配を計算することを考えよう．

$$f(x, y, z) = (x + y)z \tag{2.79}$$

この関数の偏微分係数は，簡単な手計算により，

$$\frac{\partial f}{\partial x} = z \tag{2.80}$$

$$\frac{\partial f}{\partial y} = z \tag{2.81}$$

$$\frac{\partial f}{\partial z} = x + y \tag{2.82}$$

であるから，これらに $(x, y, z) = (-2, 5, -4)$ を代入することで，

$$\left(\frac{\partial f}{\partial x}, \frac{\partial f}{\partial y}, \frac{\partial f}{\partial z}\right) = (-4, -4, 3) \tag{2.83}$$

という勾配が得られる．この例では，関数が極めて単純であるため，上記のよ

*15 https://pytorch.org/
*16 https://www.tensorflow.org/

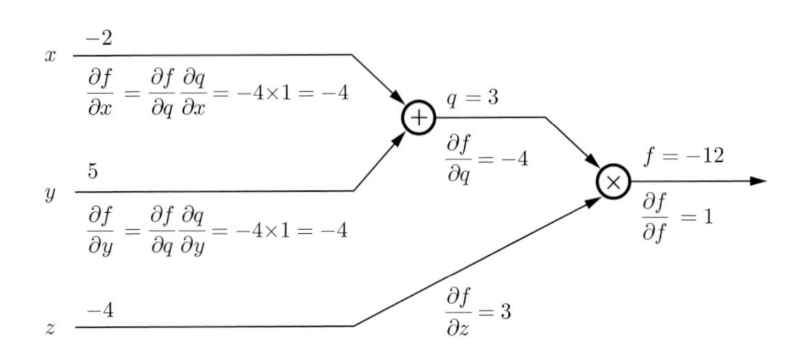

図 2.10　関数 $f(x, y, z) = (x + y)z$ の計算グラフ[*15]

うに手計算で偏微分係数を求め，$(x, y, z) = (-2, 5, -4)$ における勾配を得ることができた．

次に，計算グラフで機械的に勾配を計算する方法を説明しよう．

式 (2.79) の関数 $f(x, y, z) = (x + y)z$ の計算グラフを図 2.10 に示す．計算グラフは，その入力変数から各種の演算を経て関数値が計算される手順をグラフ構造で表す．グラフの各ノードが種々の演算を表している．このグラフでは，まず x と y の和で $q(x, y) = x + y$ が計算され，次に $q(x, y)$ と z の積で関数値 $f(x, y, z)$ が計算されるという手続きが表現されている．

さて，ここで，$(x, y, z) = (-2, 5, -4)$ のときに $\partial f/\partial x$ の値を求めることを考える．合成関数の微分に関する**連鎖律**（chain rule）により，

$$\frac{\partial f}{\partial x} = \frac{\partial f}{\partial q}\frac{\partial q}{\partial x} \tag{2.84}$$

であるから，$\partial f/\partial q$ と $\partial q/\partial x$ の値がわかれば $\partial f/\partial x$ の値が求まる．いま，$q(x, y) = x + y$ であるので，以下の値は x, y の値によらず常に 1 である．

$$\frac{\partial q}{\partial x} = 1 \tag{2.85}$$

$$\frac{\partial q}{\partial y} = 1 \tag{2.86}$$

次に，$\partial f/\partial q$ を考える．$f(x, y, z)$ の値は $q(x, y)$ の値から掛け算ノードを通して計算されるので，掛け算ノードにおける計算を考える．一般に，関数

*17　https://cs231n.github.io/optimization-2/の図を改変した．

$g(u, v) = uv$ に対して，

$$\frac{\partial g}{\partial u} = v, \quad \frac{\partial g}{\partial v} = u \tag{2.87}$$

であることから，掛け算ノードを通過すると，ある入力変数に関する偏微分係数は，もう一方の入力変数の値そのものになることがわかる．そこで，計算グラフの掛け算ノードを見ると，もう一方の入力変数は z であり，その値は -4 であることから，$\partial f/\partial q = -4$ であると計算できる．以上をまとめると，

$$\frac{\partial f}{\partial x} = \frac{\partial f}{\partial q}\frac{\partial q}{\partial x} = -4 \times 1 = -4 \tag{2.88}$$

となり，無事に $\partial f/\partial x$ の値を計算できた．

このように，計算グラフを用いた勾配計算では，入力変数から関数値が計算されるプロセスを複数の関数の合成関数として捉え，その合成関数を構成する個々の関数に関する偏微分係数の値を掛け合わせていくことにより，もともとの関数の勾配を求める．この計算は，計算グラフの複雑さにかかわらず，次の手順で機械的に実行できる．

1. 前向き計算　：入力から出力に向かって個々の関数値を順次計算する
2. 後ろ向き計算：出力から入力に向かって偏微分係数を順次計算する

最初に，**前向き計算**（forward computation）によって，個々の関数値をすべて計算する必要がある．先ほどの例で見たように，各関数の偏微分係数の値を計算する際に，その引数の値が必要になることがあるからである．図 2.10 の計算グラフでは，前向き計算により各々のエッジの上側に表示されている値を計算する．これらの値を計算した後，**後ろ向き計算**（backward computation）によって出力から出発して入力へと逆順に偏微分を計算していくことで，すべてのノードに関する出力値の偏微分係数を求めることができる．図 2.10 の計算グラフにおける後ろ向き計算は，次のように進行する．

1. $\partial f/\partial f$ の値は自明に 1
2. $\partial f/\partial q$ の値は z の値を参照することで -4
3. $\partial f/\partial z$ の値は $q(x, y)$ の値を参照することで 3
4. $\partial f/\partial x$ の値は，$\partial q/\partial x = 1$ と既に得られている $\partial f/\partial q = -4$ から，$-4 \times 1 = -4$

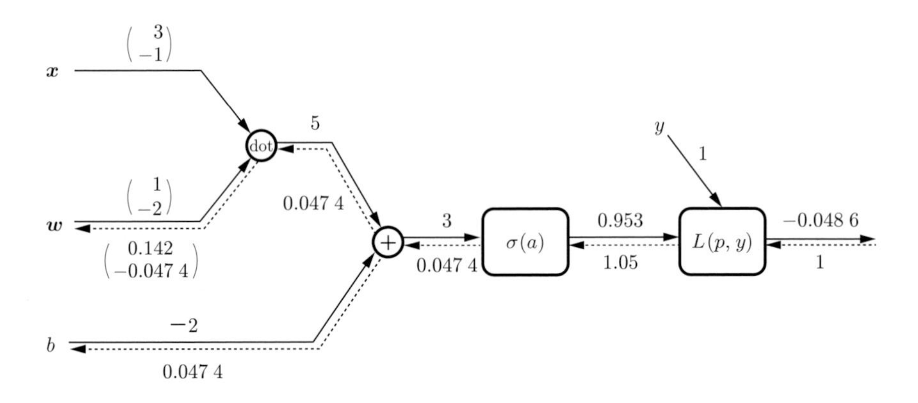

図 2.11　ロジスティック回帰モデルの対数尤度関数の計算グラフ

(a) ロジスティック回帰モデルの計算グラフ

計算グラフや自動微分の手順を述べたところで，ロジスティック回帰モデルの対数尤度関数の勾配を計算してみよう．ここでは，一つの学習事例に対して勾配を計算する．ロジスティック回帰では，特徴量ベクトル $\boldsymbol{x}$，重みベクトル $\boldsymbol{w}$，バイアス b を用い，事例が正例である確率 p を次のように計算する．

$$p = \frac{1}{1 + \exp\{-(\boldsymbol{w}^\top \boldsymbol{x} + b)\}} \tag{2.89}$$

また，確率 p とその学習事例のラベル y から，対数尤度 $L(p, y)$ を計算する．

$$L(p, y) = y \log p + (1 - y) \log(1 - p) \tag{2.90}$$

図 2.11 にロジスティック回帰の対数尤度関数の計算グラフを示す．ベクトルの内積（dot），シグモイド関数（$\sigma(a)$），対数尤度（$L(p, y)$）を計算するノードを導入し，計算グラフを簡素化した．もちろん，先ほどの説明のように，すべての変数や演算をノードとして計算グラフを構成してもよい．

まず，内積を表すノードを説明しよう．いま，関数 f がベクトルの内積 $f(\boldsymbol{x}, \boldsymbol{y}) = \boldsymbol{x}^\top \boldsymbol{y}$ であるとき，

$$\frac{\partial f}{\partial \boldsymbol{x}} = \boldsymbol{y} \tag{2.91}$$

$$\frac{\partial f}{\partial \boldsymbol{y}} = \boldsymbol{x} \tag{2.92}$$

である（手計算で確認してほしい）．先ほど説明した掛け算ノードでの計算と比べると，変数がスカラーとベクトルという違いはあるものの，見かけ上は全く同じ仕組みで偏微分係数の値が得られる．すなわち，二つの入力ベクトルのうち，一方のベクトルに関する偏微分係数の値は，他方の入力ベクトルの値を参照すればよい．

次に，確率値 p を計算するシグモイド関数について考える．いま，

$$a = \boldsymbol{w}^\top \boldsymbol{x} + b \tag{2.93}$$

とおくと，p はシグモイド関数 $\sigma(a)$ によって計算できる．

$$p = \sigma(a) = \frac{1}{1 + \exp(-a)} \tag{2.94}$$

式 (2.94) の微分は，**商の微分法則**（quotient rule）により次のようになる．

$$\begin{aligned}\frac{d\sigma(a)}{da} &= \frac{-(-\exp(-a))}{(1+\exp(-a))^2}\\ &= \frac{\exp(-a)}{1+\exp(-a)} \cdot \frac{1}{1+\exp(-a)}\\ &= \left(1 - \frac{1}{1+\exp(-a)}\right)\frac{1}{1+\exp(-a)}\\ &= (1-p)p \end{aligned} \tag{2.95}$$

したがって，シグモイド関数のノードに関して後ろ向き計算を行うときは，前向き計算による出力値 p を利用し，$dp/da = (1-p)p$ を計算すればよい．

最後に，対数尤度 $L(p, y)$ の p に関する偏微分を考える．

$$\begin{aligned}\frac{\partial L(p,y)}{\partial p} &= \frac{\partial}{\partial p}\left(y \log p + (1-y)\log(1-p)\right)\\ &= \frac{y}{p} + (1-y)\frac{-1}{1-p}\\ &= \frac{y-p}{p(1-p)} \end{aligned} \tag{2.96}$$

ゆえに，後ろ向き計算の際には，その学習事例のラベル y と確率推定値 p から偏微分係数 $\partial L/\partial p$ の値を計算すればよい．

このように，図 2.11 の各ノードで偏微分を計算する式を導出しておけば，後

ろ向き計算の手順によって，重みベクトルやバイアスパラメータの勾配を計算することができる．ニューラルネットワークの学習では，内積やシグモイド関数，対数尤度などの要素の組合せで計算グラフが構築されるので，後ろ向き計算による自動微分はニューラルネットワークの規模が大きくなったとしても，汎用的に利用できる．ニューラルネットワークの分野において，後ろ向き計算によって勾配を計算することを**誤差逆伝播**（backpropagation）あるいはバックプロパゲーションと呼ぶ．

なお，2.5 節で説明した式 (2.35) は，以上の結果から導出できる．

$$\frac{\partial L}{\partial \boldsymbol{w}} = \frac{\partial L}{\partial p}\frac{dp}{da}\frac{\partial a}{\partial f}\frac{\partial f}{\partial \boldsymbol{w}} = \frac{y-p}{p(1-p)} \cdot (1-p)p \cdot 1 \cdot \boldsymbol{x} = (y-p)\boldsymbol{x} \quad (2.97)$$

2.11　ニューラルネットワークに関するその他の話題

(a)　最適化手法と初期値依存

ニューラルネットワークの学習においても，2.5 節で説明した確率的勾配降下法（SGD）をそのまま適用できる．また，モメンタム SGD，RMSprop，Adagrad，Adam など，SGD を改良した最適化手法も用いられる．ただし，ロジスティック回帰とは異なり，一般的なニューラルネットワークでは目的関数が凸関数ではないため，これらの手法で求まるのは局所最適解であることに注意が必要である．ゆえに，初期値や乱数シードを変えながらパラメータ推定を行い，モデルの性能を評価・報告することが望ましい．

(b)　ミニバッチ化

2.5 節において，確率的勾配降下法は反復ごとにランダムに一つの事例を選ぶと説明した．ところが，実際にニューラルネットワークを学習するときは，**ミニバッチ**（mini batch），すなわち複数の事例の束を選び，勾配を計算することが多い．ここで，パラメータ θ をもつモデルにおいて，ある学習事例 $(\boldsymbol{x}, \boldsymbol{y})$ に関して計算される損失を $J_{(\boldsymbol{x},\boldsymbol{y})}(\theta)$ と書くことにする．また，学習データ $\mathcal{D}$ からランダムに B 件の学習データを選んだミニバッチを，集合 $\mathbb{S}(\mathcal{D}, B)$ で表し，確率的勾配降下法の 1 回の反復で用いる勾配は，ミニバッチに含まれる事例の勾配の平均とする．

$$\frac{1}{B} \sum_{(\boldsymbol{x},\boldsymbol{y}) \in \mathbb{S}(\mathcal{D},B)} \nabla J_{(\boldsymbol{x},\boldsymbol{y})}(\theta) \tag{2.98}$$

ミニバッチに含まれる事例の数を指定する B を，**バッチサイズ**（batch size）と呼ぶ．B が大きくなると，学習データ全体に関する勾配をよく近似できるようになる．したがって，ニューラルネットワークのパラメータ更新をミニバッチ単位で行うことで，極小解に速く近づけることが期待できる．また，graphics processing unit（GPU）や tensor processing unit（TPU）などの，行列演算を並列に実行できるハードウェアを用いる場合，複数の事例に関する勾配の計算に要する時間は，一つの事例に関する計算とほぼ変わらないことが多い．PyTorch や TensorFlow などの深層学習フレームワークでは，GPU や TPU などのハードウェアの処理能力を活用するために，ミニバッチ単位で勾配の計算をサポートし，学習を効率化できるように工夫されている．

(c)　ドロップアウト

2.9 節で述べたように，多層のニューラルネットワークは線形分離不能な複雑な入出力を学習できるため，学習データへの過適合への対処が重要である．ニューラルネットワークの過適合を防ぐ方法として，**ドロップアウト**（dropout）がよく用いられる[109)]．ドロップアウトの基本的なアイディアは，ニューロン間の共適応*18を防ぐことでモデルの汎化能力を向上させる，というものである．具体的には，学習したいニューラルネットワークからランダムにニューロンを間引いたネットワークを仮想的に構築・学習しておき，推論時には間引かれたネットワークの計算結果を統合するというアプローチをとる．このアイディアを実現するため，ニューラルネットワークの訓練の各反復（ミニバッチ）ごとに，ニューロンをある確率 p で脱落させる*19．図 2.12 のニューラルネットワークでは，淡色のニューロンを脱落させることで，元のネットワークとは異なる構造のネットワークを得ている．反復ごとに脱落させるニューロンを変更し，その組合せが得られることにより，異なるネットワークを大量にサンプリングできる．ドロップアウトを適用して学習したネットワークを推論に用いるときは，学習時の状況に近づけるために，重みパラメータの値を p 倍する．

*18　あるニューロンが別の少数のニューロンに強く依存しすぎてしまうこと．
*19　p はハイパーパラメータである．

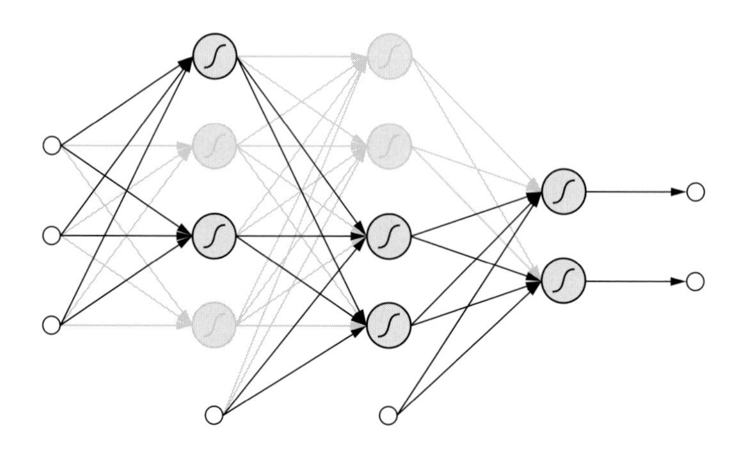

図 2.12　ドロップアウトの適用例

演習問題

問 1　パーセプトロンでは，式 (2.9) に従って重みベクトルが更新される．負例の分類を間違えた場合に，式 (2.9) による更新で同じ誤りが起こりにくくなることを確かめよ．

問 2　ロジスティック回帰モデルを確率的勾配降下法で学習するため，重みベクトル $\boldsymbol{w}$ に関する更新式を式 (2.38) に導出した．同様の方法で，バイアス b に関する更新式を導出せよ．

問 3　式 (2.55) を導出せよ．

問 4　2 値分類タスクの評価指標としては，本章で説明した適合率や再現率以外にもさまざまな指標が存在する．代表的な指標を挙げ，表 2.3 の例を用いてその評価指標の値を計算せよ．

問 5　排他的論理和（XOR）の入出力を再現できる 2 層のニューラルネットワークの構成例を示せ．

問 6　図 2.10 の計算グラフにおいて，入力が $(x, y, z) = (3, -1, -2)$ の場合の関数の勾配を計算グラフを利用して求めよ．

問 7　どのような着想でドロップアウトのアイディアが生まれたのか，調べよ．

第3章

単語ベクトル表現

前章では，文や文書というテキストをベクトルとして表現し，評判分析などの分類タスクを実現する機械学習の基礎を説明した．機械学習のモデルはベクトルを介してのみテキストを観測できるので，分類モデルの精度を高めるには，テキストの特徴をよく反映するベクトルに変換する必要がある．本章では，テキストの基本構成要素である単語をベクトルに変換する方法を深めよう．

3.1 記号からベクトルへ

RGB の画素値を扱うコンピュータビジョンや，音声波形の振幅値を扱う音声情報処理とは異なり，自然言語処理では文字や単語などの離散的な「記号」を扱う．例えば，RGB 値を実数値の特徴量とすることで，画像を表現できる．一方，自然言語処理で扱う単語は，人間が長い歴史の中で構築してきた記号体系である．そのため，離散的な記号である単語 x を何らかの方法によって d 次元のベクトル $\boldsymbol{x} \in \mathbb{R}^d$ に変換することを考えたい．

$$x \longmapsto \boldsymbol{x} \in \mathbb{R}^d \tag{3.1}$$

単語のもつ性質や意味をよく反映するベクトル表現を獲得することは，機械学習を自然言語処理で活用するために重要である．

単語の実数値ベクトルへの変換にはさまざまなアプローチが存在する．

3.2 節で解説する特徴量表現では，人間が定めた特徴を単語が有するかどうかに基づき，ベクトルを作成する．この方法では，自然言語処理のタスクを解くために有用と考えられる特徴を検討し，それを単語ベクトルに直接反映できるという利点がある．3.3 節で解説する分布仮説に基づく方法では，単語が現れる文脈を用いてベクトル化を行う．この方法では，人手で特徴を設計することなく，似た意味をもつ単語を類似したベクトルで表現できる．3.4 節では，3.3 節で構築した単語ベクトルの次元を削減し，コンパクトなベクトルを得る方法について説明する．3.5 節では，単語が現れる文脈をニューラルネットワークでモデル化する手法について解説する．

3.2　素性関数による単語のベクトル表現

まず，単語を**素性関数**[*1]（feature function）の出力を並べたベクトルで表現する方法を紹介する．ここでの素性関数は，単語 x がある条件を満たすかどうかを 0 もしくは 1 の二値で表現する**指示関数**（indicator function）によって定義される．単語 x を受け取り，$\{0,1\}$ の値を出力する素性関数 f_i は，次のように書くことができる[*2]．

$$f_i(x) = \begin{cases} 1 & (x \text{ がある条件を満たすとき}) \\ 0 & (\text{上記以外のとき}) \end{cases} \tag{3.2}$$

素性関数を単に**素性**（feature）と呼ぶこともある．素性関数による単語のベクトル表現では，d 個の素性関数 $f_1(x), f_2(x), \ldots, f_d(x)$ を定義し，次式で**特徴ベクトル**（feature vector）に変換する．

$$\boldsymbol{x} = (f_1(x), f_2(x), \ldots, f_d(x))^\top \tag{3.3}$$

つまり，単語 x をすべての素性関数に適用した結果を，単語ベクトル $\boldsymbol{x}$ とする．例えば，3 個の素性関数 f_1, f_2, f_3 を用意し，素性関数の条件部分として単語 x が「動詞である」「現在形である」「三人称単数形である」を採用する

*1　自然言語処理の研究者は素性を「そせい」と読むことが多い．他の研究分野で用いられる「特徴」とほぼ同義であり，「素性ベクトル」「素性空間」などの用語は「特徴ベクトル」「特徴空間」などと同義である．
*2　ある単語の中に同じ特徴が複数回出現するとき，1 ではなくその出現回数を値とすることもある．

と，played と plays の特徴ベクトルはそれぞれ，$(1,0,0)^\top$ と $(1,1,1)^\top$ である．素性関数の数やその中身は，解きたい自然言語処理タスクに応じて人間が決定する．特徴ベクトルが取り得る値の空間（ここでは $\{0,1\}^d$）のことを，**特徴空間**（feature space）と呼ぶ．

単語をベクトルで表現する最も単純な方法は，全単語の表層形をそのまま素性関数に用いることである．例えば，単語 cat に対応する素性関数を f_1 とすると，

$$f_1(x) = \mathbf{1}_{x=\text{“cat”}} = \begin{cases} 1 & (x \text{ が cat であるとき}) \\ 0 & (\text{上記以外のとき}) \end{cases} \tag{3.4}$$

同様に，単語 dog に対応する素性関数を $f_2(x) = \mathbf{1}_{x=\text{“dog”}}$ などとする．考慮すべき単語の集合のことを**語彙**（vocabulary）と呼び，集合 $\mathbb{V}$ で表す．語彙 $\mathbb{V}$ に含まれる全単語に対して $|\mathbb{V}|$ 個の素性関数 $f_1, f_2, \ldots, f_{|\mathbb{V}|}$ を定義し，単語 x の特徴ベクトルを式 (3.3) で求める．このようにして作成した特徴ベクトルのサイズは語彙サイズに等しい（$d = |\mathbb{V}|$）．$\boldsymbol{x}$ は表層表現に対応する要素のみ 1，その他の要素は 0 のベクトルであるので，ワンホットベクトル（2.6 節 (c) 参照）である．

単語の表層表現をそのまま特徴量としてしまうと，clever と cleverer のような単語の活用形，clever と wise のような類義語が，異なるワンホットベクトルとして表現されてしまう．この問題に対処する方法として，見出し語と語幹，および語彙資源の利用を紹介する．

1. 見出し語と語幹

見出し語（lemma）とは単語の基本形のことで，例えば，give, gave, giving, given の見出し語はすべて give である．単語の表層形を見出し語に変換する**見出し語化**（lemmatization）は辞書引きにより行われることが多いため，辞書に登録されていない単語，すなわち**未知語**への対処が課題となる．また，単語から見出し語を得るときには曖昧性が存在し得る．例えば found は find（見つける）の過去形でもあり found（設立する）の現在形でもある．そのため，各単語だけでなく文脈も考慮して見出し語化することで，曖昧性を解消することもある．

一方，**語幹**（stem）は単語の中で活用があっても変化しない部分のことを

指す．見出し語と似た概念であるが，必ずしも単語の基本形とは限らない．単語から語幹を得る処理は**ステミング**（stemming）と呼ばれる．ステミングのアルゴリズムにはさまざまなものがあるが，Porter のステミングアルゴリズム[91]によると，play, playing, played の語幹は plai であり，これらの語形変化を同一視できる（この例からもわかるように語幹は見出し語と一致するとは限らない）．また，Porter のステミングアルゴリズムは期待どおりの語幹を返さないこともある．例えば give と giving の語幹は give であるが，gave の語幹は gave，given の語幹は given となってしまうため，give のすべての活用形を同じ語幹に変換することができない．一方で，Porter のステミングアルゴリズムは（完璧な結果を返す保証はないが）未知語に対しても動作する．

見出し語や語幹を用いることで，単語が活用形の違いによって異なる単語ベクトルに変換されることを防げる*3．活用形を区別しないことで語彙サイズが減少し，単語ベクトルのサイズを小さくできるという利点もある．

2．語彙資源

単語が備える特徴を単語ベクトルで表現するため，**語彙資源**（lexical resource）が用いられることも多い．語彙資源は単語の意味や活用などの知識をコンピュータで処理しやすい形式で記述・収録したもので，人間が語義を調べることを目的とした（人間用の）辞書とは趣が異なる．日本語の単語の表層形とその基本形や数，活用形のような形態論情報を提供している語彙資源に NAIST Japanese Dictionary*4，ウェブ上から自動的に収集した新語に特化した NEologd*5などがある．また，他の単語との関係付けによる付加情報を提供するものもあり，以降では WordNet，格フレーム，Paraphrase Database（PPDB）を紹介する．

(a) WordNet

WordNet[39]は語義間の意味関係を定義した語彙資源である．各単語は語義ごとに synset と呼ばれる**同義語**（synonym）集合に紐付けられ，synset 間には**上位語**（hypernym），**下位語**（hyponym），**反義語**（antonym），**全体語**（holonym），**部分語**（meronym）などの意味関係が結ばれている．例えば，動

*3　もちろん活用形の違いが重要な特徴を表す場合は，見出し語化やステミングを行わないほうがよい．
*4　https://ja.osdn.net/projects/naist-jdic/
*5　https://github.com/neologd/mecab-ipadic-neologd

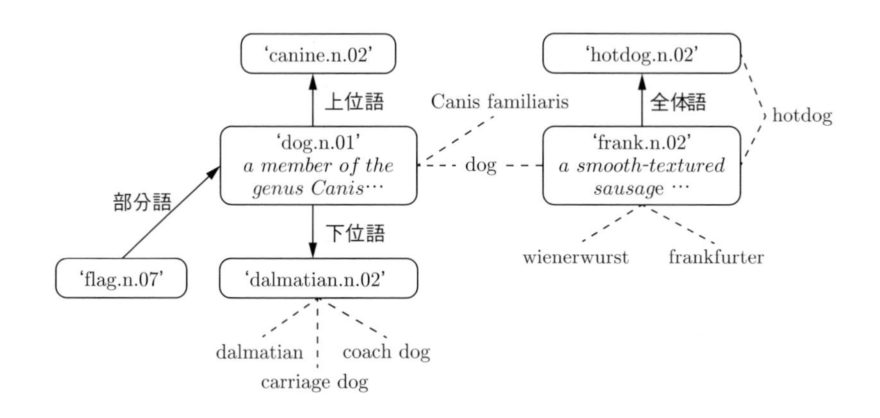

図 3.1　WordNet の例（角丸四角で囲まれたものが synset，破線は synset に含まれる単語を，矢印は synset 間の関係を表す）

物としての dog の属する synset は canine（イヌ科）を上位語に，dalmatian（ダルメシアン）を下位語に，flag（ふさふさした尾）を部分語にもつ．**多義語**（polysemy）は語義ごとに複数の synset に紐付けられる．WordNet において dog は八つの synset に紐付いており，その一つである frank（フランクフルトソーセージ）は全体語として hot dog（ホットドッグ）をもつ（図 3.1）．WordNet は日本語を含む 200 以上の言語で構築されている語彙資源であり，NLTK[*6]ライブラリ等を用いて簡単に利用できる．

(b)　格フレーム

格フレーム（case frame）とは，述語（動詞，形容詞，名詞と判定詞）を中心として，述語がとる項を記述したものである．格関係には意味上の関係である**深層格**（deep case）と構文上の関係である**表層格**（surface case）がある．深層格には述語の動作主である**動作主格**（agent）や述語の対象物である**対象格**（object），述語の事象が起こった場所を表す**場所格**（location），述語における道具を表す**道具格**（instrument）などがある．表層格は日本語では格助詞によって示され，ガ格，ヲ格，ニ格などがある．「私がハンマーで窓を割った」における述語「割った」の動作主格およびガ格は「私」，対象格およびヲ格は「窓」，道具格およびデ格は「ハンマー」である．格フレームに関する語彙資源

*6　https://www.nltk.org/howto/wordnet.html

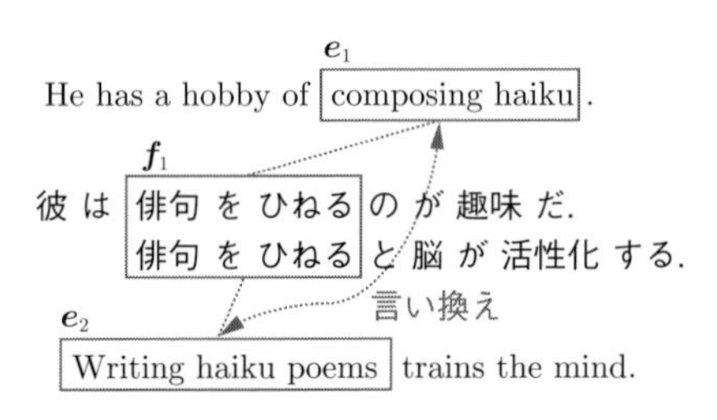

図 3.2　対訳コーパスからの言い換え抽出

としては，人手で深層格を記述した FrameNet[102] や Web テキストから表層格に関する情報を抽出して自動構築した京都大学格フレーム[133] *7などが有名である．FrameNet*8も WordNet 同様，NLTK から簡単に利用できる．

(c) PPDB

PPDB[41), 88)]は大規模な対訳コーパスを用いて自動構築されたデータベースで，ほぼ同じ意味を表すと見なせる**言い換え**（paraphrase）の関係にある単語および句の対を収録している．図 3.2 に示すように，PPDB は二つの言語 e と f 間の対訳コーパスから言い換え対を抽出する．言語 e で記述された単語列 e_1 および e_2 が言語 f における単語列 f_1 の翻訳であるとき，e_1 と e_2 は言い換えの関係にあると見なす．二つの表現が言い換えの関係にあるかどうかは文脈に依存する．そのため，文脈から切り離された言い換え対が，別の文脈に埋め込まれたときに同じ意味を表すとは限らない．PPDB が提供しているのは，多くの文脈において言い換えとなると期待される単語および句の対であることに注意されたい．PPDB では言い換え品質の自動評価を行っており，そのしきい値を変えたさまざまなサイズのデータベースを公開している．このデータベースは，英語をはじめとして，さまざまな言語をカバーしている*9．

*7　https://www.gsk.or.jp/catalog/gsk2018-b
*8　http://www.nltk.org/howto/framenet.html
*9　http://paraphrase.org/

3.3 分布仮説と単語文脈行列

3.2 節では，単語の表層による素性関数で単語をベクトル化する方法を説明した．この方法は，人間が経験的に把握している特徴を単語ベクトルに直接反映できる一方で，すべてが素性関数の設計次第であるという欠点がある．例えば，clever と cleverer が形容詞の原級と比較級の関係にあること，clever と cheap の品詞が同じであること，clever と wise が類似した意味をもつことなどを，必要に応じて人手で素性関数の設計に取り込む必要がある．

人手による素性関数の設計を不要とするアプローチとして，**分布仮説**（distributional hypothesis）[45] に基づいて単語ベクトルを求める方法を紹介したい．分布仮説は，Firth の有名な言「単語の連れ（周辺に出現する単語）からその単語について知るだろう*10」[40] によって広く知られるようになった．つまり，単語の意味はその単語の周辺に現れる単語，すなわち**文脈**（context）によって決まっているという仮説である．文章中に知らない単語があったとしても，文脈からその意味を推測できた，という経験は多くの人がもつであろう．

分布仮説に基づき単語ベクトルを獲得する手法の一つとして，**単語文脈行列**（word-context matrix）に基づくものがある．$\mathbb{V}$ を語彙，$\mathbb{V}_c$ を文脈の語彙*11として，$|\mathbb{V}| \times |\mathbb{V}_c|$ の単語文脈行列 $\boldsymbol{M} \in \mathbb{R}^{|\mathbb{V}| \times |\mathbb{V}_c|}$ を用意する．$\boldsymbol{M}$ の i 行 j 列目の要素 $M_{i,j}$ は単語 x_i と文脈 c_j の結び付きの強さを表す．そして，単語 x_i のベクトルは i 番目の行ベクトル $\boldsymbol{M}_{i,:}$ であると考える．

単語の文脈の範囲としては，固定長の**窓**（window）がよく用いられる．例文として，“A grey tabby <u>cat</u> sat on a fluffy mat.” を考える．単語 cat の文脈は，単語の前後 2 単語を文脈の範囲とした場合は $(\text{gray}, \text{tabby}, \text{sat}, \text{on})$，前後 3 単語とした場合は $(\text{a}, \text{gray}, \text{tabby}, \text{sat}, \text{on}, \text{a})$ である．

単語文脈行列の要素として最も単純なものは，単語 x_i と文脈単語 c_j の共起回数であろう．

$$M_{i,j} = \#(x_i, c_j) \tag{3.5}$$

ここで，$\#(x_i, c_j)$ は文脈単語 c_j が単語 x_i の文脈窓の中で出現した回数，すなわち単語 x_i と文脈単語 c_j の共起回数である．

*10 元の英語は “You shall know a word by the company it keeps.” である．
*11 $\mathbb{V}$ と $\mathbb{V}_c$ は同一の語彙でもよいし，文脈の定義に応じて別のものを用いてもかまわない．

1.2.3 項で説明したように，単語の中には頻繁に出現するものがあるため，式 (3.5) のように頻度をそのまま用いてしまうと，頻出する文脈単語の影響を受けやすくなる．先ほどの例文では，cat の文脈単語として a が 2 回出現しているが，猫の特徴を表す文脈単語としては tabby や sat のほうが適切である．この問題に対処するには，頻出する文脈単語の影響を削減すればよい．ここでは，**自己相互情報量**（pointwise mutual information; PMI）による手法を紹介する[17]．PMI は情報理論において独立な確率変数間の関連の強さを測る指標である．単語文脈行列では，単語 x_i と文脈単語 c_j が共起する確率 $P(x_i, c_j)$ が，x_i と c_j がそれぞれ独立に出現した場合の確率 $P(x_i)P(c_j)$ と比べて，どの度程度乖離しているかを測定する．

$$\mathrm{PMI}(x_i, c_j) = \log \frac{P(x_i, c_j)}{P(x_i)P(c_j)} = \log \frac{Z \cdot \#(x_i, c_j)}{\#(x_i)\#(c_j)} \tag{3.6}$$

$$\#(x_i) = \sum_{c_j \in \mathbb{V}_c} \#(x_i, c_j) \tag{3.7}$$

$$\#(c_j) = \sum_{x_i \in \mathbb{V}} \#(x_i, c_j) \tag{3.8}$$

$$Z = \sum_{x_i \in \mathbb{V}} \sum_{c_j \in \mathbb{V}_c} \#(x_i, c_j) \tag{3.9}$$

ここで，$\#(x_i)$ は単語 x_i の出現頻度，$\#(c_j)$ は文脈単語 c_i の出現頻度で，確率 $P(\cdot)$ を最尤推定で求めている．なお，式 (3.6) は次のように展開できる．

$$\mathrm{PMI}(x_i, c_j) = \log Z + \log \#(x_i, c_j) - \log \#(x_i) - \log \#(c_j) \tag{3.10}$$

頻出する文脈単語に対しては，式 (3.10) の第 4 項が PMI を負の方向に強く引っ張るため，その影響力を弱めることができる．

PMI を用いた単語文脈行列では，単語文脈行列の要素 $M_{i,j}$ を次式で設定することが多い．

$$M_{i,j} = \max\left(0, \mathrm{PMI}(x_i, c_j)\right) \tag{3.11}$$

式 (3.6) では，$P(x_i, c_j) < P(x_i)P(c_j)$ であるとき，すなわち x_i と c_j がそれぞれ独立に出現した場合よりも共起する確率が小さかった場合，PMI は負の値をとる．このような事象を単語文脈行列で表現する必要はないと考え，正の PMI の値だけを採用するのが式 (3.11) である．

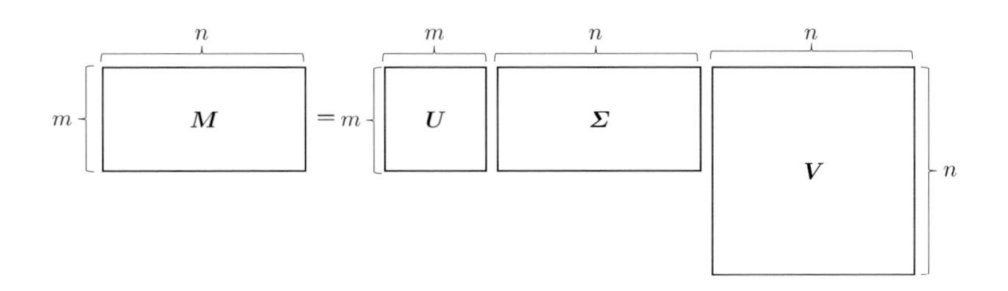

図 3.3 特異値分解

3.4 特異値分解による次元削減

3.3 節で説明した方法で単語ベクトルを構築すると，特徴空間のサイズ，すなわち単語ベクトルのサイズは $|\mathbb{V}_c|$ となる．見出し語化やステミングを適用したとしても，$|\mathbb{V}_c|$ は辞書の見出し語の数くらいとなり，コンパクトな単語ベクトルを得ることができない．そこで，単語文脈行列を**特異値分解**（singular value decomposition; SVD）により次元削減（低ランク近似）し，低次元の単語ベクトルを得ることを考える．

まず，特異値分解の一般論を述べる．特異値分解では，図 3.3 に示すように，階数が r の $m \times n$ 実行列 $\boldsymbol{M}$ を次のように分解する．

$$\boldsymbol{M} = \boldsymbol{U}\boldsymbol{\Sigma}\boldsymbol{V}^\top \tag{3.12}$$

ここで，$\boldsymbol{U}$ は $m \times m$ の直交行列，$\boldsymbol{V}$ は $n \times n$ の直交行列，$\boldsymbol{\Sigma}$ は $\boldsymbol{M}$ の特異値を降順に並べ，それを対角要素とする $m \times n$ の行列である（非対角成分は 0）．さて，$\boldsymbol{\Sigma}$ から値の大きい順に上位 k 個（$1 \leq k \leq r$）の特異値を取り出した対角行列 $\widetilde{\boldsymbol{\Sigma}}$ を考えよう．$\boldsymbol{U}$ の左端から k 列を取り出した行列を $\widetilde{\boldsymbol{U}}$，$\boldsymbol{V}$ の上端から k 行取り出した行列を $\widetilde{\boldsymbol{V}}$ と書くことにすると，次式の積は階数が k の $m \times n$ の行列となる（図 3.4 参照）．

$$\widetilde{\boldsymbol{M}} = \widetilde{\boldsymbol{U}}\widetilde{\boldsymbol{\Sigma}}\widetilde{\boldsymbol{V}}^\top \tag{3.13}$$

このようにして求めた $\widetilde{\boldsymbol{M}}$ は，階数が k の行列 $\boldsymbol{M}'$ の中で $\|\boldsymbol{M}' - \boldsymbol{M}\|$ を最小にする行列であることが知られている．

特異値分解の利点は，元の行列 $\boldsymbol{M}$ をよりコンパクトな行列 $\widetilde{\boldsymbol{U}}, \widetilde{\boldsymbol{\Sigma}}, \widetilde{\boldsymbol{V}}^\top$ の積

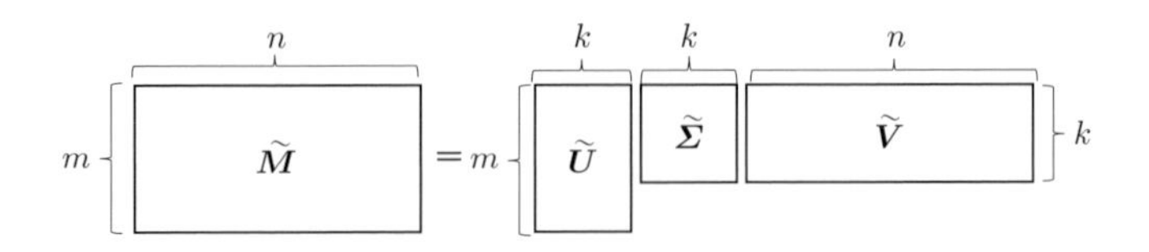

図 3.4　特異値分解による次元削減

で近似的に表現できることである．単語文脈行列 $\boldsymbol{M}$ に対して特異値分解を行うときは，$m = |\mathbb{V}|, n = |\mathbb{V}_c|$ として，求めたい単語ベクトルのサイズを k として特異値分解を行う．そして，$m \times k$ 行列 $\boldsymbol{E} = \widetilde{\boldsymbol{U}}\widetilde{\boldsymbol{\Sigma}}$ の行ベクトルを単語ベクトルとする．その理由は，次式で示すように，$\boldsymbol{E}$ の各行の内積が $\widetilde{\boldsymbol{M}}$ の各行の内積に一致するからである．

$$
\begin{aligned}
\widetilde{\boldsymbol{M}}\widetilde{\boldsymbol{M}}^\top =& (\widetilde{\boldsymbol{U}}\widetilde{\boldsymbol{\Sigma}}\widetilde{\boldsymbol{V}}^\top)(\widetilde{\boldsymbol{U}}\widetilde{\boldsymbol{\Sigma}}\widetilde{\boldsymbol{V}}^\top)^\top = (\widetilde{\boldsymbol{U}}\widetilde{\boldsymbol{\Sigma}}\widetilde{\boldsymbol{V}}^\top)(\widetilde{\boldsymbol{V}}\widetilde{\boldsymbol{\Sigma}}^\top\widetilde{\boldsymbol{U}}^\top) \\
=& (\widetilde{\boldsymbol{U}}\widetilde{\boldsymbol{\Sigma}})(\widetilde{\boldsymbol{V}}^\top\widetilde{\boldsymbol{V}})(\widetilde{\boldsymbol{\Sigma}}^\top\widetilde{\boldsymbol{U}}^\top) = (\widetilde{\boldsymbol{U}}\widetilde{\boldsymbol{\Sigma}})(\widetilde{\boldsymbol{U}}\widetilde{\boldsymbol{\Sigma}})^\top = \boldsymbol{E}\boldsymbol{E}^\top
\end{aligned}
\tag{3.14}
$$

詳しくは 3.6 節で説明するが，二つの単語の類似性は単語ベクトルの内積によって定量化されることが多いため，内積を保持できる $\boldsymbol{E}$ は単語ベクトルとして都合がよい．また，$\boldsymbol{E}$ として $\widetilde{\boldsymbol{U}}$ をそのまま用いたり，$\widetilde{\boldsymbol{U}}\widetilde{\boldsymbol{\Sigma}}^{1/2}$ を使うこともある．

3.5　Word2Vec：ニューラルネットワークによる学習

分布仮説による単語ベクトルの構築をニューラルネットワークによりモデル化したと解釈できるのが，Word2Vec[79]である*12．Word2Vec には Continuous Bag-of-Words（CBoW）と Skip-Gram という二つのモデルが存在する．CBoW は文脈中の単語から中心単語を予測し，Skip-Gram は中心単語から文脈中の単語を予測するニューラルネットワークで，その学習によって得られたパラメータを単語ベクトルとして用いる．言い換えれば，「単語はその文脈に現れる単語によって特徴付けられる」という分布仮説をニューラル

*12　実際には，自然言語処理で分布仮説に基づいて単語ベクトル表現を獲得する研究と，ニューラルネットワークの学習の副産物として単語埋込みを獲得する研究は独立に発展してきた．しかし，これら二つのアプローチが密接に結び付いていることが示されている[65]．

ネットワークによる分類問題としてモデル化している．文脈としては，単語の周辺 ω 単語を用いる．この窓サイズはモデルのハイパーパラメータである．Word2Vec は CBoW，Skip-Gram に加え，最適化の目的関数として階層的ソフトマックスと負例サンプリングの 2 種類を実装したソフトウェアパッケージである．そのため，Word2Vec により生成された単語ベクトルを用いる場合は，どのアルゴリズムと目的関数で学習したベクトルなのかを明確にすべきである．

なお，単語をベクトルで表現したものを，**単語埋込み**（word embedding），単語の**分散表現**（distributed representation），単語ベクトルという異なる用語で呼ぶことがある．これらの用語は多くの場合，言い換え可能な文脈で用いられるが，指し示す概念が微妙に異なるので注意が必要である．単語埋込みは，単語の意味をニューラルネットワークが用いる実数空間に「埋め込む」という状況に焦点を当てている．単語の分散表現は，単語を複数の要素からなる実数値で表現し，それらの要素は他の単語の表現にも用いるというアイディアを表す用語である．単語を個別のニューロンで表現し，あるニューロンは一つの単語しか表現しないという**局所表現**（local representation）（これは 3.2 節で説明したワンホットベクトルに相当する）と対をなす用語である．単語ベクトルは，単語をベクトルという数学の道具で表現するというニュアンスしかなく，これらの用語の中では最も一般的に用いることができる．

1. CBoW モデル

T 個の単語からなるコーパスを $x_1, x_2, \ldots, x_T$ と表す．それぞれの単語をワンホットベクトルで表現したものを，$\boldsymbol{x}_1, \boldsymbol{x}_2, \ldots, \boldsymbol{x}_T$ とする．CBoW は，単語を埋め込む全結合層 $\boldsymbol{W} \in \mathbb{R}^{d\times|\mathbb{V}|}$ と，文脈単語を予測する全結合層 $\widetilde{\boldsymbol{W}} \in \mathbb{R}^{d\times|\mathbb{V}|}$ からなるニューラルネットワークである．ある位置 t の前後 ω 単語 $x_{t-\omega}, \ldots, x_{t-1}, x_{t+1}, \ldots, x_{t+\omega}$ を文脈単語とし，文脈単語から位置 t の単語 x_t を予測するモデルである．すなわち，図 3.5 (a) に図示したように，周辺 ω 単語から中心の単語を予測する．この予測をコーパス中のすべての位置 $t \in \{1, \ldots, T\}$ に対して行うとき，コーパスにおける負の対数尤度は，

$$J = -\sum_{t=1}^{T} \log P(x_t | x_{t-\omega}, \ldots, x_{t-1}, x_{t+1}, \ldots, x_{t+\omega}) \tag{3.15}$$

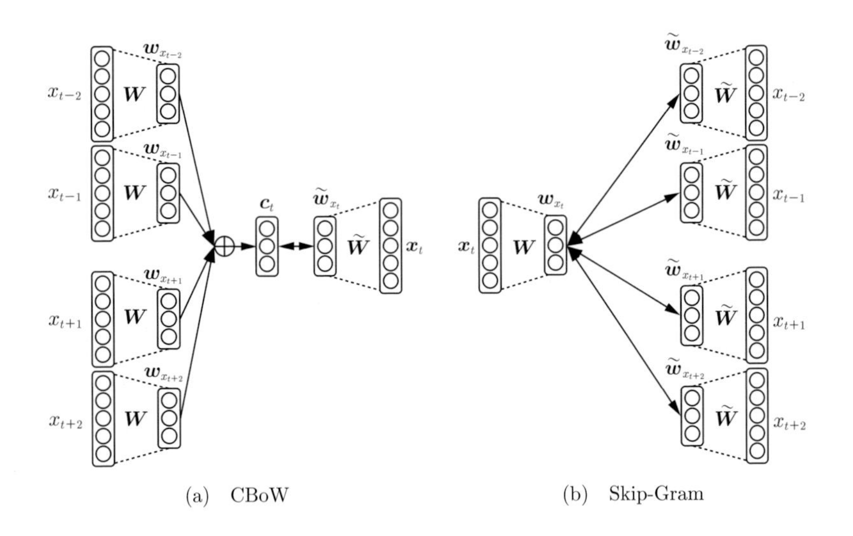

図 3.5　Word2Vec の模式図 ($\omega = 2$)

ここで，$P(x_t|x_{t-\omega}, \ldots, x_{t-1}, x_{t+1}, \ldots, x_{t+\omega})$ は x_t の前後 ω 単語，すなわち $x_{t-\omega}, \ldots, x_{t-1}, x_{t+1}, \ldots, x_{t+\omega}$ から中心の単語 x_t が予測されるときの条件付き確率である．

この条件付き確率分布は，位置 t の前後 ω 単語の埋込みベクトルの和 $\boldsymbol{c}_t$ に対して，単語 $v \in \mathbb{V}$ を予測するための線形変換とソフトマックス関数により計算する．

$$P(x_t|x_{t-\omega}, \ldots, x_{t-1}, x_{t+1}, \ldots x_{t+\omega}) = \frac{\exp(\boldsymbol{c}_t^\top \widetilde{\boldsymbol{w}}_{x_t})}{\sum_{v \in \mathbb{V}} \exp(\boldsymbol{c}_t^\top \widetilde{\boldsymbol{w}}_v)} \tag{3.16}$$

$$\boldsymbol{c}_t = \sum_{\delta=1}^{\omega} (\boldsymbol{w}_{x_{t-\delta}} + \boldsymbol{w}_{x_{t+\delta}}) \tag{3.17}$$

ここで，$\boldsymbol{w}_{x_t}$ は単語 x_t の埋込みベクトル，$\widetilde{\boldsymbol{w}}_{x_t}$ は単語 x_t を予測するときの全結合層の重みベクトルである．これらのベクトルは，パラメータ行列 $\boldsymbol{W}, \widetilde{\boldsymbol{W}} \in \mathbb{R}^{d \times |\mathbb{V}|}$ とワンホットベクトル $\boldsymbol{x}_t$ の積で計算される．

$$\boldsymbol{w}_{x_t} = \boldsymbol{W} \boldsymbol{x}_t \tag{3.18}$$

$$\widetilde{\boldsymbol{w}}_{x_t} = \widetilde{\boldsymbol{W}} \boldsymbol{x}_t \tag{3.19}$$

式 (3.16) を式 (3.15) に代入すると，負の対数尤度は，

$$J = -\sum_{t=1}^{T} \log P(x_t | x_{t-\omega}, \ldots, x_{t-1}, x_{t+1}, \ldots x_{t+\omega}) \tag{3.20}$$

$$= -\sum_{t=1}^{T} \left[\boldsymbol{c}_t^\top \widetilde{\boldsymbol{w}}_{x_t} - \log \sum_{v \in \mathbb{V}} \exp(\boldsymbol{c}_t^\top \widetilde{\boldsymbol{w}}_v) \right] \tag{3.21}$$

$$= -\sum_{t=1}^{T} l(x_t, \boldsymbol{c}_t) \tag{3.22}$$

と整理できる．ここで，$l(x, \boldsymbol{u})$ はあるベクトル $\boldsymbol{u}$ から単語 x を予測するときの対数尤度で，次式で表される．

$$l(x, \boldsymbol{u}) = \boldsymbol{u}^\top \widetilde{\boldsymbol{w}}_x - \log \sum_{v \in \mathbb{V}} \exp(\boldsymbol{u}^\top \widetilde{\boldsymbol{w}}_v) \tag{3.23}$$

2. Skip-Gram モデル

Skip-Gram は CBoW と同じく，単語を埋め込む全結合層 $\boldsymbol{W} \in \mathbb{R}^{d \times |\mathbb{V}|}$ と，文脈単語を予測する全結合層 $\widetilde{\boldsymbol{W}} \in \mathbb{R}^{d \times |\mathbb{V}|}$ からなるニューラルネットワークであり，図 3.5 (b) に示すとおり，中心単語から周辺単語を予測する．CBoW のときと同様に，T 個の単語からなるコーパスを $x_1, x_2, \ldots, x_T$，各単語をワンホットベクトルで表現したものを $\boldsymbol{x}_1, \boldsymbol{x}_2, \ldots, \boldsymbol{x}_T$ とする．Skip-Gram は，ある位置 t の単語 x_t から前後 ω 単語 $x_{t-\omega}, \ldots, x_{t-1}, x_{t+1}, \ldots, x_{t+\omega}$ を予測するモデルである．すなわち，中心の単語から周辺 ω 単語を予測する．この予測をコーパス中のすべての位置 $t \in \{1, \ldots, T\}$ に対して行うとき，コーパスにおける負の対数尤度は，次式で表される．

$$J = -\sum_{t=1}^{T} \sum_{\delta \in \mathbb{D}} \log P(x_{t+\delta} | x_t) \tag{3.24}$$

ここで，$P(x_{t+\delta} | x_t)$ は中心の単語 x_t から周辺の単語 $x_{t+\delta}$ が予測されるときの条件付き確率，$\mathbb{D} = \{-\omega, \ldots, -1, 1, \ldots, \omega\}$ である．この条件付き確率分布は，単語 x_t の埋込みベクトル $\boldsymbol{w}_{x_t}$ に対して，単語 $v \in \mathbb{V}$ を予測するための線形変換とソフトマックス関数により計算する．

$$P(x_{t+\delta}|x_t) = \frac{\exp(\boldsymbol{w}_{x_t}^\top \widetilde{\boldsymbol{w}}_{x_{t+\delta}})}{\sum_{v \in \mathbb{V}} \exp(\boldsymbol{w}_{x_t}^\top \widetilde{\boldsymbol{w}}_v)} \tag{3.25}$$

ここで，$\boldsymbol{w}_{x_t}$ は単語 x_t の埋込みベクトル，$\widetilde{\boldsymbol{w}}_{x_t}$ は単語 x_t を予測するときの全結合層の重みベクトルである．これらのベクトルは，パラメータ行列 $\boldsymbol{W}, \widetilde{\boldsymbol{W}} \in \mathbb{R}^{d \times |\mathbb{V}|}$ とワンホットベクトル $\boldsymbol{x}_t$ の積で計算される．

$$\boldsymbol{w}_{x_t} = \boldsymbol{W}\boldsymbol{x}_t \tag{3.26}$$

$$\widetilde{\boldsymbol{w}}_{x_t} = \widetilde{\boldsymbol{W}}\boldsymbol{x}_t \tag{3.27}$$

$\widetilde{\boldsymbol{w}}_{x_t}$ は x_t を文脈として用いる際のベクトルであることから，文脈ベクトルと呼ぶこともある．式 (3.25) を式 (3.24) に代入すると，負の対数尤度は，

$$J = -\sum_{t=1}^{T} \sum_{\delta \in \mathbb{D}} \log P(x_{t+\delta}|x_t) \tag{3.28}$$

$$= -\sum_{t=1}^{T} \sum_{\delta \in \mathbb{D}} \left[\boldsymbol{w}_{x_t}^\top \widetilde{\boldsymbol{w}}_{x_{t+\delta}} - \log \sum_{v \in \mathbb{V}} \exp(\boldsymbol{w}_{x_t}^\top \widetilde{\boldsymbol{w}}_v) \right] \tag{3.29}$$

$$= -\sum_{t=1}^{T} \sum_{\delta \in \mathbb{D}} l(x_{t+\delta}, \boldsymbol{w}_{x_t}) \tag{3.30}$$

となる．$l(x_{t+\delta}, \boldsymbol{w}_{x_t})$ の定義は式 (3.23) のとおりである．

式 (3.16)，式 (3.17)，式 (3.25) を比べると明らかなように，CBoW では文脈全体から中心単語を予測する．これに対し，Skip-Gram では中心単語から周辺単語を独立に予測している．

3．負例サンプリング

CBoW と Skip-Gram のモデルを学習するときは，それぞれ式 (3.22) と式 (3.30) を目的関数と見なして最小化すればよい．これらの目的関数は，式 (3.23) の $l(x, \boldsymbol{u})$，すなわち，あるベクトル $\boldsymbol{u}$ からある単語 x を予測するときの対数尤度の和の形で表されているので，確率勾配降下法などで最小化できる．ところが，式 (3.23) の計算には，$\boldsymbol{u}$ とすべての単語 $v \in \mathbb{V}$ の予測ベクトル $\widetilde{\boldsymbol{w}}_v$ との内積の指数の和が必要であり，時間がかかる．これは，ベクトル $\boldsymbol{u}$ から単語 x を予測する問題を，$|\mathbb{V}|$ 個のクラスの多値分類問題として定式化していることに起因する．そこで，多値分類問題を少数の単語に対する二値分

類問題で近似することで，計算時間を大幅に削減するのが**負例サンプリング** (negative sampling) である．

より具体的には，ベクトル $\boldsymbol{u}$ から単語 x が予測されるべき事象を $y=1$ (正例)，ベクトル $\boldsymbol{u}$ から単語 x が予測されるべきではない事象を $y=0$ (負例) とし，与えられた $\boldsymbol{u}$ と x に関する二値分類問題をロジスティック回帰モデルで定式化する．予測されるべき事象 (正例) の訓練事例として，コーパスから取り出された単語 x を用いる．予測されるべきではない事象 (負例) の訓練事例としては，ある確率分布に従って語彙 $\mathbb{V}$ から k 個の単語をランダムに選んだ集合 $\mathbb{U}_k(\mathbb{V})$ を用いる．k 個の負例を用いる負例サンプリングでは，$l(x,\boldsymbol{u})$ を次式で近似する．

$$l(x,\boldsymbol{u}) \approx \log P(y=1|x,\boldsymbol{u}) + \sum_{v\in\mathbb{U}_k(\mathbb{V})} \log P(y=0|v,\boldsymbol{u}) \tag{3.31}$$

$$= \log \sigma(\boldsymbol{u}^\top \widetilde{\boldsymbol{w}}_x) + \sum_{v\in\mathbb{U}_k(\mathbb{V})} \log\bigl(1-\sigma(\boldsymbol{u}^\top \widetilde{\boldsymbol{w}}_v)\bigr) \tag{3.32}$$

ここで，$P(y=1|x,\boldsymbol{u})$ は $\boldsymbol{u}$ から単語 x が予測されるべきであるとする確率，$P(y=0|v,\boldsymbol{u})$ は $\boldsymbol{u}$ から単語 v が予測されるべきではないとする確率を表す．これらの条件付き確率を単語ベクトル $\boldsymbol{u}$ と単語予測ベクトル $\widetilde{\boldsymbol{w}}_x$ および $\widetilde{\boldsymbol{w}}_v$ によるロジスティック回帰モデルで定式化することで，式 (3.32) が得られる．負例サンプリングで多値分類問題を二値分類問題に緩和したことにより，k を大きくしても式 (3.23) には一致しないことに注意されたい．

負例を選択する確率分布として，さまざまなものが考えられる．素朴には，訓練コーパスでの単語 x_i の出現確率に従ってサンプリングすることが考えられる．Word2Vec の実装では訓練コーパスにおける各単語の出現回数を $\alpha\,(\in[0,1])$ 乗して計算した確率分布に従ってサンプリングしている．

$$\frac{\mathrm{count}(x_i)^\alpha}{\sum_{x_j}\mathrm{count}(x_j)^\alpha} \tag{3.33}$$

これにより，出現頻度が高い単語が相対的に選ばれにくく，低い単語が相対的に選ばれやすくなり，単語ベクトルの品質が向上すること，α は 3/4 に設定すると性能が高いことが実験的に示されている．

Word2Vec はさまざまなタスクに応用可能な汎用的な単語ベクトルの生成を目的とするが，機械翻訳や文書要約などのニューラルネットワークではモデルに単語埋込み層が組み込まれており，タスクに特化した単語埋込みがモデル全体の訓練を通して行われる*13．いずれにせよ，ニューラルネットワークによる単語埋込みは，人手による単語の特徴量の設計をニューラルネットワークで自動化するものであり，研究開発者の特徴量の設計の負担を大きく軽減した．一方で，所望のタスクを遂行するうえで望ましい単語ベクトルの特徴量や，その特徴量が実際に単語ベクトルに反映されているかは，慎重に検討する必要がある．

4．ハイパーパラメータの影響

ハイパーパラメータである負例サンプリングにおける負例の個数 k，および文脈の窓サイズ ω は，学習の結果として得られる単語ベクトルに大きな影響を与える．Mikolov et al.[80)] は k を 5〜20 に設定することを推奨しており，訓練コーパスのサイズが大きい場合は k をさらに小さく（2〜5 に）しても十分であると説明している．

最適な窓サイズ ω はタスク依存であることが知られているが，Levy and Goldberg[64)] の実験によると，窓サイズが単語ベクトル間の類似度に対して大きな影響を与えることが明らかになっている．窓サイズが大きくなると，文脈のトピックをより強く反映した単語ベクトルが学習され，単語の意味的な類似度よりも関連度の推定に向く傾向を示す．例えば，大きな窓サイズで訓練された単語ベクトルは dog，bark，leash（引き綱）のようにトピック的に関連のある単語間の類似度が大きくなるものの，意味的には dog と leash は類似しているとは言いがたい．

3.6　単語ベクトルの応用

(a)　単語の類似度の測定

単語ベクトルを用いることで，二つの単語の似ている度合い，すなわち**類似度**（similarity）を計算できる．自然言語処理でよく用いられる類似度は，**コサイン類似度**（cosine similarity）である．単語 x_i, x_j のベクトル $\boldsymbol{w}_{x_i}$, $\boldsymbol{w}_{x_j}$

*13　Word2Vec 等で学習した単語埋込みを利用する場合もある．

に対して，コサイン類似度は

$$\mathrm{cos\_sim}(\boldsymbol{w}_{x_i}, \boldsymbol{w}_{x_j}) = \frac{\boldsymbol{w}_{x_i} \cdot \boldsymbol{w}_{x_j}}{\|\boldsymbol{w}_{x_i}\|\|\boldsymbol{w}_{x_j}\|} \in [-1, 1] \tag{3.34}$$

と計算される．なお，クラスタリングなどで，単語間の類似度ではなく距離（非類似度）が必要なときは，次式を用いることが多い．

$$\mathrm{cos\_dist}(\boldsymbol{w}_{x_i}, \boldsymbol{w}_{x_j}) = 1 - \frac{\boldsymbol{w}_{x_i} \cdot \boldsymbol{w}_{x_j}}{\|\boldsymbol{w}_{x_i}\|\|\boldsymbol{w}_{x_j}\|} \in [0, 2] \tag{3.35}$$

この尺度は**コサイン距離**（cosine distance）と呼ばれることがあるが，三角不等式を満たさないため，厳密には数学的な意味での距離関数ではないことに注意が必要である．

距離関数としては，次式に示す**ユークリッド距離**（Euclidean distance）もよく用いられる．

$$\mathrm{euc\_dist}(\boldsymbol{w}_{x_i}, \boldsymbol{w}_{x_j}) = \|\boldsymbol{w}_{x_i} - \boldsymbol{w}_{x_j}\| \tag{3.36}$$

単語ベクトルの L^2 ノルムが 1 になるよう正規化されているとき，ユークリッド距離の 2 乗はコサイン距離に比例する．

$$\mathrm{euc\_dist}(\boldsymbol{w}_{x_i}, \boldsymbol{w}_{x_j})^2 = 2\mathrm{cos\_dist}(\boldsymbol{w}_{x_i}, \boldsymbol{w}_{x_j}) \tag{3.37}$$

(b) アナロジー

Word2Vec が大きな注目を集めた要因の一つとして，単語ベクトルの加減算で単語のアナロジーを推定できる可能性を示唆した点が挙げられる．単語のアナロジーとは，単語 a に対して何らかの意味もしくは文法的な関係をもつ単語 a^* が与えられたとき，単語 b に対して同様の関係をもつ単語 b^* を推定するタスクである．例えば，「フランスにおけるパリは，イタリアにおいて何か？」という問いに対して，

$$\boldsymbol{w}_{\mathrm{Paris}} - \boldsymbol{w}_{\mathrm{France}} + \boldsymbol{w}_{\mathrm{Italy}} \tag{3.38}$$

を計算し，そのベクトルに最も近い単語ベクトルを探す．すると，単語ベクトル $\boldsymbol{w}_{\mathrm{Rome}}$ が最も近いベクトルであるから，問いの答えはローマと推測する．Mikolov et al.[80]は，Word2Vec により学習した単語ベクトルを用いると，単語アナロジー問題を高い正解率で解くことができることを報告した．

3.7　FastText：単語よりも小さな単位の利用

Global Language Monitor*14によると，2020年には約98分に1個のペースで，新しい英単語が生まれたといわれている．新語は訓練コーパスに収録されていないため，単語ベクトルを求めることができない．また，1.2.3項で説明したとおり，コーパスにおける単語の出現はジップの法則に従う．大部分の単語はコーパス中で数回しか出現しないため，単語の出現に関する統計量が不足し，単語ベクトルの学習を十分に行うことができない．したがって，単語ベクトルを学習するときは，出現頻度があるしきい値を超えた単語だけを対象とし，それ以外の単語は語彙から除外することが多い．自然言語処理において，語彙に収録されていない単語は**未知語**（unknown word）と呼ばれる．

さらに，単語を最小単位としてベクトルを学習するのは効率が悪い場合もある．例えば，information, informatics, infographics, infobox など info で始まる単語は情報に関するものであるが，これらの単語ベクトルは個別に学習されてしまう．さらに，infodemic のように information と epidemic の混成語が新語として現れたとき，単語の意味を推測することができない．

このような問題に対処するため，単語よりも小さな単位，すなわち**サブワード**（subword）を用いて単語ベクトルを学習する手法が研究されている．本節では代表的なモデルである FastText[9]を紹介する．FastText では単語を n 個の連続した文字列からなるサブワードの集合として表現する．単語の冒頭・末尾の綴りを表現するため，単語 x の先頭と末尾にそれぞれ，特殊文字`^`と`$`を付与し，そのサブワードとともに集合 $\mathbb{G}_x$ を作成する．例えば $n=3$ のとき，単語 where は $\mathbb{G}_{\text{where}} = \{\texttt{\^{}wh}, \texttt{whe}, \texttt{her}, \texttt{ere}, \texttt{re\$}, \texttt{\^{}where\$}\}$ で表される．

x の単語ベクトルを，対応するサブワードのベクトルの和で表現する．

$$\boldsymbol{w}_x = \sum_{g \in \mathbb{G}_x} \boldsymbol{z}_g \tag{3.39}$$

ここで，$\boldsymbol{z}_g \subset \mathbb{R}^d$ は部分文字列 g のベクトル（サブワードベクトル）である．FastText モデルの学習は Word2Vec と同様で，負例サンプリングによる Skip-Gram を用いる．FastText は部分文字列を考慮することにより，訓練コーパスにおいて出現しなかった未知語に対しても単語ベクトルを計算できる

*14　https://languagemonitor.com/

だけでなく，学習された単語ベクトルは Word2Vec よりも高い性能を示すことがある．最適な n の設定はタスクおよび言語に依存するが，FastText では 3〜6 文字のサブワードを同時に用いたときに高い性能を示すことが報告されている．特に，ドイツ語のように複数の単語を組み合わせて比較的自由に単語を作れる言語では，n を大きめに設定するとよいとされている．

3.8　単語ベクトル表現の課題と限界

(a) 類似度と関連度

分布仮説に基づいて単語ベクトルを求め，二つの単語ベクトル間の類似度を測定したとき，類似度が高くなる単語対には，意味的に類似したものと，文脈に現れるトピックが類似したものが混在する．厳密にこれらを区別する際は，前者は類似度が高く，後者は**関連度**（relatedness）が高いと呼ぶ．例えば doggy（「犬」の幼児語）と canine（犬）は意味的な類似度は高いが，これらの単語が現れる際のトピックが異なることが多いため，関連度は低いといえる．また coffee と cup は意味的な類似度は低いと考えられるが，関連度は高い．単語ベクトルを利用する場面では，類似度が高い単語対は欲しいが関連度の高い単語対は排除したい，もしくはその逆を実現したいことがある．しかしながら，単語類似度評価データの中には類似度と関連度を厳密に区別していないものがあり，まとめて類似単語と呼んでいることもある．類似度と関連度を区別した評価データとして WordSim353[4)] *15，意味的な類似度に特化した評価データとして SimLex-999[47)] がある．WordSim353 では，13〜16 名のアノテータが単語対に類似度と関連度のスコアを付与した．SimLex-999 では，クラウドソーシングにより 500 名のアノテータが類似度に特化したスコアを付与した．

(b) 単語ベクトルの補正

単語ベクトルによって計算される類似度は，人間が期待する類似度とは一致しないことがしばしばある．例えば，FastText を用いて訓練した単語ベクトルでは，「流行性耳下腺炎」（おたふく風邪）はその別名である「ムンプス」よ

*15　http://alfonseca.org/eng/research/wordsim353.html

りも，「風疹」や「結膜炎」と高い類似度をもつ．しかし，これらは異なる疾患であり，医療分野のテキストを処理する際に類似した単語と見なすのは不都合である．この問題を緩和する手法としてレトロフィッティング（retro fitting）がある．レトロフィッティングでは，「流行性耳下腺炎」と「ムンプス」のように，人間が似て欲しいと考える単語ペアを収録した語彙資源を用い，類似単語のベクトルがベクトル空間で近づくよう補正する．ここでは詳細を割愛するが，興味のある読者は論文を参照されたい[38)]．

(c) 反義語

正反対の意味をもつ反義語同士が似た単語ベクトルをもってしまうことは，単語ベクトルのよく知られた課題である．これは上述のとおり，単語ベクトルは単語が現れる文脈を反映したものであり，反義語は似た文脈で用いられることが多いためである．例えば反義語である「速い」と「遅い」は「私の犬は走るのが速い」と「私の犬は走るのが遅い」のように，全く同じ文脈で用いることができる．上述のレトロフィッティングはこの問題をある程度緩和する効果がある．

(d) 単語の意味の曖昧性と文脈によって変化する語義

単語ベクトルはコーパスにおいて単語が現れる文脈を集約したものであり，学習されたベクトルは個別の文脈から切り離される．ところが，単語の意味（語義）を文脈から切り離して考えることが現実的ではない場合がある．この問題は多義語において顕著になる．例えば，star の語義は文脈によって「星」の場合もあれば，「星の輝きを図案化した形」や「著名人」の場合もある．また，多義語ではなかったとしても，単語の意味は文脈によって微細なずれを見せる．例えば "A pendulum is swinging back and forth." と "Florida is swinging back and forth between Democratic and Republican candidates." の二つの文において swing は「揺れ動く」という意味であるが，前者は「物理的に物体が揺れ動く」のに対し，後者は「人間の（政治的な）態度が揺れ動く」ことを意味する．

この問題に対処するには，一つの単語に対して複数の単語ベクトルを用意しておき，文脈に応じて適切な単語ベクトルを選択したり，文脈に応じて単語ベクトルを変化させる仕組みが必要である．最近では，7.3.3 項 (a) で説明する文脈化された単語埋込みを用いることも多い．文脈における単語の意味を推定するタスクの評価用データセットとして，Stanford Contextual Word Similarity

(SCWS)[50]，CoSimLex[5]，Word-in-Context (WiC)[90]などがある．

(e) バイアスの存在

これは単語ベクトルに限った話ではないが，コーパスから学習した自然言語処理のモデルは，そのコーパスにおいて人間が言語を用いた「パターン」を反映する．そのため，コーパスにあるさまざまな**バイアス** (bias) に影響を受けたモデルが学習されてしまうことに注意が必要である．代表的なバイアスとして，報告バイアスと選択バイアスがある．報告バイアスとは，新規の情報や珍しい情報など，情報量の多い事象に人間は多く言及するが，既知，すなわち人間にとって当然の事実に関してあまり言及しないため，実際に世界で起こっている事象とコーパスから観測できる事象に乖離が生じる，という問題である．例えば，強盗事件が起こる回数よりも，瞬きをする回数のほうが圧倒的に多いにもかかわらず，コーパスにおいては前者の記述のほうがはるかに頻出するであろう．多くの人にとって日常的に食する料理ではないにもかかわらず，FastText で学習した「和食」の単語ベクトルは「みそ汁」よりも「寿司」の単語ベクトルと高い類似度をもつ．

選択バイアスはデータのサンプリングによって生じるもので，真の分布とは異なる分布をもつコーパスが収集されてしまう，という問題である．例えば，SNS は世相を反映するといわれているが，SNS 利用者の分布そのものが偏っており，国民の分布から大きく乖離している．SNS の投稿データをコーパスと見なして「世相を反映した単語ベクトルを訓練する」ことを試みても，報告バイアスと選択バイアスの両方の問題により，目的を達成できない可能性が高い．

さらに 2016 年頃からは，コーパスから学習したモデルは人間がもつ社会的なバイアスを反映し，偏見やステレオタイプを内包するという問題が活発に議論されている．例えば，コーパスから学習した単語ベクトルを用い，nurse と man，nurse と woman の類似度を測定すると，後者のほうが高い値を示すことが知られている．このように，性別や人種に関するステレオタイプを単語ベクトルが有していると，自然言語処理システムが差別や偏見と受け取れるような振舞いをしてしまうおそれがある．この問題に対処するため，さまざまなバイアスを単語ベクトルから除去する研究も進められている．

演習問題

問1　PMI の定義式

$$\mathrm{PMI}(x_i, c_j) = \log \frac{P(x_i, c_j)}{P(x_i)P(c_j)}$$

および式 (3.7)〜(3.9) を用いて，式 (3.6) の最右辺を導け．

問2　$\boldsymbol{w}_1 = (0.1, 0.4, 0.2)^\top$ と $\boldsymbol{w}_2 = (0.8, 0.3, 0.6)^\top$ のコサイン類似度を求めよ．

問3　引数となるベクトルが正規化されているとき，ユークリッド距離とコサイン距離の間に式 (3.37) が成立することを示せ．

第4章 系列に対するニューラルネットワーク

第 3 章では，単語をベクトルで表現する方法を説明し，類似性判定や類推などのタスクでの応用例を紹介した．本章では，単語よりも広い範囲，例えば，句や文，テキストをベクトルで表現し，文書分類などのタスクを解く方法を説明する．

4.1 単語ベクトルの合成

本章では，T 個の単語の系列 $x_1, \ldots, x_T$ からなる文が与えられたとき，その文全体を表現するベクトルを求める方法を紹介する[*1]．第 3 章で説明した手法などを用い，各単語 x_i $(i \in \{1, \ldots, T\})$ が単語ベクトル $\boldsymbol{x}_i \in \mathbb{R}^{d_x}$ で表されるとき，その文のベクトル $\boldsymbol{s} \in \mathbb{R}^{d_s}$ を求めたい（d_x と d_s はそれぞれ，単語ベクトルと文ベクトルのサイズである）．ここで，**構成性の原理**（principle of compositionality），すなわち「文の意味はその構成要素の意味と構成要素の合成手続きによって決定される」を仮定する．そのうえで，単語ベクトル $\boldsymbol{x}_1, \ldots, \boldsymbol{x}_T$ に対して，何らかの合成手続きを適用し，文のベクトル $\boldsymbol{s}$ を求めることを考える．

合成した文ベクトルを用いてカテゴリ分類を行うには，文ベクトルを全結合層に接続すればよい．例えば，与えられた文を d_y 個のカテゴリに分類するに

*1　ここでは文のベクトルを求める方法を説明するが，句や文書のベクトルも同様に求めることができる．

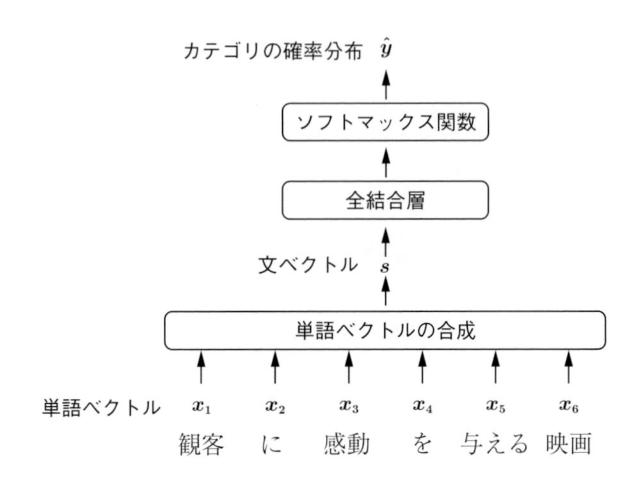

図 4.1　単語ベクトルの合成によるカテゴリ分類

は，カテゴリの確率分布 $\hat{\boldsymbol{y}} \in [0,1]^{d_y}$ を計算する写像 $\mathbb{R}^{d_s} \longmapsto [0,1]^{d_y}$ を全結合層などでモデル化し，ソフトマックス関数などで確率分布に変換すればよい（図 4.1）．

$$\hat{\boldsymbol{y}} = \mathsf{softmax}(\boldsymbol{W}_{ys}\boldsymbol{s} + \boldsymbol{b}_y) \tag{4.1}$$

ここで，$\boldsymbol{W}_{ys} \in \mathbb{R}^{d_y \times d_s}$ と $\boldsymbol{b}_y \in \mathbb{R}^{d_y}$ は全結合層のパラメータ*2である．入力文とカテゴリが組となった訓練データを与え，誤差逆伝播法を適用することで，全結合層のパラメータを学習できる．

さて，文ベクトルを合成する最も単純な手続きは，入力のすべての単語ベクトルを連結することであろう（この場合，$d_s = Td_x$ である）．

$$\boldsymbol{s} = \boldsymbol{x}_1 \oplus \boldsymbol{x}_2 \oplus \cdots \oplus \boldsymbol{x}_T \tag{4.2}$$

ところが，この方法で求まる文ベクトルのサイズが入力文の単語数 T に比例するため，式 (4.2) ではテキストのような可変長の入力を扱いにくい．また，文ベクトルの各要素が単語の位置を直接的に反映してしまうため，語順の入れ

*2　$\boldsymbol{W}_{ys}$ という記法で $\boldsymbol{s}$ の空間から $\boldsymbol{y}$ の空間への変換行列，$\boldsymbol{b}_y$ という記法で $\boldsymbol{y}$ の空間におけるバイアス項を表す．

替えなどに対応できない[*3].

この問題に対処するための単純なアプローチは，単語の位置を考慮せずに文ベクトルを計算することである．例えば，式 (4.2) の代わりに，入力単語ベクトルの平均で $\boldsymbol{s}$ を計算する（この場合，$d_s = d_x$ である）.

$$\boldsymbol{s} = \frac{1}{T}\sum_{t=1}^{T}\boldsymbol{x}_t \tag{4.3}$$

この方法は単純ではあるが，分類タスクなどでベースライン手法としてよく用いられる．ただ，この方法で求まる文ベクトルは語順を反映できない[*4].

本章では，文を単語の系列と見なし，単語ベクトルから文ベクトルを合成する手法を紹介する．

4.2 再帰型ニューラルネットワーク（RNN）

再帰型ニューラルネットワーク（recurrent neural network; RNN）は，系列データの先頭から末尾まで再帰的に入力ベクトルの合成を繰り返す．ここでは，**エルマン型ネットワーク**（Elman network）を紹介する．

先頭から t 番目までの入力ベクトル $\boldsymbol{x}_1, \ldots, \boldsymbol{x}_t$ を合成したベクトルを位置 t における**隠れ状態ベクトル**（hidden state vector）と呼び，$\boldsymbol{h}_t \in \mathbb{R}^{d_h}$ で表す（d_h は隠れ状態ベクトルのサイズ）．位置 t において，入力ベクトル $\boldsymbol{x}_t$ と直前の位置の隠れ状態ベクトル $\boldsymbol{h}_{t-1}$ を合成し，現位置の隠れ状態ベクトル $\boldsymbol{h}_t$ を返す関数を RNN と書くことにすると，再帰型ニューラルネットワークは次式で表される．

$$\boldsymbol{h}_t = \begin{cases} \mathrm{RNN}(\boldsymbol{x}_t, \boldsymbol{h}_{t-1}) & (1 \leq t \leq T) \\ \boldsymbol{0} & (t = 0) \end{cases} \tag{4.4}$$

図 4.2 に，RNN による入力ベクトルの合成の例を示す．末尾の隠れ状態ベクトル $\boldsymbol{h}_T$ は，入力文のすべての単語埋込み $\boldsymbol{x}_1, \ldots, \boldsymbol{x}_T$ を合成して得られたものであるため，$\boldsymbol{h}_T$ を入力文を表現するベクトルと見なし，全結合層に接続す

*3 例えば，「観客に感動を与える映画」と「感動を観客に与える映画」は同じ意味であるが，式 (4.2) で求まるベクトルは異なる．
*4 例えば，「東京は日本の首都」と「日本は東京の首都」という二つの文から同じ文ベクトルが計算されてしまう．

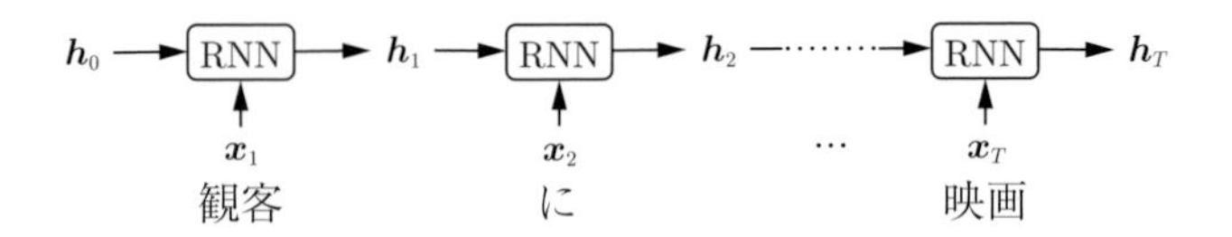

図 4.2　RNN による単語ベクトルの合成

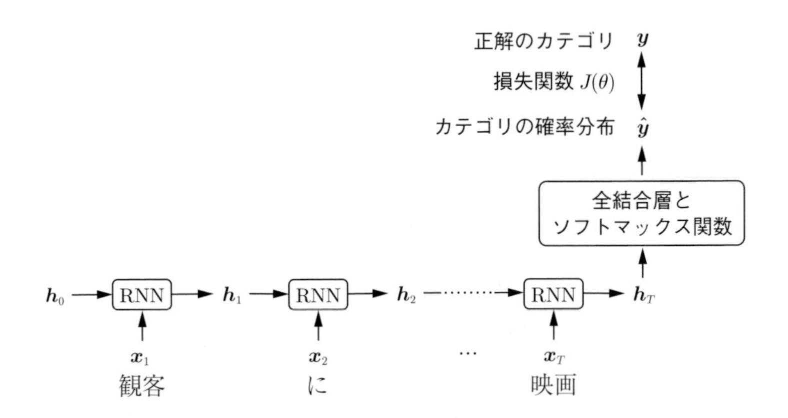

図 4.3　RNN に全結合層を接続してカテゴリ分類器を学習する例

ることでカテゴリ分類などのタスクを遂行する．

関数 RNN はパラメータのあるモデルとして定式化される．

$$\boldsymbol{h}_t = \mathrm{RNN}(\boldsymbol{x}_t, \boldsymbol{h}_{t-1}) = f(\boldsymbol{W}_{hx}\boldsymbol{x}_t + \boldsymbol{W}_{hh}\boldsymbol{h}_{t-1} + \boldsymbol{b}_h) \tag{4.5}$$

ここで，f は活性化関数であり，tanh や ReLU などが用いられる．関数 RNN のパラメータは以下のとおりである．

- $\boldsymbol{W}_{hx} \in \mathbb{R}^{d_h \times d_x}$: 入力を隠れ状態ベクトルに変換する行列
- $\boldsymbol{W}_{hh} \in \mathbb{R}^{d_h \times d_h}$: 隠れ状態ベクトル間の変換行列
- $\boldsymbol{b}_h \in \mathbb{R}^{d_h}$　　: 隠れ状態ベクトルに対するバイアス項

これらのパラメータは位置 t にかかわらず，入力全体に対して同じパラメータが再利用されることに注意されたい．

図 4.3 に，RNN でカテゴリ分類を行うニューラルネットワークの例を示す．末尾の隠れ状態ベクトル $\boldsymbol{h}_T$ が入力文を表現すると考え，$\boldsymbol{h}_T$ に全結合層とソ

フトマックス関数を通すことで，入力文のカテゴリの確率分布ベクトル $\hat{\boldsymbol{y}}$ を求める．

$$\hat{\boldsymbol{y}} = \mathtt{softmax}(\boldsymbol{W}_{yh}\boldsymbol{h}_T + \boldsymbol{b}_y) \tag{4.6}$$

ここで，$\boldsymbol{W}_{yh} \in \mathbb{R}^{d_y \times d_h}$ と $\boldsymbol{b}_y \in \mathbb{R}^{d_y}$ は全結合層のパラメータである．

この RNN のパラメータを $\theta = (\boldsymbol{W}_{hx}, \boldsymbol{W}_{hh}, \boldsymbol{W}_{yh}, \boldsymbol{b}_h, \boldsymbol{b}_y, \boldsymbol{x}_1, \ldots, \boldsymbol{x}_T)$ とおくと*5，予測されたカテゴリの確率分布ベクトル $\hat{\boldsymbol{y}}$ と正解のカテゴリ $\boldsymbol{y}$ との間で損失関数 $J(\theta)$ が定義される．このネットワークは，入力 $\boldsymbol{x}_1, \ldots, \boldsymbol{x}_T$ に対して，時間方向に層を積み重ねたフィードフォワードニューラルネットワークと見なせるため，RNN のパラメータ θ の学習に確率的勾配降下法および誤差逆伝播法（2.5 節および 2.10 節）を適用できる．このように，時間方向に誤差逆伝播法を適用することを，**通時的誤差逆伝播法**（backpropagation through time; BPTT）と呼ぶ．

式 (4.5) の RNN では，位置 t にある単語ベクトル $\boldsymbol{x}_t$ から隠れ状態ベクトル $\boldsymbol{h}_T$ を計算し終えるまで，行列積を $T - t + 1$ 回経る必要がある．文ベクトル $\boldsymbol{h}_T$ を計算し終えるまでの行列積の回数を「距離」と捉えると，末尾に近い単語は距離が短く（行列積の回数が少なく），文頭に近い単語は距離が遠い（行列積の回数が多い）．したがって，文頭の単語と文末の単語では，文ベクトル $\boldsymbol{h}_T$ の計算に与える影響の度合いが異なる．

この問題に対処する代表的なアプローチを二つ紹介する．これらは併用することも可能である．

一つ目は，末尾の隠れ状態ベクトル $\boldsymbol{h}_T$ だけを使うのではなく，すべての位置の隠れ状態ベクトル $\boldsymbol{h}_1, \boldsymbol{h}_2, \ldots, \boldsymbol{h}_T$ を用いる方法である．式 (4.7) は文ベクトル $\boldsymbol{s}$ をすべての位置の隠れ状態ベクトルの平均で求める（**平均値プーリング**（average pooling））．

$$\boldsymbol{s} = \frac{1}{T}\sum_{t=1}^{T} \boldsymbol{h}_t \tag{4.7}$$

また，式 (4.8) は文ベクトル $\boldsymbol{s}$ をすべての位置の隠れ状態ベクトルの**最大値プーリング**（max pooling）で求める．

*5 単語埋込み $\boldsymbol{x}_1, \ldots, \boldsymbol{x}_T$ は事前学習したものに固定し，その他のパラメータだけを学習することもある．

$$\boldsymbol{s} = \max(\boldsymbol{h}_1, \boldsymbol{h}_2, \ldots, \boldsymbol{h}_T) \tag{4.8}$$

ここで，max(...) は与えられた引数の中で最大の値を返す関数である．ベクトルを引数にとる場合は，ベクトルの要素ごとに位置 $t = 1$ から $t = T$ における最大値を取り出すことに注意されたい*6．

二つ目は，逆方向の RNN を用いる方法である．式 (4.4) で定義される RNN では，位置 t の隠れ状態ベクトル $\boldsymbol{h}_t$ の計算にその位置よりも前の単語 $x_1, \ldots, x_{t-1}$ の情報（文脈）を用いることができるが，その位置よりも後ろの単語 $x_{t+1}, \ldots, x_T$ の情報を用いることができない．この問題に対処するため，RNN によるベクトルの合成の向きを文頭から末尾（左から右）ではなく，末尾から文頭（右から左）に向かって行うことがある．前者は**順方向 RNN** (forward RNN)，後者は**逆方向 RNN**（backward RNN）と呼ばれる（図 4.4 と図 4.5）．これらを区別するとき，順方向の RNN や隠れ状態ベクトルは次式で表される．

$$\overrightarrow{\boldsymbol{h}}_t = \begin{cases} \overrightarrow{\mathrm{RNN}}(\boldsymbol{x}_t, \overrightarrow{\boldsymbol{h}}_{t-1}) & (1 \leq t \leq T) \\ \boldsymbol{0} & (t = 0) \end{cases} \tag{4.9}$$

$$\overrightarrow{\mathrm{RNN}}(\boldsymbol{x}_t, \overrightarrow{\boldsymbol{h}}_{t-1}) = f(\overrightarrow{\boldsymbol{W}}_{hx}\boldsymbol{x}_t + \overrightarrow{\boldsymbol{W}}_{hh}\overrightarrow{\boldsymbol{h}}_{t-1} + \overrightarrow{\boldsymbol{b}}_h) \tag{4.10}$$

また，逆方向の RNN は次式で表される．

$$\overleftarrow{\boldsymbol{h}}_t = \begin{cases} \overleftarrow{\mathrm{RNN}}(\boldsymbol{x}_t, \overleftarrow{\boldsymbol{h}}_{t+1}) & (1 \leq t \leq T) \\ \boldsymbol{0} & (t = T+1) \end{cases} \tag{4.11}$$

$$\overleftarrow{\mathrm{RNN}}(\boldsymbol{x}_t, \overleftarrow{\boldsymbol{h}}_t) = f(\overleftarrow{\boldsymbol{W}}_{hx}\boldsymbol{x}_t + \overleftarrow{\boldsymbol{W}}_{hh}\overleftarrow{\boldsymbol{h}}_{t+1} + \overleftarrow{\boldsymbol{b}}_h) \tag{4.12}$$

式 (4.9)〜(4.12) では，順方向と逆方向の RNN，隠れ状態ベクトル，およびパラメータを，矢印 $\rightarrow$ と $\leftarrow$ で区別している．隠れ状態ベクトルやパラメータの定義は関数 RNN のものと同様である．逆方向 RNN を使ってカテゴリ分類を行うには，すべての単語の情報が取り込まれたベクトル，例えば $\overleftarrow{\boldsymbol{h}}_1$ を文ベクトルとし，全結合層やソフトマックス関数を適用すればよい．この RNN のパラメータは $\theta = (\overleftarrow{\boldsymbol{W}}_{hx}, \overleftarrow{\boldsymbol{W}}_{hh}, \overleftarrow{\boldsymbol{b}}_h)$ である*7．

*6　$\boldsymbol{h}_1, \ldots, \boldsymbol{h}_T$ の中で最大の大きさをもつベクトルを返すのではない．
*7　このネットワークでは，単語埋込み $\boldsymbol{x}_t$ やカテゴリを予測するための全結合層のパラメータ $\boldsymbol{W}_{yh}, \boldsymbol{b}_y$ も学習の対象になり得る．ただ，これらのパラメータは他のネットワークアーキテクチャでも共通に必要とされるため，以降では説明を省略する．

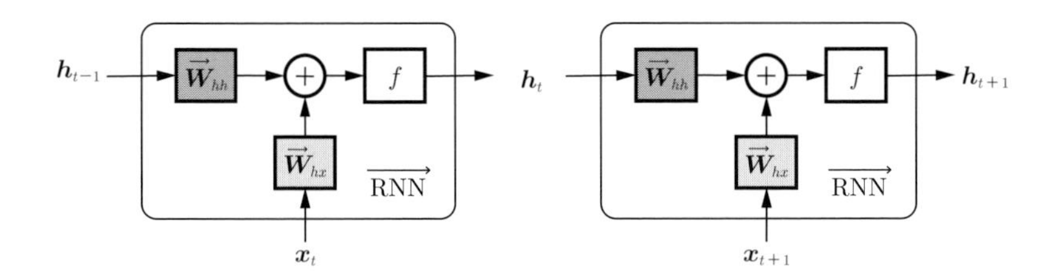

図 4.4　順方向 RNN

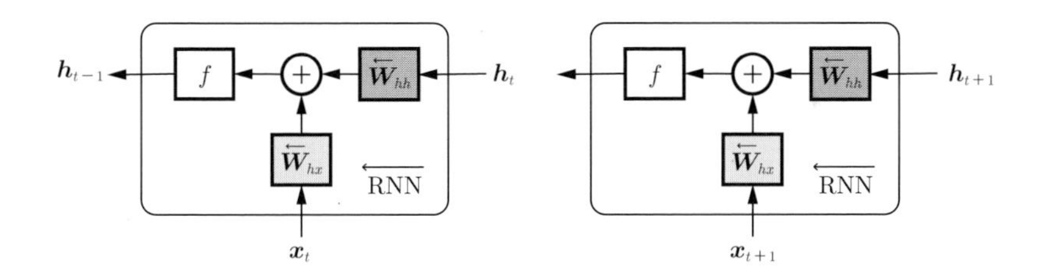

図 4.5　逆方向 RNN

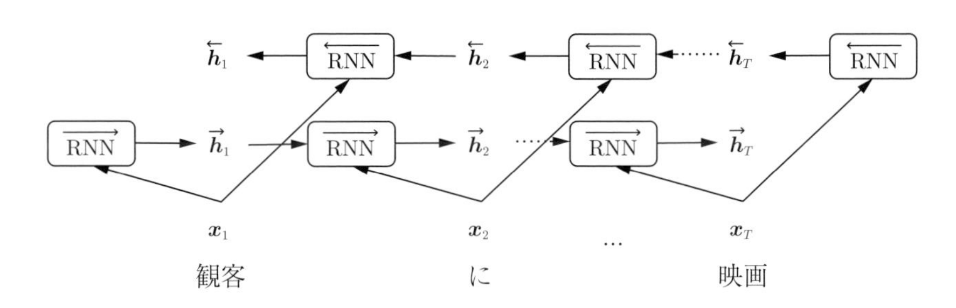

図 4.6　双方向 RNN による単語ベクトルの合成

順方向と逆方向の RNN を同時に利用するモデルは，**双方向 RNN**（bidirectional RNN）と呼ばれる（図 4.6）．双方向 RNN で文ベクトルを求める場合は，両方のモデルから計算された末尾の隠れ状態ベクトルの連結 $\boldsymbol{s} = \overrightarrow{\boldsymbol{h}}_T \oplus \overleftarrow{\boldsymbol{h}}_1$ を用いたり，両方向 RNN による隠れ状態ベクトルを連結したものを各位置 t のベクトル $\boldsymbol{h}_t = \overrightarrow{\boldsymbol{h}}_t \oplus \overleftarrow{\boldsymbol{h}}_t$ として，式 (4.7) や式 (4.8) を適用すればよい．

さらに，RNN を多層構成にすることもできる．図 4.7 に示した多層 RNN

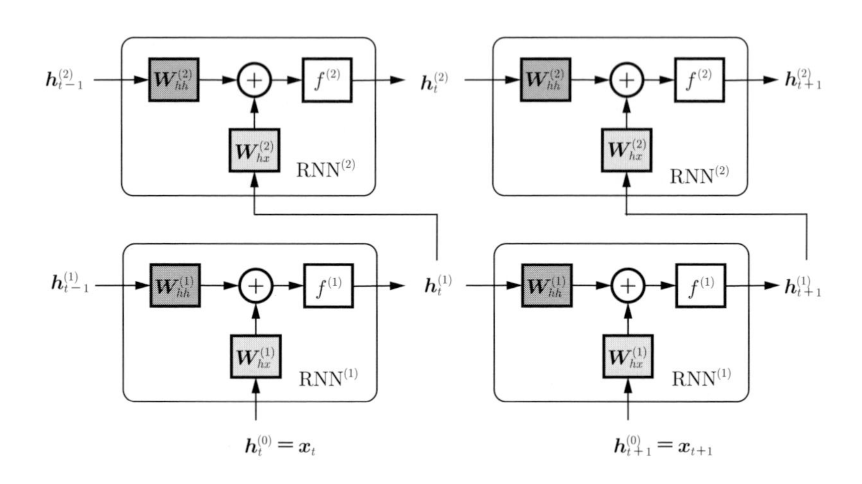

図 4.7　多層 RNN

では，層の番号を上付きの ( ) 囲みの数字で表している．層の番号を l ($l = 0, 1, \ldots$) で表すことにすると，l 層目の RNN は次式で一般的に記述できる．

$$\boldsymbol{h}_t^{(l)} = f^{(l)}(\boldsymbol{W}_{hx}^{(l)} \boldsymbol{h}_t^{(l-1)} + \boldsymbol{W}_{hh}^{(l)} \boldsymbol{h}_{t-1}^{(l)} + \boldsymbol{b}_h^{(l)}) \tag{4.13}$$

ここで，$\boldsymbol{h}_t^{(l)}$ は l 層目の位置 t の隠れ状態ベクトルであり，そのサイズ（l 層目のユニット数）はハイパーパラメータとして設定する．ただし，$l = 0$ のときは入力の単語ベクトルを表す（$\boldsymbol{h}_t^{(0)} = \boldsymbol{x}_t$）．この RNN のパラメータは，行列 $\boldsymbol{W}_{hx}^{(l)}, \boldsymbol{W}_{hh}^{(l)}$ とベクトル $\boldsymbol{b}_h^{(l)}$ であり，そのサイズは l 層目と $l-1$ 層目の隠れ状態ベクトルのサイズから自動的に決まる．$f^{(l)}$ は l 層目の RNN の活性化関数である．

4.3　勾配消失問題と勾配爆発問題

これまで，RNN で文ベクトルを求めたり，カテゴリ分類などのタスクを解いたりする方法，および RNN モデルの学習方法を説明した．ところで，系列が長いデータを RNN で学習するとき，**勾配消失問題**（vanishing gradient problem）や**勾配爆発問題**（exploding gradient problem）が発生することが知られている．勾配消失とは，ニューラルネットワークを誤差逆伝播法で学習するときに，計算グラフ上で損失が計算される箇所（出力）から遠くなるにつれて，勾配の大きさが小さくなってしまい，パラメータの値が更新しにくくなる問題である（図 4.8）．逆に，勾配爆発は，計算グラフ上で損失関数から遠くなるにつれて，勾配が大きくなりすぎてしまい，パラメータの値の急激な更新やオーバーフローなどの問題を引き起こす．

ここでは，図 4.8 に示す RNN の学習において，勾配消失や勾配爆発が起こる仕組みを説明したい[87]．順方向 RNN で位置 $t-1$ から位置 t の隠れ状態ベクトルを計算する式は以下のとおりである（式 (4.5) の再掲）．

$$\boldsymbol{h}_t = f(\boldsymbol{W}_{hx}\boldsymbol{x}_t + \boldsymbol{W}_{hh}\boldsymbol{h}_{t-1} + \boldsymbol{b}_h) \tag{4.14}$$

説明を簡潔にするため，$\boldsymbol{a}_t = \boldsymbol{W}_{hx}\boldsymbol{x}_t + \boldsymbol{W}_{hh}\boldsymbol{h}_{t-1} + \boldsymbol{b}_h$ とおくと，

$$\boldsymbol{h}_t = f(\boldsymbol{a}_t) \tag{4.15}$$

である．

この RNN モデルを用いたニューラルネットワーク全体の損失関数を $J(\theta)$ と書くことにすると，ある位置 i ($i \in \{1, \ldots, T\}$) でのパラメータの勾配を誤差逆伝播法で求めるには，$\partial J(\theta)/\partial \boldsymbol{h}_i$ が必要である．偏微分の連鎖律より，

$$\frac{\partial J(\theta)}{\partial \boldsymbol{h}_i} = \frac{\partial \boldsymbol{h}_T}{\partial \boldsymbol{h}_i}\frac{\partial J(\theta)}{\partial \boldsymbol{h}_T}$$

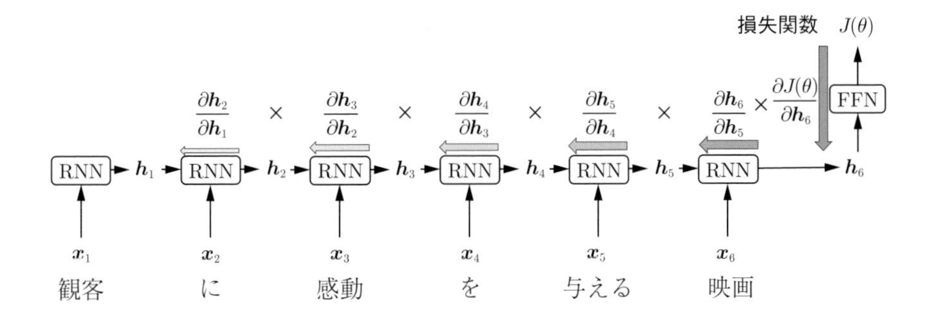

図 4.8　RNN における勾配消失問題の例（$T=6$）．太い矢印の太さや色の濃淡は損失関数 $J(\theta)$ に対する各位置の隠れ状態ベクトル $\boldsymbol{h}_t$ の偏微分の大きさ（ノルム）を表す（$\partial \boldsymbol{h}_t/\partial \boldsymbol{h}_{t-1}$ の大きさではないことに注意せよ）．

$$= \frac{\partial \boldsymbol{h}_{i+1}}{\partial \boldsymbol{h}_i} \frac{\partial \boldsymbol{h}_{i+2}}{\partial \boldsymbol{h}_{i+1}} \cdots \frac{\partial \boldsymbol{h}_T}{\partial \boldsymbol{h}_{T-1}} \frac{\partial J(\theta)}{\partial \boldsymbol{h}_T} \tag{4.16}$$

この勾配の大きさを L^2 ノルムで測定すると，

$$\begin{aligned} \left\| \frac{\partial J(\theta)}{\partial \boldsymbol{h}_i} \right\| &= \left\| \frac{\partial \boldsymbol{h}_{i+1}}{\partial \boldsymbol{h}_i} \frac{\partial \boldsymbol{h}_{i+2}}{\partial \boldsymbol{h}_{i+1}} \cdots \frac{\partial \boldsymbol{h}_T}{\partial \boldsymbol{h}_{T-1}} \frac{\partial J(\theta)}{\partial \boldsymbol{h}_T} \right\| \\ &\leq \left\| \frac{\partial \boldsymbol{h}_{i+1}}{\partial \boldsymbol{h}_i} \right\| \left\| \frac{\partial \boldsymbol{h}_{i+2}}{\partial \boldsymbol{h}_{i+1}} \right\| \cdots \left\| \frac{\partial \boldsymbol{h}_T}{\partial \boldsymbol{h}_{T-1}} \right\| \left\| \frac{\partial J(\theta)}{\partial \boldsymbol{h}_T} \right\| \end{aligned} \tag{4.17}$$

そこで，位置 $i+1$ から位置 i の間で乗算される L^2 ノルムを求めるため，式 (4.15) を $\boldsymbol{h}_{t-1}$ で偏微分する．シグモイド関数や ReLU などの非線形変換では関数 f を $\boldsymbol{a}_t$ の要素ごとに独立に適用することに注意すると，

$$\frac{\partial \boldsymbol{h}_t}{\partial \boldsymbol{h}_{t-1}} = \boldsymbol{W}_{hh}^{\top} \mathrm{diag}\left(f'(\boldsymbol{a}_t)\right) \tag{4.18}$$

この行列の L^2 ノルムは，

$$\left\| \frac{\partial \boldsymbol{h}_t}{\partial \boldsymbol{h}_{t-1}} \right\| = \left\| \boldsymbol{W}_{hh}^{\top} \mathrm{diag}\left(f'(\boldsymbol{a}_t)\right) \right\| \leq \left\| \boldsymbol{W}_{hh}^{\top} \right\| \left\| \mathrm{diag}\left(f'(\boldsymbol{a}_t)\right) \right\| \tag{4.19}$$

ここで，$\|\mathrm{diag}\left(f'(\boldsymbol{a}_t)\right)\|$ は，f がシグモイド関数（σ）の場合は 0.25，双曲線関数（tanh）や ReLU の場合は 1 が最大値である．また，$\left\| \boldsymbol{W}_{hh}^{\top} \right\|$ は位置 t や入力 $\boldsymbol{x}_t$ に依存せず，行列 $\boldsymbol{W}_{hh}^{\top} \boldsymbol{W}_{hh}$ の最大固有値 λ_1 の平方根 $\sqrt{\lambda_1}$ である．ゆえに，式 (4.19) の右辺は位置 t に依存しない値の積と見なせる．

そこで，すべての位置 t において式 (4.19) の値が次式で抑えられると仮定する．

$$\left\| \frac{\partial \boldsymbol{h}_t}{\partial \boldsymbol{h}_{t-1}} \right\| \leq \alpha < 1 \tag{4.20}$$

すると，式 (4.17) は次の式で抑えられる．

$$\begin{aligned} \left\| \frac{\partial J(\theta)}{\partial \boldsymbol{h}_i} \right\| &\leq \left\| \frac{\partial \boldsymbol{h}_{i+1}}{\partial \boldsymbol{h}_i} \right\| \left\| \frac{\partial \boldsymbol{h}_{i+2}}{\partial \boldsymbol{h}_{i+1}} \right\| \cdots \left\| \frac{\partial \boldsymbol{h}_T}{\partial \boldsymbol{h}_{T-1}} \right\| \left\| \frac{\partial J(\theta)}{\partial \boldsymbol{h}_T} \right\| \\ &\leq \alpha^{T-i} \left\| \frac{\partial J(\theta)}{\partial \boldsymbol{h}_T} \right\| \end{aligned} \tag{4.21}$$

$\alpha < 1$ と仮定したので，位置 i が T から遠ざかるにつれて，式 (4.21) で計算

される勾配の大きさが 0 に近づいていき，勾配消失問題が発生する．同様に，$1 < \alpha \leq \|\partial \boldsymbol{h}_t / \partial \boldsymbol{h}_{t-1}\|$ を仮定すると，勾配爆発問題が発生し得ることがわかる．

4.4 長期短期記憶（LSTM）

RNN で発生する勾配消失問題や勾配爆発問題に対処するために提案されたニューラルネットワークアーキテクチャの一つが，**長期短期記憶**（long short-term memory; LSTM）である．RNN と比較すると，LSTM にはメモリセルやゲート機構などの新しい要素が盛り込まれている．

LSTM では，先頭から位置 t までの入力ベクトル $\boldsymbol{x}_1, \ldots, \boldsymbol{x}_t \in \mathbb{R}^{d_x}$ を合成した情報を，隠れ状態ベクトル $\boldsymbol{h}_t \in \mathbb{R}^{d_h}$ と**メモリセル**（memory cell）$\boldsymbol{c}_t \in \mathbb{R}^{d_h}$ で保持する（d_h は隠れ状態およびメモリセルのベクトルのサイズ）．位置 t までの入力を表現したベクトルとして，隠れ状態ベクトル $\boldsymbol{h}_t$ が用いられることが多いが，メモリセルのベクトル $\boldsymbol{c}_t$ を連結して用いられることもある．位置 t において，入力ベクトル $\boldsymbol{x}_t$ と直前の隠れ状態ベクトル $\boldsymbol{h}_{t-1}$，メモリセル $\boldsymbol{c}_{t-1}$ を合成し，現位置の隠れ状態ベクトル $\boldsymbol{h}_t$ とメモリセル $\boldsymbol{c}_t$ を返す関数を LSTM と書くことにすると，LSTM は次式で表される[*8]．

$$\boldsymbol{h}_t, \boldsymbol{c}_t = \begin{cases} \mathrm{LSTM}(\boldsymbol{x}_t, \boldsymbol{h}_{t-1}, \boldsymbol{c}_{t-1}) & (1 \leq t \leq T) \\ \boldsymbol{0}, \boldsymbol{0} & (t = 0) \end{cases} \tag{4.22}$$

関数 LSTM の返り値である $\boldsymbol{h}_t$ と $\boldsymbol{c}_t$ は，式 (4.23)～(4.28) によって計算する．

$$\boldsymbol{h}_t = \boldsymbol{o}_t \odot \tanh(\boldsymbol{c}_t) \tag{4.23}$$

$$\boldsymbol{c}_t = \boldsymbol{f}_t \odot \boldsymbol{c}_{t-1} + \boldsymbol{i}_t \odot \boldsymbol{g}_t \tag{4.24}$$

$$\boldsymbol{g}_t = \tanh(\boldsymbol{W}_{gx}\boldsymbol{x}_t + \boldsymbol{W}_{gh}\boldsymbol{h}_{t-1} + \boldsymbol{b}_g) \tag{4.25}$$

$$\boldsymbol{i}_t = \sigma(\boldsymbol{W}_{ix}\boldsymbol{x}_t + \boldsymbol{W}_{ih}\boldsymbol{h}_{t-1} + \boldsymbol{b}_i) \tag{4.26}$$

$$\boldsymbol{o}_t = \sigma(\boldsymbol{W}_{ox}\boldsymbol{x}_t + \boldsymbol{W}_{oh}\boldsymbol{h}_{t-1} + \boldsymbol{b}_o) \tag{4.27}$$

$$\boldsymbol{f}_t = \sigma(\boldsymbol{W}_{fx}\boldsymbol{x}_t + \boldsymbol{W}_{fh}\boldsymbol{h}_{t-1} + \boldsymbol{b}_f) \tag{4.28}$$

*8 ここでは，関数 LSTM が $\boldsymbol{h}_t, \boldsymbol{c}_t$ の組を返すこととし，その組を $\boldsymbol{h}_t$ と $\boldsymbol{c}_t$ に分解することを表している．プログラミング言語 Python におけるタプルのパックとアンパックに対応する．

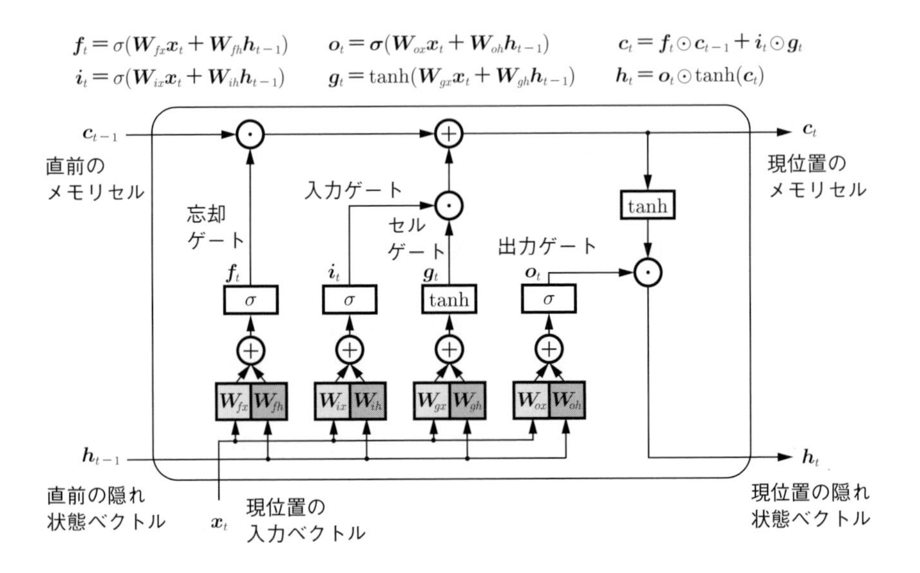

図 4.9　LSTM の計算グラフ（バイアス項を省略して簡略化した）

$\boldsymbol{g}_t \in \mathbb{R}^{d_h}, \boldsymbol{i}_t \in \mathbb{R}^{d_h}, \boldsymbol{o}_t \in \mathbb{R}^{d_h}, \boldsymbol{f}_t \in \mathbb{R}^{d_h}$ はそれぞれ，**セルゲート**（cell gate）*9，**入力ゲート**（input gate），**出力ゲート**（output gate），**忘却ゲート**（forget gate）と呼ばれる．LSTM のパラメータは，入力を各ゲートに変換する行列 $\boldsymbol{W}_{gx}, \boldsymbol{W}_{ix}, \boldsymbol{W}_{ox}, \boldsymbol{W}_{fx} \in \mathbb{R}^{d_h \times d_x}$，直前の隠れ状態ベクトルを各ゲートに変換する行列 $\boldsymbol{W}_{gh}, \boldsymbol{W}_{ih}, \boldsymbol{W}_{oh}, \boldsymbol{W}_{fh} \in \mathbb{R}^{d_h \times d_h}$，各ゲートのバイアス項 $\boldsymbol{b}_g, \boldsymbol{b}_i, \boldsymbol{b}_o, \boldsymbol{b}_f \in \mathbb{R}^{d_h}$ である．RNN と同様に，これらのパラメータはすべての位置において共有される．

式 (4.23)〜(4.28) の理解を助けるために，LSTM の計算グラフを図示したものを図 4.9 に示す．入力ゲート $\boldsymbol{i}_t$，出力ゲート $\boldsymbol{o}_t$，忘却ゲート $\boldsymbol{f}_t$ は，現位置の入力ベクトル $\boldsymbol{x}_t$ と直前の隠れ状態ベクトル $\boldsymbol{h}_{t-1}$ を異なる行列で線形変換し，シグモイド関数 (σ) を適用したものである．したがって，これらのゲートのベクトルの各要素は 0 から 1 の範囲の値をとる．

忘却ゲート $\boldsymbol{f}_t$ は，直前のメモリセル $\boldsymbol{c}_{t-1}$ との要素積 $\boldsymbol{f}_t \odot \boldsymbol{c}_{t-1}$ を計算するために用いられる．もし，忘却ゲートのある要素の値が 0 に近いならば，その

*9　これは新しいメモリセルの候補と呼ぶべきもので，他のゲートとは異なり 0 から 1 の範囲の値を取るものではないが，PyTorch の実装の中で呼ばれている名前を採用した．

要素に対応する $\boldsymbol{f}_t \odot \boldsymbol{c}_{t-1}$ の計算結果も 0 に近くなる．図 4.9 や式 (4.24) に表現されているように，この計算結果は現位置のメモリセル $\boldsymbol{c}_t$ の計算に用いられるため，忘却ゲートの要素の値が 0 に近いときは直前のメモリセルの内容を「忘却」し，現位置のメモリセル $\boldsymbol{c}_t$ に受け継がない．反対に，忘却ゲートのある要素の値が 1 に近い場合，その要素に対応する $\boldsymbol{f}_t \odot \boldsymbol{c}_{t-1}$ の計算結果は $\boldsymbol{c}_{t-1}$ の値に近くなるため，直前のメモリセルの内容を忘却せず，現位置のメモリセルに受け継がれる．

入力ゲート $\boldsymbol{i}_t$ は，現位置の入力ベクトル $\boldsymbol{x}_t$ と直前の隠れ状態ベクトル $\boldsymbol{h}_{t-1}$ から合成されたベクトル（セルゲート $\boldsymbol{g}_t$）を，どのくらい現位置のメモリセル $\boldsymbol{c}_t$ に読み込むのかを調節する．ここで，セルゲート $\boldsymbol{g}_t$ は，現位置の入力ベクトル $\boldsymbol{x}_t$ と直前の隠れ状態ベクトル $\boldsymbol{h}_{t-1}$ を行列で線形変換し，tanh を適用したものである．別の説明をすると，セルゲートを計算する式は活性化関数に tanh を採用した RNN 関数（式 (4.5)）である．セルゲートは，現位置の入力ベクトル $\boldsymbol{x}_t$ と直前の隠れ状態ベクトル $\boldsymbol{h}_{t-1}$ を合成し，各要素が -1 から 1 の範囲に収まるように正規化したものであると考えればよい．図 4.9 や式 (4.24) では，入力ゲート $\boldsymbol{i}_t$ とセルゲート $\boldsymbol{g}_t$ の要素積 $\boldsymbol{i}_t \odot \boldsymbol{g}_t$ が現位置のメモリセル $\boldsymbol{c}_t$ の計算に用いられる．

出力ゲート $\boldsymbol{o}_t$ は，図 4.9 や式 (4.23) で表現されているとおり，現位置のメモリセル $\boldsymbol{c}_t$ に活性化関数 tanh を通したベクトルを，どのくらい現位置の隠れ状態ベクトル $\boldsymbol{h}_t$ として出力するかを調整する．出力ゲートの値が 1 に近い要素は $\tanh \boldsymbol{c}_t$ の値が $\boldsymbol{h}_t$ として出力されるが，出力ゲートの値が 0 に近い要素は $\tanh \boldsymbol{c}_t$ の値が現位置の隠れ状態ベクトル $\boldsymbol{h}_t$ として出力されにくくなる．

LSTM をカテゴリ分類のタスクに適用する場合，カテゴリ予測や LSTM のパラメータ推定の方法は RNN と同様である．カテゴリの予測を行うには，LSTM の末尾の隠れ状態ベクトル $\boldsymbol{h}_T$ に全結合層やソフトマックス関数を連結すればよい．LSTM のパラメータ推定には，予測されたカテゴリの確率分布ベクトルと正解のカテゴリとの間で定義される損失関数 $J(\theta)$ を目的関数とし，確率的勾配降下法および通時的誤差逆伝播法を適用する．入力ゲート，出力ゲート，忘却ゲートを計算するパラメータの学習においても，専用の訓練データを必要とせず[*10]，タスクの訓練データのみで済むことは興味深い．

*10　例えば，いつ忘却ゲートを閉じるべきかを明示した訓練データを与えなくてもよい．

これまでに説明したLSTMは文頭から文末（左から右）に向かって単語ベクトルを読み込むため，**順方向LSTM**（forward LSTM）と呼ばれる．RNNと同様に，文末から文頭（右から左）に向かって単語ベクトルを読み込む**逆方向LSTM**（backward LSTM）や，順方向と逆方向のLSTMを併用する**双方向LSTM**（bidirectional LSTM; Bi-LSTM），LSTMを多層構成とした多層LSTMなどのバリエーションが存在する．

4.5　ゲート付き再帰ユニット（GRU）

ゲート付き再帰ユニット（gated recurrent unit; GRU）も，勾配消失問題や勾配爆発問題に対処できるニューラルネットワークアーキテクチャとしてよく用いられている．GRUでは，先頭から位置 t までの入力ベクトル $\boldsymbol{x}_1, \ldots, \boldsymbol{x}_t \in \mathbb{R}^{d_x}$ を合成した情報を，隠れ状態ベクトル $\boldsymbol{h}_t \in \mathbb{R}^{d_h}$ に保持する（d_h は隠れ状態ベクトルのサイズ）．LSTMと比較すると，メモリセルが存在せず，構造がシンプルである．位置 t において，入力ベクトル $\boldsymbol{x}_t$ と直前の隠れ状態ベクトル $\boldsymbol{h}_{t-1}$ を合成し，現位置の隠れ状態ベクトル $\boldsymbol{h}_t$ を返す関数をGRUと書くことにすると，GRUは次式で表される．

$$\boldsymbol{h}_t = \begin{cases} \mathrm{GRU}(\boldsymbol{x}_t, \boldsymbol{h}_{t-1}) & (1 \leq t \leq T) \\ \boldsymbol{0} & (t = 0) \end{cases} \tag{4.29}$$

関数GRUの返り値 $\boldsymbol{h}_t$ は，式 (4.30)〜(4.33) によって計算する．

$$\boldsymbol{h}_t = \boldsymbol{z}_t \odot \boldsymbol{h}_{t-1} + (\boldsymbol{1} - \boldsymbol{z}_t) \odot \boldsymbol{g}_t \tag{4.30}$$

$$\boldsymbol{g}_t = \tanh\left(\boldsymbol{W}_{hx}\boldsymbol{x}_t + \boldsymbol{W}_{hh}(\boldsymbol{r}_t \odot \boldsymbol{h}_{t-1}) + \boldsymbol{b}_h\right) \tag{4.31}$$

$$\boldsymbol{r}_t = \sigma(\boldsymbol{W}_{rx}\boldsymbol{x}_t + \boldsymbol{W}_{rh}\boldsymbol{h}_{t-1} + \boldsymbol{b}_r) \tag{4.32}$$

$$\boldsymbol{z}_t = \sigma(\boldsymbol{W}_{zx}\boldsymbol{x}_t + \boldsymbol{W}_{zh}\boldsymbol{h}_{t-1} + \boldsymbol{b}_z) \tag{4.33}$$

ここで，$\boldsymbol{r}_t \in \mathbb{R}^{d_h}, \boldsymbol{z}_t \in \mathbb{R}^{d_h}$ はそれぞれ，**リセットゲート**（reset gate），**更新ゲート**（update gate）と呼ばれる．また，$\boldsymbol{g}_t \in \mathbb{R}^{d_h}$ は現位置の隠れベクトルの候補で，更新ゲートを経た後に現位置の隠れ状態ベクトル $\boldsymbol{h}_t$ となる．GRUのパラメータは，入力を $\boldsymbol{r}, \boldsymbol{z}, \boldsymbol{h}$ に変換する行列 $\boldsymbol{W}_{rx}, \boldsymbol{W}_{zx}, \boldsymbol{W}_{hx} \in \mathbb{R}^{d_h \times d_x}$，直前の隠れ状態ベクトルを $\boldsymbol{r}, \boldsymbol{z}, \boldsymbol{h}$ に変換する行列 $\boldsymbol{W}_{rh}, \boldsymbol{W}_{zh}, \boldsymbol{W}_{hh} \in \mathbb{R}^{d_h \times d_h}$，

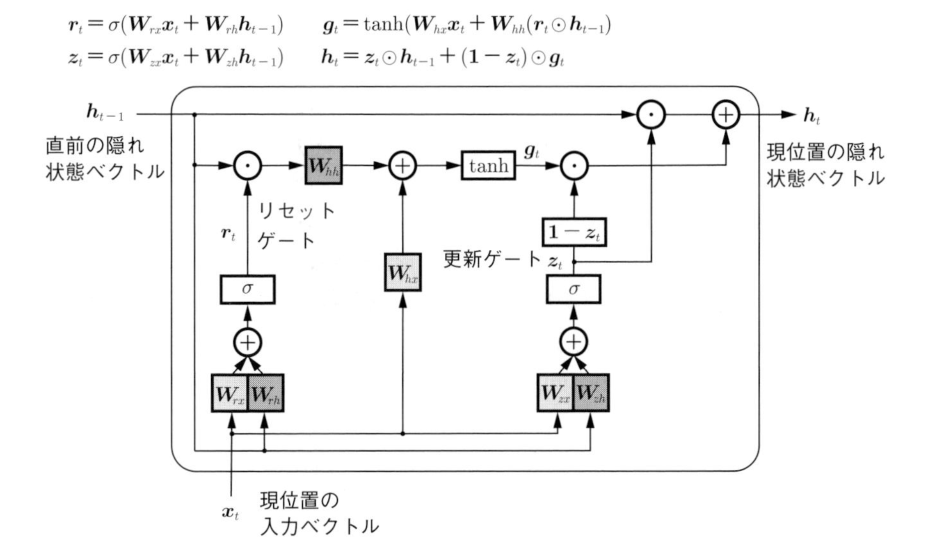

図 4.10　GRU の計算グラフ（バイアス項を省略して簡略化した）

$\boldsymbol{r}, \boldsymbol{z}, \boldsymbol{h}$ に対応するバイアス項 $\boldsymbol{b}_r, \boldsymbol{b}_z, \boldsymbol{b}_h \in \mathbb{R}^{d_h}$ である．RNN や LSTM と同様に，これらのパラメータはすべての位置において共有される．

GRU の計算グラフを図 4.10 に示す．LSTM と同様に，リセットゲート $\boldsymbol{r}_t$ と更新ゲート $\boldsymbol{z}_t$ は，現位置の入力ベクトル $\boldsymbol{x}_t$ と直前の隠れ状態ベクトル $\boldsymbol{h}_{t-1}$ を異なる行列で線形変換し，シグモイド関数（σ）を適用したものである．

リセットゲート $\boldsymbol{r}_t$ は直前の隠れ状態ベクトル $\boldsymbol{h}_{t-1}$ との要素積 $\boldsymbol{r}_t \odot \boldsymbol{h}_{t-1}$ を計算するために用いられる．ここで，$\tilde{\boldsymbol{h}}_{t-1} = \boldsymbol{r}_t \odot \boldsymbol{h}_{t-1}$ とおくと，式 (4.31) は次式で表される．

$$\boldsymbol{g}_t = \tanh(\boldsymbol{W}_{hx}\boldsymbol{x}_t + \boldsymbol{W}_{hh}\tilde{\boldsymbol{h}}_{t-1} + \boldsymbol{b}_h) \tag{4.34}$$

これは，RNN で現位置の入力ベクトル $\boldsymbol{x}_t$ と直前の隠れ状態ベクトル $\tilde{\boldsymbol{h}}_{t-1}$ を合成し，現位置の隠れ状態ベクトルの候補 $\boldsymbol{g}_t$ を計算する式である．通常の RNN との違いは，直前の隠れ状態ベクトルとして，$\boldsymbol{h}_{t-1}$ ではなく，リセットゲートを通過した $\tilde{\boldsymbol{h}}_{t-1}$ を用いる点である．リセットゲートのある要素の値が 0 に近ければ，直前の隠れ状態ベクトルの対応する要素の値は $\boldsymbol{g}_t$ の合成に用いられず，リセットゲートのある要素の値が1に近ければ，直前の隠れ状態ベクトルの対応する要素の値が $\boldsymbol{g}_t$ の合成に用いられる．

式 (4.33) が示すように，現位置の隠れ状態ベクトル $\boldsymbol{h}_t$ は，直前の隠れ状態ベクトル $\boldsymbol{h}_{t-1}$ と現位置の隠れ状態ベクトルの候補 $\boldsymbol{g}_t$ との重み付き和である．その重みを要素ごとに決定するのが，更新ゲート $\boldsymbol{z}_t$ である．更新ゲートのある要素の値が0に近ければ現位置の隠れ状態ベクトルの候補の対応する要素の値が，更新ゲートのある要素の値が1に近ければ直前の隠れ状態ベクトルの対応する要素の値が $\boldsymbol{h}_t$ に採用されやすくなる．

これまでに説明したGRUは文頭から文末（左から右）に向かって単語ベクトルを読み込むため，**順方向GRU**（forward GRU）と呼ばれる．RNNやLSTMと同様に，文末から文頭（右から左）に向かって単語ベクトルを読み込む**逆方向GRU**（backward GRU）や，順方向と逆方向のGRUを併用する**双方向GRU**（bidirectional GRU; Bi-GRU），GRUを多層構成とした多層GRUなどのバリエーションが存在する．

4.6　畳込みニューラルネットワーク（CNN）

2010年代の深層学習ブームの口火を切ったのが，物体認識における**畳込みニューラルネットワーク**（convolutional neural network; CNN）の成功である．CNNは自然言語処理に応用され，特に分類タスクや文字列の特徴抽出などで用いられている．

CNNを説明する前に，畳込み演算を説明したい．図4.11に，入力の単語列を表現した単語ベクトルの系列に畳込み演算を適用する例を示す．この例では，6単語からなる単語列（$T=6$）の単語ベクトル（$d_x=3$）に対して畳込み演算を適用し，4個のスカラー値（演算結果）を得ている．この4個の数字は，$t=1,2,3,4$ における演算結果に対応しており，図4.11では $t=1$ および $t=2$ のときの計算過程をグレーで示している．

系列データへの畳込み演算の基本は，入力中の長さ δ の部分列に対して，同じ重みを繰り返し掛け合わせることである．この δ は畳込みの幅と呼ばれる．図4.11の例では，$\delta=3$ とし，図中で示される行列を重みとして用いている．

図4.11の $t=1$ のときの計算例では，$t=1$ から $t=3$ までの入力単語ベク

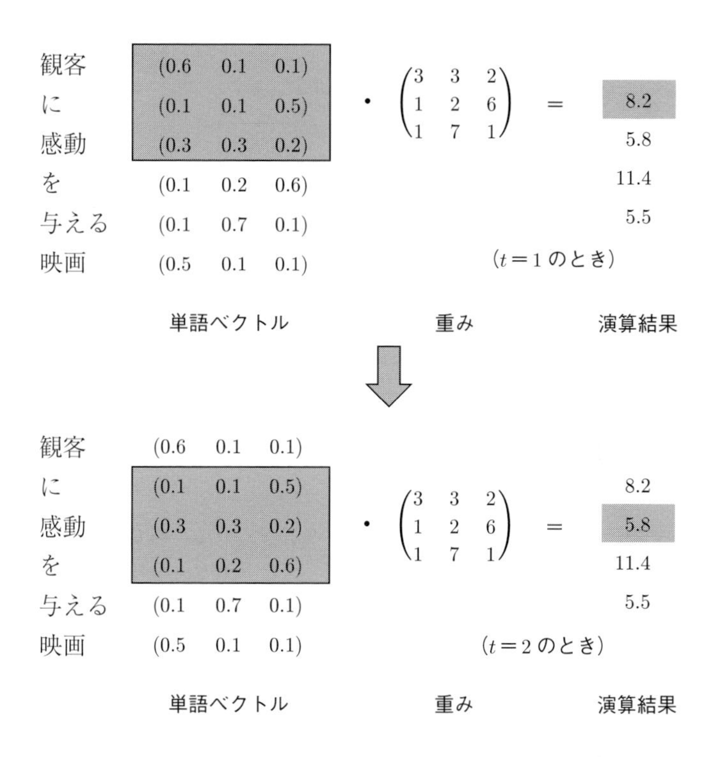

図 4.11 単語ベクトル系列に対する畳込み演算の例（バイアス項は省略した）．$t = 1$ および $t = 2$ の時の計算過程を網掛け部分で示す．$t = 3$ および $t = 4$ のときも同様に計算する．

トルを連結して 3×3 の行列と見なし，重み行列との内積[*11]の計算結果として 8.2 を得ている．続いて，$t = 2$ のときは，$t = 2$ から $t = 4$ までの入力単語ベクトルを連結した 3×3 の行列と重み行列との内積を計算し，5.8 を得ている．このように，系列データの畳込み演算では，入力ベクトルから長さ δ の部分列をずらしながら抽出し，同じ重み行列との内積を繰り返し計算する．

これまでの説明を数式で記述する．入力の単語ベクトルを位置 t から $t+\delta-1$ まで連結したベクトルを $\boldsymbol{x}_{t:t+\delta} \in \mathbb{R}^{\delta d_x}$ と書くことにして，次式で表す[*12]．

$$\boldsymbol{x}_{t:t+\delta} = \boldsymbol{x}_t \oplus \boldsymbol{x}_{t+1} \oplus \cdots \oplus \boldsymbol{x}_{t+\delta-1} \tag{4.35}$$

*11 行列同士の内積は同じ位置の要素ごとの積の和として定義する．
*12 $x_{t+\delta}$ は含まないことに注意せよ．

また，畳込み演算に用いる重みをベクトル $\boldsymbol{w} \in \mathbb{R}^{\delta d_x}$ で表す*13．すると，位置 t における演算結果は次式で与えられる．

$$c_t = f(\boldsymbol{w}^\top \boldsymbol{x}_{t:t+\delta} + b) \tag{4.36}$$

なお，式 (4.36) には，これまでの説明では省略していたバイアス項 $b \in \mathbb{R}$ と活性化関数 f を含めた．

（ベクトルのノルムを考えないことにすれば）入力の部分列のベクトル $\boldsymbol{x}_{t:t+\delta}$ と重みベクトル $\boldsymbol{w}$ が似ているほど，ベクトルの内積結果 c_t は大きくなる．ここで，$\boldsymbol{x}_{t:t+\delta}$ は入力から長さ δ の δ グラム*14を取り出し，その特徴量を単語ベクトルで表現したものと見なせる．したがって，畳込み演算は位置 t を動かしながら，入力中で重みベクトルと似ている δ グラム特徴量を検出する．重みベクトル $\boldsymbol{w}$ は着目したい特徴量のパターンを一つだけ表現できる．

分類タスクを解くときには，入力テキストの複数の特徴に着目したいことが多い．例えば，評価分類タスクでは，入力テキストの中で良い評価を説明する表現と，悪い評価を説明する表現の特徴を捉える必要がある．畳込み演算で複数の特徴を捉えるには，重みベクトルを複数用いればよい（図 4.12 参照）*15．d_c 個の重みベクトル $\boldsymbol{w}_1, \ldots, \boldsymbol{w}_{d_c} \in \mathbb{R}^{\delta d_x}$ を用いることにして，式 (4.36) を各重みベクトルに対して適用してもよいが，重み行列 $\boldsymbol{W} = (\boldsymbol{w}_1, \ldots, \boldsymbol{w}_{d_c})^\top \in \mathbb{R}^{d_c \times \delta d_x}$，およびバイアスベクトル $\boldsymbol{b} \in \mathbb{R}^{d_c}$ を導入すると，位置 t における畳込み演算の結果を d_c 個並べたベクトル $\boldsymbol{c}_t \in \mathbb{R}^{d_c}$ は，次式で計算できる．

$$\boldsymbol{c}_t = f(\boldsymbol{W}\boldsymbol{x}_{t:t+\delta} + \boldsymbol{b}) \tag{4.37}$$

これまでの説明により，T 個の単語からなる入力文を $T - \delta + 1$ 個のベクトルで表現したことになる．ただし，このままでは，入力を表現するベクトルの個数が単語数 T に依存するため，文ベクトルのサイズが可変になってしまう．このため，系列データに対する畳込みネットワークでは，最大値プーリング

$$\boldsymbol{s} = \max(\boldsymbol{c}_1, \boldsymbol{c}_2, \ldots, \boldsymbol{c}_{T-\delta+1}) \tag{4.38}$$

*13　図 4.11 での説明とは異なり，重みをベクトルとして表現することに注意せよ．図 4.11 の重み行列の行ベクトルを上から下の順で連結したものが $\boldsymbol{w}$ に相当する．

*14　隣り合う文字や単語を長さ n になるように連結したものは n グラム（5.4 節）と呼ばれる．ここでは，長さ δ になるように連結するので，δ グラムとして説明している．

*15　図 4.12 では複数の重み行列を用いているのに対し，式 (4.37) の行列 $\boldsymbol{W}$ は各重みを列ベクトルとし，その列ベクトルを横に並べた行列として表現されることに注意せよ．

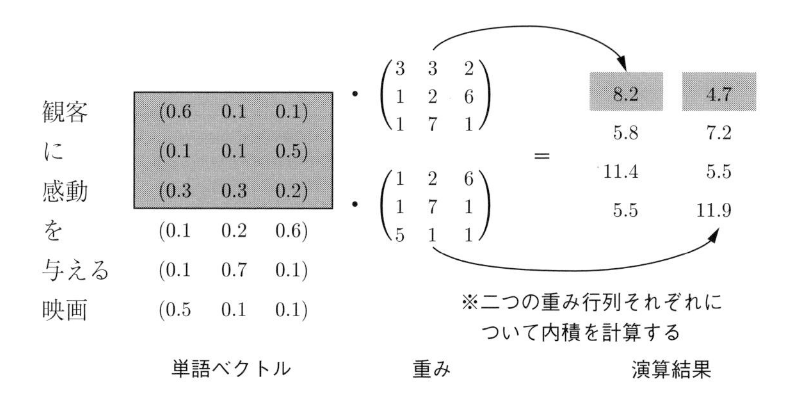

図 4.12　2 個の重みを用いた畳込み演算の例（バイアス項は省略した）．$t = 1$ のときの計算過程を網掛け部分で示し，重みに対応する内積の計算結果を矢印で結んだ．

や平均値プーリング

$$\boldsymbol{s} = \frac{1}{T-\delta+1} \sum_{t=1}^{T-\delta+1} \boldsymbol{c}_t \tag{4.39}$$

などを用い，入力文を固定長のベクトル $\boldsymbol{s} \in \mathbb{R}^{d_c}$ で表現する．得られた文ベクトル $\boldsymbol{s}$ は，入力文のすべての単語埋込み $\boldsymbol{x}_1, \ldots, \boldsymbol{x}_T$ を合成したものである．RNN のときと同様に，$\boldsymbol{s}$ を入力文を表すベクトルとし，全結合層に接続することでカテゴリ分類などのタスクを遂行する（図 4.13）．CNN のパラメータ $\theta = (\boldsymbol{W}, \boldsymbol{b})$ は，モデルの予測結果と訓練データの正解との間で定義された損失関数 $J(\theta)$ を確率的勾配降下法と誤差逆伝播法で最小化することで求める．

CNN を多層構成にすることもできる．図 4.14 では，幅 2 の畳込み演算を矢印で示し，l 層目における位置 t の畳込み演算結果を $\boldsymbol{c}_t^{(l)}$ で表す．この図では，畳込み演算を時間方向に繰り返し，さらに一つのベクトルを得るまで層を積み重ねている．幅 2 の畳込み演算では，隣り合う単語の依存関係しか捉えられないが，多層にしていくことで，より広い範囲の依存関係を扱うことができる．また，入力文の長さにかかわらず層の数を L に固定しておき，$l = 1, \ldots, L$ において最大値プーリング $\max(\boldsymbol{c}_1^{(l)}, \ldots, \boldsymbol{c}_{T-\delta-l+2}^{(l)})$ を適用し，その結果得られる各層のベクトルを連結して文ベクトルとすることもある．

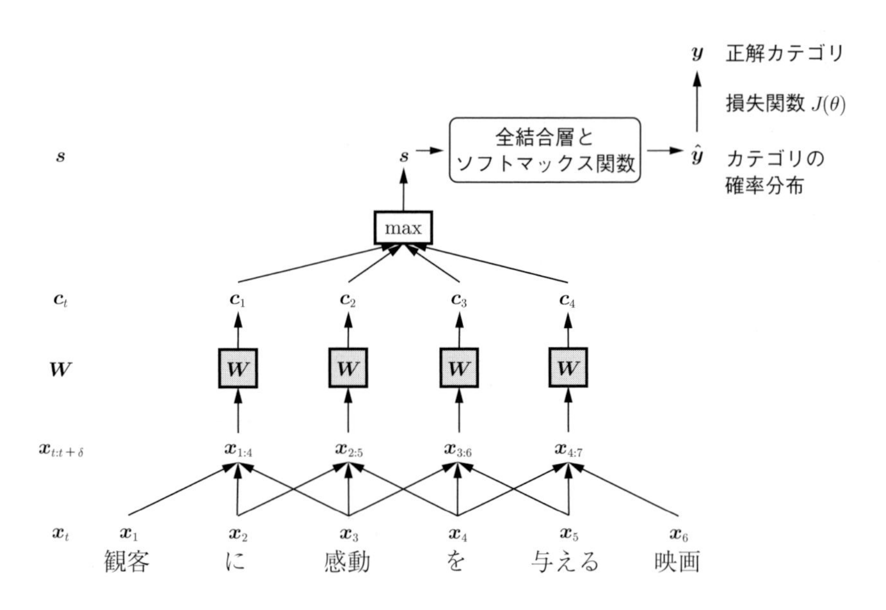

図 4.13　畳込みニューラルネットワークでカテゴリ分類を行う例（$\delta = 3$ の場合）

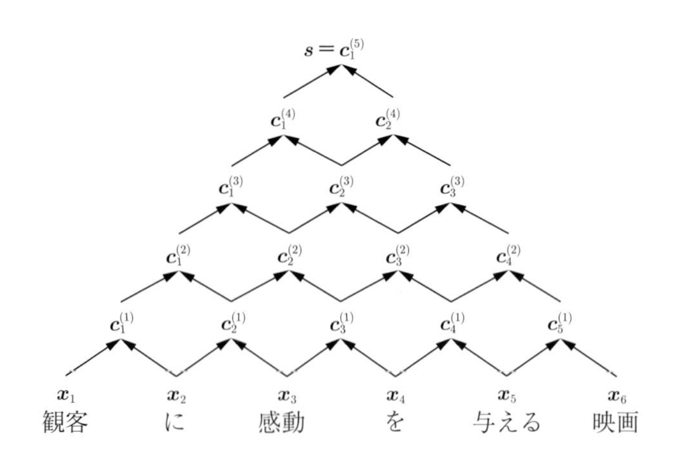

図 4.14　多層の畳込みニューラルネットワークの例

なお，図 4.14 を文ベクトル $\boldsymbol{s}$ を頂点，単語を葉とする二分木と見なすと，この二分木が入力文の句構造木（9.2 節）を包含するので，多層 CNN は文の句構造を捉える可能性をもっている．本書では詳しく説明しないが，入力文の構文木に沿ってボトムアップに句のベクトルを合成する recursive neural network も提案された．ところが，木構造に基づいて句のベクトルを合成するモデルは，GPU などのハードウェア上で並列計算を実現することが容易ではないこと，入力文を単語の系列として扱うモデルとの性能差がそこまで大きくないこと，さらに第 6 章以降で説明する Transformer の出現により，最近ではあまり注目を浴びなくなった．

演習問題

問 1　式 (4.18) を導出せよ．

問 2　RNN では，各位置の隠れ状態ベクトルを順番に計算する必要があるため，そのままでは計算の並列化が困難である．GPU などのハードウェアで RNN の並列計算を実現するために，どのような実装上の工夫が行われているのか，調査して説明せよ．

問 3　LSTM において位置 t の忘却ゲート $\boldsymbol{f}_t$ が完全に開いているとき，つまり $\boldsymbol{f}_t = 1$ に固定されているとき，$\boldsymbol{c}_t$ を $\boldsymbol{c}_{t-1}$ で偏微分せよ．また，その結果から LSTM が勾配消失問題を緩和できる理由を説明せよ．

問 4　画像処理で用いられる CNN と自然言語処理で用いられる CNN の類似点および相違点を説明せよ．

第5章 言語モデル・系列変換モデル

これまでの章では，入力された文章の単語をベクトルで表現し，その単語ベクトルの合成を通して，事前に決められたラベル集合から正解のラベルを予測する方法を説明した．本章では，予測する対象をラベルから単語列に拡張することで，文章を生成する方法を紹介する．具体的には，文章を生成するために用いる言語モデルや系列変換モデルと，それらを扱う際に必要となる付随技術について説明する．

5.1 言語モデル・系列変換モデルの導入

自然言語の単語や文章が生成される確率をモデル化したものを**言語モデル**（language model）と呼ぶ．例えば，日本語の言語モデルは「今日は良い天気ですね」といった違和感のない文に対して高い確率を，「良い今日ですは天気ね」といった違和感のある文に対しては低い確率を算出することが期待される．

従来，言語モデルといえば，n 個の単語の連接を用いて文章の生成確率をモデル化する ***n* グラム言語モデル**（n-gram language model）を指す用語であった．しかし，2010 年頃より，ニューラルネットワークを用いて言語モデルを構築する**ニューラル言語モデル**（neural language model）が注目を集めることになり，それ以降，単に「言語モデル」というと「ニューラル言語モデル」を指すことが多くなった．本章では，言語モデルの基本知識として n グラム言語モデル，およびニューラル言語モデルを紹介する．

昨今，「言語モデル」という用語はさまざまな概念を含む．狭義の言語モデルとは，単純に文章や単語の生成確率をモデル化したものであり，生成確率を計算する機能しかもたない．しかし，言語モデルにより単語や文章の生成確率を計算できるようになると，自然言語処理のさまざまな場面で活用できる基盤ツールとして活躍する．典型的には

- 与えられた文章の言語的な自然さを判定する
- 任意の単語列の後に続くテキストを生成する

といった用途で用いられる．本章では，言語モデルをこれら二つの用途に利用する方法を紹介する．さらに，第 7 章で説明する事前学習済みモデルは，言語モデルを汎用特徴抽出器として用いるという観点で，第 3 の利用方法といえる．

入力文を出力文に変換する**系列変換モデル**（sequence-to-sequence model; seq2seq model）は，言語モデルの発展形として位置付けられる．一般的に，系列変換モデルは入力文を処理する**符号化器**または**エンコーダ**（encoder）と出力文を生成する**復号化器**または**デコーダ**（decoder）の二つの構成要素からなり[*1]，更にそれらを接続する構成要素として**注意機構**（attention mechanism）が用いられることが多い．系列変換モデルが入力文を出力文に変換する処理は，言語モデルの処理内容とは大きく異なるように見える．しかし，5.6 節にて数式で示すように系列変換モデルは単純な条件付き言語モデルである．このことから，系列変換モデルも言語モデルと同様に，「文章の尤もらしさを判断する」や「文章を生成する」といった処理を計算機により実現する手法と見なすことができる．そこで，系列変換モデルも言語モデルとあわせて本章で一緒に説明する．ただし，系列変換モデルは，単なる言語モデルと異なり「条件付き」，つまり入力文という条件が与えられた場合のモデルであり，単純な言語モデルとは能力や使いどころが異なる．

本章では，言語モデルや系列変換モデルを用いる際に押さえておくべきこととして，**サブワード**（subword）や**パープレキシティ**（perplexity）について

*1　5.6 節で述べるように，系列変換モデルは基本的にエンコーダとデコーダの二つの主要な構成要素で構築されることから，エンコーダ・デコーダモデルと呼ばれることも多い．エンコーダ・デコーダモデルは系列変換モデルを包含する概念であり，系列変換モデルはエンコーダもデコーダも系列を対象としたものと捉えることができる．しかし，ニューラルネットワークの関連分野では，系列変換モデルが最も有名なエンコーダ・デコーダモデルであるため，系列変換モデルとエンコーダ・デコーダモデルを同一視する場合が多いことは注意してほしい．

も簡単に説明する．

5.2 言語モデルの定式化

まず言語モデルを数式を用いて定式化する．長さ T の単語列を $\boldsymbol{Y} = (y_1, y_2, \ldots, y_T)$ とする[*2][*3]．ただし，各単語 y_t は事前に決めた語彙 $\mathbb{V}$ に含まれる単語とする．つまり $y_t \in \mathbb{V}$ を必ず満たす．このとき，単語列 $\boldsymbol{Y}$ を生成する確率を $P(\boldsymbol{Y})$ で表す．例えば，「青く 広い 海」という単語列[*4]に対して確率を計算する場合は，次のようになる．

$$P(y_1 = \text{青く}, y_2 = \text{広い}, y_3 = \text{海}) \tag{5.1}$$

つまり，単語列「青く 広い 海」の生成確率 $P(\boldsymbol{Y})$ は，一つ目の単語 $y_1 =$ 青く，二つ目の単語 $y_2 =$ 広い，三つ目の単語 $y_3 =$ 海 の同時確率で表される．

二つの事象 y_1, y_2 の同時確率 $P(y_1, y_2)$ は，条件付き確率の定義

$$P(y_2 \mid y_1) = \frac{P(y_1, y_2)}{P(y_1)} \tag{5.2}$$

から，次のように式変形できる．

$$P(y_1, y_2) = P(y_1)P(y_2 \mid y_1) \tag{5.3}$$

同様に，三つの事象 y_1, y_2, y_3 の同時確率 $P(y_1, y_2, y_3)$ は以下のように変形できる．

$$P(y_1, y_2, y_3) = P(y_1, y_2)P(y_3 \mid y_1, y_2) \tag{5.4}$$

$$= P(y_1)P(y_2 \mid y_1)P(y_3 \mid y_1, y_2) \tag{5.5}$$

図 5.1 に，実際の例を使った式展開を示す．式 (5.4) の変形は，例えば y_1, y_2 を一つの変数 $\boldsymbol{Y}_{1:2}$ に置き換えれば，$P(\boldsymbol{Y}_{1:2}, y_3) = P(\boldsymbol{Y}_{1:2})P(y_3 \mid \boldsymbol{Y}_{1:2})$ となる

*2 「単語」という用語は明確な定義がなく曖昧である．本章では正確な単語の定義については議論を避け，単純に「特定の意味を構成する文字列」程度の意味で用いる．また読みやすさを優先し，本章で取り扱うサブワード（部分単語）や文字単位で文章を扱う場合も広義の単語として一括して議論する．

*3 この単語列はベクトル $\boldsymbol{y}$ で表記すべきであるが，5.5 節以降では単語をワンホットベクトル $\boldsymbol{y}_t$ で表すので，紛らわしい．そのため，本章では単語列を行列 $\boldsymbol{Y}$ で表すことにする．$\boldsymbol{Y}$ は $1 \times T$ の行列と考えればよい．

*4 議論を簡単にするために，単語区切りは事前に一意に与えられるとする．

元の文章

青く	広い	海	青く	青く	海	海	広い	広い	広い
海	青く	海	海	広い	広い	海	海	青く	広い

$P(\text{青く}) = \frac{5}{20}$　←単語「青く」が出る確率：20 個の単語のうち 5 個が「青く」

$P(\text{広い} \mid \text{青く}) = \frac{2}{5}$　←単語「青く」の直後に単語「広い」が出る確率：単語「青く」が 5 個あり，その直後に「広い」が 2 回出現

$P(\text{海} \mid \text{青く 広い}) = \frac{1}{2}$　←単語の連接「青く 広い」の直後に単語「海」が出る確率：単語の連接「青く 広い」が 2 回出現し，その直後に「海」が出現するのは 1 回

$P(\text{青く})P(\text{広い} \mid \text{青く})P(\text{海} \mid \text{青く 広い}) = \frac{1}{20}$　←上記三つの確率の積

‖ 同じ確率を計算

$P(\text{青く 広い 海}) = \frac{1}{20}$　←単語の連接「青く 広い 海」が 20 単語の文章の中に出現した回数は 1 回

図 5.1　同時確率を条件付き確率の積で式変形する例

ので，式 (5.3) の式変形に相当することがわかる．式 (5.4) から式 (5.5) も同様に，$P(y_1, y_2) = P(y_1)P(y_2 \mid y_1)$ という式変形を適用したことに相当する．よって，y_1, y_2, y_3 の同時確率 $P(y_1, y_2, y_3)$ は，y_1 の生成確率 $P(y_1)$ と，y_1 が生成された条件下で y_2 が生成される条件付き確率 $P(y_2 \mid y_1)$，y_1 と y_2 が生成された条件下で y_3 が生成される条件付き確率 $P(y_3 \mid y_1, y_2)$ の三つの確率の積で表される．このことから，長さ T の単語列に対して，次の式が得られる．

$$P(\boldsymbol{Y}) = P(y_1) \prod_{t=2}^{T} P(y_t \mid \boldsymbol{Y}_{1:t-1}) \tag{5.6}$$

ただし，$\boldsymbol{Y}_{1:t-1}$ は，$\boldsymbol{Y}$ の先頭から $t-1$ の位置までの部分単語列である．

なお，文の確率を言語モデルで計算するときは，単なる単語列ではなく文として完結していることを明示的に扱いたい場合がある．このような場合は，文頭と文末に仮想的な単語を追加することが多い．具体的には，文頭を表す特殊単語[*5]として BOS（beginning of sentence），文末を表す特殊単語として EOS（end of sentence）を導入する．本章では，文の 0 番目の位置に BOS を，$T+1$

*5　特殊トークン（special token），仮想単語（virtual word），仮想トークン（virtual token）とも呼ぶ．

番目の位置（文末）に EOS を追加する．すなわち，$y_0 = \mathrm{BOS}$，$y_{T+1} = \mathrm{EOS}$ とし，文を単語列 $\boldsymbol{Y} = (y_0, y_1, \ldots, y_{T+1})$ と再定義する．

式 (5.6) に従うと，文の生成確率 $P(\boldsymbol{Y})$ は，次式で表される．

$$P(\boldsymbol{Y}) = P(y_0) \prod_{t=1}^{T+1} P(y_t \mid \boldsymbol{Y}_{0:t-1}) \tag{5.7}$$

ただし，y_0 は常に特殊単語 BOS とおいたので，その生成確率は必ず $P(y_0) = 1$ である[*6]．よって，文の生成確率は $P(y_0)$ を省略した次式となる．

$$P(\boldsymbol{Y}) = \prod_{t=1}^{T+1} P(y_t \mid \boldsymbol{Y}_{0:t-1}) \tag{5.8}$$

文頭・文末の特殊単語を利用しない場合（式 (5.6)）と，利用する場合（式 (5.8)）で，結果が異なることに注意されたい．例えば，単語列「は いい 天気 で」は単語の並びとしては違和感がないので，文頭・文末の特殊単語を利用しない場合は高い確率が与えられると考えられる．一方，単語列「は いい 天気 で」が文として自然かを判定する場合は，単語列として「BOS は いい 天気 で EOS」を考えることになるので，文が「は」で始まることや，「で」で終わることの自然さが考慮される．日本語では，文が「は」で始まることや，「で」で終わることが稀と考えられるため，$P(\text{は} \mid \mathrm{BOS})$ や $P(\mathrm{EOS} \mid \text{で})$ の確率は低いと考えられる．よって，文頭・文末の特殊単語を利用する場合の生成確率は，利用しない場合と比較して，かなり低くなると想定される．本章では，これ以降特に断りがない限り，言語モデルは特殊単語 BOS と EOS を使うこととして説明を進める．

これまで説明したとおり，言語モデルはすべての単語位置 t において，それよりも前に出てきた部分単語列 $\boldsymbol{Y}_{0:t-1}$ に条件付けられた単語 y_t の生成確率を掛けたもの（積）で定式化される．このことから，良い言語モデルを構築するための中心的話題は，式 (5.8) に登場する条件付き確率 $P(y_t \mid \boldsymbol{Y}_{0:t-1})$ を精度良くモデル化することになる．逆にいうと，$P(y_t \mid \boldsymbol{Y}_{0:t-1})$ の計算方法とモデル化の方法により言語モデルの特性が決まる．この条件付き確率 $P(y_t \mid \boldsymbol{Y}_{0:t-1})$

*6 文頭は BOS 以外の単語が生成されないため．

により言語モデルを構成する代表的なアプローチとして，5.4 節にて $\boldsymbol{n}$ グラム言語モデル（n-gram language model）を紹介する．また，5.5 節にてニューラル言語モデル（neural language model）を紹介する．

5.3　言語モデルの利用例

言語モデルは，単語や文章の生成確率をモデル化する．本節では，言語モデルの利用で容易に実現できることとして，与えられた文章の言語的な自然さを判定すること，および，任意の単語列の後に続く文章を生成する処理の 2 点について説明する．

1．言語モデルでテキストの自然さを判定

十分に良い言語モデルがあると仮定する．つまり，言語モデル P が実際の言語の確率分布をよく反映している状況を想定する．このとき，例えば，ある二つの文 $\boldsymbol{Y}_1$ と $\boldsymbol{Y}_2$ があり，$P(\boldsymbol{Y}_1) > P(\boldsymbol{Y}_2)$ ならば，$\boldsymbol{Y}_1$ のほうが文として自然，あるいは尤もらしいと判定できる．また，文 $\boldsymbol{Y}_1$ と $\boldsymbol{Y}_2$ の差が一つの単語やフレーズのみである場合，異なる単語やフレーズのうちどちらを選択すべきかを判定できる．これらの処理は，例えば，文章校正や対話（チャットボット）システムが複数の出力候補を検討しているとき，どれが自然な文かを判定する処理に用いられる．実際に，機械翻訳や音声認識では，言語モデルは言語的な自然さを測定する道具としてシステムに組み込まれ，利用されてきた．図 5.2 に，言語モデルでテキストの自然さを判定する処理の例を示す．ここでは，個々の単語生起確率 P に対して負の対数尤度 $-\log P$ を計算し，それを加算した値を示している（負の対数尤度の和なので値が小さいほど確率が高いことを意味する）．

2．言語モデルによるテキストの生成

言語モデルを用いて文章を生成できる．文章を生成する場合，言語モデルの生成確率に基づき，文章の先頭から 1 単語ずつ単語をサンプリングする処理を文章が完成するまで繰り返す．

文頭の BOS を 0 番目として，そこから数えて t 番目にサンプリングした単

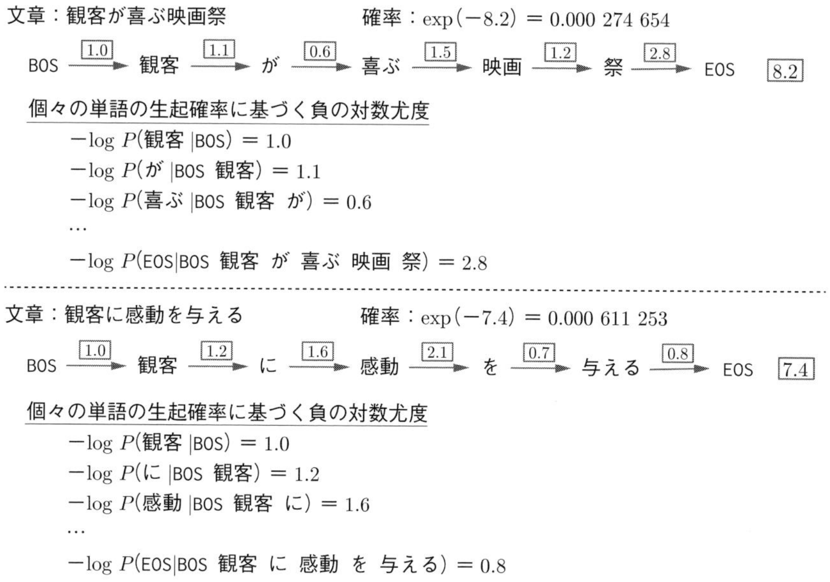

文章：観客が喜ぶ映画祭　　　確率：$\exp(-8.2) = 0.000\ 274\ 654$

BOS —[1.0]→ 観客 —[1.1]→ が —[0.6]→ 喜ぶ —[1.5]→ 映画 —[1.2]→ 祭 —[2.8]→ EOS　[8.2]

個々の単語の生起確率に基づく負の対数尤度

$-\log P($観客 |BOS$) = 1.0$
$-\log P($が |BOS 観客$) = 1.1$
$-\log P($喜ぶ |BOS 観客 が$) = 0.6$
$\cdots$
$-\log P($EOS|BOS 観客 が 喜ぶ 映画 祭$) = 2.8$

文章：観客に感動を与える　　　確率：$\exp(-7.4) = 0.000\ 611\ 253$

BOS —[1.0]→ 観客 —[1.2]→ に —[1.6]→ 感動 —[2.1]→ を —[0.7]→ 与える —[0.8]→ EOS　[7.4]

個々の単語の生起確率に基づく負の対数尤度

$-\log P($観客 |BOS$) = 1.0$
$-\log P($に |BOS 観客$) = 1.2$
$-\log P($感動 |BOS 観客 に$) = 1.6$
$\cdots$
$-\log P($EOS|BOS 観客 に 感動 を 与える$) = 0.8$

図 5.2　言語モデルで文章の自然さを判定する処理の例

語を $\hat{y}_t$ で表す．同様に，a 番目にサンプリングした単語 $\hat{y}_a$ から $t-1$ 番目にサンプリングした単語 $\hat{y}_{t-1}$ までの単語列を $\widehat{\boldsymbol{Y}}_{a:t-1}$ とする（$a \geq 0$）．つまり，$\widehat{\boldsymbol{Y}}_{a:t-1} = (\hat{y}_a, \hat{y}_{a+1}, \ldots, \hat{y}_{t-1})$ である．例えば，文を生成する場合，特殊トークン BOS を出発点として，特殊トークン EOS がサンプリングされるまで，1 単語ずつサンプリングを繰り返す．

$$\hat{y}_t \sim P(y_t \mid \widehat{\boldsymbol{Y}}_{a:t-1}) \tag{5.9}$$

このとき，サンプリングにはいくつかの方針が考えられる．通常，より自然な文を生成したいと考えるため，最も単純な方針の一つは，条件付き確率 $P(y_t \mid \widehat{\boldsymbol{Y}}_{a:t-1})$ が最大となる単語を毎回選択する方法である．探索法の観点で，このような選択方針を**貪欲法**（greedy search）と呼ぶ．事前に定義された語彙（生成可能なすべての単語の集合）を $\mathbb{V}$ とする．このとき，各位置 t における単語の生成処理は，事前に決められた語彙 $\mathbb{V}$ の中から最良のものを選択する処理であるので，単純な多クラス分類問題として次式で解く．

$$\hat{v} = \operatorname*{argmax}_{v \in \mathbb{V}} P(v \mid \widehat{\boldsymbol{Y}}_{a:t-1}) \tag{5.10}$$

ただし，$\hat{v}$ および v は，語彙 $\mathbb{V}$ 中の単語とする（$\hat{v}, v \in \mathbb{V}$）．つまり，$y_t = \hat{v}$ とするとき，式 (5.10) は文脈 $\widehat{\boldsymbol{Y}}_{a:t-1}$ が与えられた際の t 番目の単語 y_t として $\hat{v}$ が選出されたことを表している．

ここで，貪欲法は必ずしも全体の確率が最大となる文章を生成するわけではないことに注意されたい．具体例として，語彙が a,b の二つだけの場合を想定する．このとき，BOS から始まる単語の生成確率は以下のとおりとする．

$$P(\mathrm{a} \mid \mathsf{BOS}) = 0.55$$
$$P(\mathrm{b} \mid \mathsf{BOS}) = 0.45$$

同様に，BOS を含む 2 単語から次の単語を生成する確率は以下のとおりとする．

$$P(\mathrm{a} \mid \mathsf{BOS}\ \mathrm{a}) = 0.55$$
$$P(\mathrm{b} \mid \mathsf{BOS}\ \mathrm{a}) = 0.45$$
$$P(\mathrm{a} \mid \mathsf{BOS}\ \mathrm{b}) = 0.8$$
$$P(\mathrm{b} \mid \mathsf{BOS}\ \mathrm{b}) = 0.2$$

さらに，BOS から始まる 3 単語からの生成はすべて EOS になると仮定する．

$$P(\mathsf{EOS} \mid \mathsf{BOS}\ \mathrm{a}\ \mathrm{a}) = 1.0$$
$$P(\mathsf{EOS} \mid \mathsf{BOS}\ \mathrm{a}\ \mathrm{b}) = 1.0$$
$$P(\mathsf{EOS} \mid \mathsf{BOS}\ \mathrm{b}\ \mathrm{a}) = 1.0$$
$$P(\mathsf{EOS} \mid \mathsf{BOS}\ \mathrm{b}\ \mathrm{b}) = 1.0$$

この場合，単語列 BOS b a EOS に対する確率 $P(\mathsf{BOS}\ \mathrm{b}\ \mathrm{a}\ \mathsf{EOS})$ が 0.36 となり，BOS から始まり EOS で終わるすべての単語列の中で最大の値である．つまり，$t = 1$ での選択は，確率の高い a ではなく，低い b を選んだほうが最終的に得られる文章としては確率が高くなる．このように，位置ごとに最も確率の高い単語を選択しても全体として確率の最も高い文にならないのは，各位置で選択した結果を文脈として利用し，以降の生成に利用するために起こる．つまり，選択した単語によって次の位置以降で用いられる文脈が異なるため，候補として検討する条件付き確率の分布が過去の位置での選択に依存するからである．

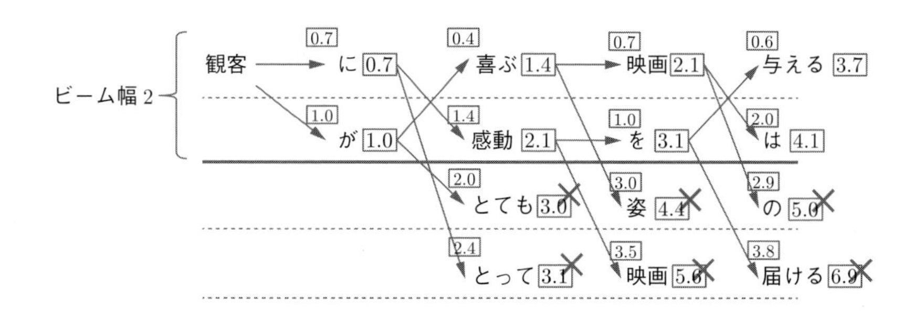

図 5.3 ビームサーチの処理過程

文章生成は本質的にこのような探索問題となるため，文章全体として最も確率が高い文を生成したい場合は，すべての可能な単語列を生成して比較する必要がある．長さ T で構成される単語列を全列挙するには，$|\mathbb{V}|^T$ 通りの計算が必要である．ただし，$|\mathbb{V}|$ は語彙サイズであり，先頭単語からの生成（$a = 0$）を仮定した．つまり，文長に対して指数オーダーの計算量となり，T が 6 程度であっても計算コストが高すぎるため，実際に計算するのは現実的ではない．

そこで，貪欲法よりも良い探索を現実的な計算コストで実現する方法として，累積確率が高い k 個の候補を毎回保持しながら探索を行う**ビームサーチ**（beam search）がよく用いられる．実際には，負の対数尤度の和 $-\sum_{b=1}^{t} \log P(y_b \mid \widehat{\boldsymbol{Y}}_{a:b-1})$ を用いる場合が多く，この場合は値が小さい候補を保持する．図 5.3 に，ビームサーチの処理過程を図示する．

ところで，与えられた文章の尤もらしさを判断する処理（前節で説明）と文章生成において，文長に関する取扱いの違いを認識しておくとよい．文を生成する場合，文の先頭から特殊単語 EOS が選択されるまで単語を一つずつ生成しながら，生成した単語を文脈の単語列として再利用するという再帰的な処理となるため，実際に処理を実行するまで文長が決まらない．これに対して，文の尤もらしさを判断する処理では，計算したい対象の文が与えられるため，当然ながら文長（単語数）は事前にわかる．このように，同じ言語モデルを使う処理ではあるが，与えられた文に対して生成確率を計算することと，文を生成することは，全く異なる処理である．

5.4　言語モデルの具体例 1：n グラム言語モデル

n 個の連続した単語の並び（連接）を **n グラム**（n-gram）と呼ぶ．例えば，$n=1$ のときはユニグラム（unigram），$n=2$ のときはバイグラム（bigram），$n=3$ のときはトライグラム（trigram）と呼ばれる．n グラム言語モデルは，単語の予測分布が過去の $n-1$ 単語にのみ依存すると仮定した言語モデルである．次節で説明するニューラル言語モデルが注目されるようになる前は，n グラム言語モデルが最も主流であった．

n グラム言語モデルでは，コーパスに出現するすべての n グラムの出現状況を保持することになるため，n が増えると保持しておくべき情報が急速に増える．5.3 節でも軽く触れたように，語彙サイズ（単語の種類数）が $|\mathbb{V}|$ の場合，単純計算で $|\mathbb{V}|^n$ 通りの n グラムが考えられる．実際には出現しない n グラムも数多くあるので，$|\mathbb{V}|^n$ 通りの n グラムを保持する必要はないが，それでも n を無限に大きくすることはできない．そのため，実用上は扱う n グラムの長さを事前に固定して計算する．有限の長さのみ利用するというのは，式 (5.8) を近似的に表現することに相当する．この近似は，ある書き途中（あるいは発話途中）の文章に対して次の単語を予測することを考えた場合，100 や 200 単語前に出現した単語はほとんど影響を与えないであろう，という直感を反映している．よって，n グラム言語モデルでは，式 (5.8) の近似式として以下の式を用いる．

$$P(y_t \mid \boldsymbol{Y}_{0:t-1}) \approx P(y_t \mid \boldsymbol{Y}_{t-n+1:t-1}) \tag{5.11}$$

ただし，$P(y_t \mid \boldsymbol{Y}_{t-n+1:t-1})$ は，$t-n+1$ 番目の単語から $t-1$ 番目の単語を文脈として利用することを表す．例えば，確率を計算したい単語の前 4 単語を用いて $P(y_t \mid \boldsymbol{Y}_{t-n+1:t-1})$ をモデル化する場合は，$\boldsymbol{Y}_{t-n+1:t-1} = (y_{t-4}, y_{t-3}, y_{t-2}, y_{t-1})$ となる．これは，n グラム言語モデルで $n=5$ と設定した場合に相当する．

与えられたコーパスから各 n グラムの確率を最尤推定するために，以下の式を用いる．

$$P(y_t \mid \boldsymbol{Y}_{t-n+1:t-1}) = \frac{\#(\boldsymbol{Y}_{t-n+1:t-1}, y_t)}{\sum_y \#(\boldsymbol{Y}_{t-n+1:t-1}, y)} \tag{5.12}$$

ただし，$\#(\boldsymbol{Y}_{t-n+1:t-1}, y)$ は，コーパス中において文脈（単語列）$\boldsymbol{Y}_{t-n+1:t-1}$

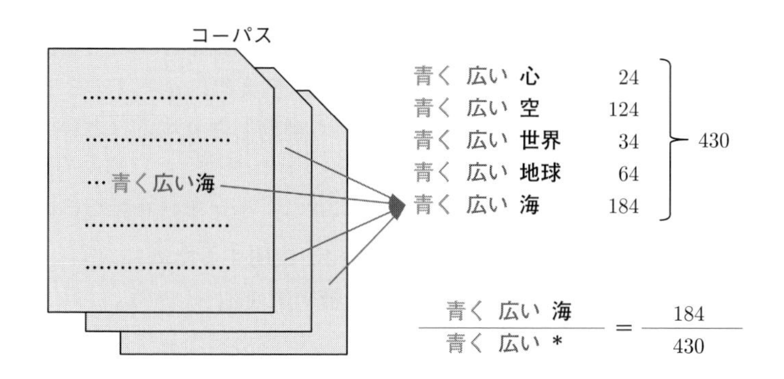

図 5.4 n グラム言語モデルの構築例

が出現し，さらに続けて単語 y が出現した回数を表す．つまり，式 (5.12) は，コーパス中で文脈 $\boldsymbol{Y}_{t-n+1:t-1}$ が出現したときに，次の単語として y が出現した比率を表す．図 5.4 に，n グラム言語モデルを最尤推定で構築する模式図を示す．

実際に n グラム言語モデルを利用する際には，モデル構築時に一度も出現しなかった n グラムに対しても，確率を計算する必要が生じることがある．学習時に一度も出現しない n グラムは，式 (5.12) の右辺の分子が $c(\boldsymbol{Y}_{t-n+1:t-1}, y_t) = 0$ のため，n グラム確率も 0 になる．式 (5.8) からもわかるように，文章に対する確率は個々の単語の生成確率の積で表されるため，確率 0 になる単語が一つでも出現した場合は文章全体の確率が必ず 0 になり，不都合が生じる．これは一般に**ゼロ頻度問題**（zero-frequency problem）と呼ばれる．n グラム言語モデルを構築する際に利用したコーパスが可能な言語事象をすべて収録しているのであれば，この問題は発生しない．ところが，言語は時代とともに変化することや，商品名や新しい概念に対して新語が絶えず生み出されることなどから，コーパスにすべての言語事象が含まれると仮定するのは無理がある．このことから，**平滑化**（smoothing）と呼ばれる手法を用いて，ゼロ頻度問題に対応する．n グラム言語モデルの平滑化法は，これまで多くの方法が考案された．有名な手法としては，**加算平滑化**（additive smoothing），**ウィトン・ベル平滑化**（Witten-Bell smoothing），**カッツ平滑化**（Katz smoothing），**クネーザー・ナイ平滑化**（Kneser-Ney smoothing）などが挙げられる．平滑化の主な考え方は，出現していない単語列が仮想的に出現したと仮定して頻度を増やしたり，逆に出現した単語の頻度を割り引い（discount）たり，より次数の小さい n グラム（例えば，$n=4$ のときのユニグラム，バイグラム，トライグラム）の値から補間したりする，といったものである．

効果的な平滑化法として，補間版のクネーザー・ナイ平滑化が用いられることが多い[*7]．補間版クネーザー・ナイ平滑化を説明するために，$b-a+1$ 個の単語の並び $\boldsymbol{Y}_{a:b}$ の直後に出現する単語の種類数を $|\{v \mid \#(\boldsymbol{Y}_{a:b}, v) > 0\}|$ と表す．同様に，$b-a+1$ 個の単語の並び $\boldsymbol{Y}_{a:b}$ の直前に出現する単語の種類数を $|\{v \mid \#(v, \boldsymbol{Y}_{a:b}) > 0\}|$ と表す．補間版クネーザー・ナイ平滑化は，以下の式を用いて n グラム確率を計算する．

$$\begin{aligned} P^{\mathrm{KN}}(y_t \mid \boldsymbol{Y}_{t-n+1:t-1}) = & \frac{\max(c^{\mathrm{KN}}(\boldsymbol{Y}_{t-n+1:t-1}, y_t) - \alpha, 0)}{\sum_y c^{\mathrm{KN}}(\boldsymbol{Y}_{t-n+1:t-1}, y)} \\ & + \lambda(\boldsymbol{Y}_{t-n+1:t-1}) P^{\mathrm{KN}}(y_t \mid \boldsymbol{Y}_{t-n+2:t-1}) \end{aligned} \tag{5.13}$$

ただし，右辺第1項の $c^{\mathrm{KN}}(\boldsymbol{Y}_{a:t-1}, y_t)$ は，以下の式により計算する．

$$c^{\mathrm{KN}}(\boldsymbol{Y}_{a:t-1}, y_t) = \begin{cases} \#(\boldsymbol{Y}_{a:t-1}, y_t) & (a = t-n+1 \text{ の場合}) \\ |\{v \mid \#(v, \boldsymbol{Y}_{a:t}) > 0\}| & (\text{上記以外の場合}) \end{cases} \tag{5.14}$$

また，右辺第2項の $\lambda(\boldsymbol{Y}_{a:t-1})$ は以下の式により計算する．

$$\lambda(\boldsymbol{Y}_{a:t-1}) = \frac{\alpha |\{v \mid \#(\boldsymbol{Y}_{a:t-1}, v) > 0\}|}{\sum_v \#(\boldsymbol{Y}_{a:t-1}, v)} \tag{5.15}$$

右辺第2項に $P^{\mathrm{KN}}(\cdot)$ があることから，式 (5.13) は再帰式となっており，前方文脈の長さを一つずつ減らしながら，再帰的に $P^{\mathrm{KN}}(\cdot)$ を計算する．ここで，$\boldsymbol{Y}_{t:t-1}$ を空の単語列 ϵ と考える．よって，$P^{\mathrm{KN}}(y_t \mid \boldsymbol{Y}_{t:t-1})$ は $P^{\mathrm{KN}}(y_t \mid \epsilon)$ であり，前方文脈がないユニグラムの計算を意味する．このとき，$P^{\mathrm{KN}}(y_t \mid \epsilon)$ の計算は以下の式を用いる．

$$P^{\mathrm{KN}}(y_t \mid \epsilon) = \frac{\max(c^{\mathrm{KN}}(\epsilon, y_t) - \alpha, 0)}{\sum_y c^{\mathrm{KN}}(\epsilon, y)} + \lambda(\epsilon) \frac{1}{|\mathbb{V}|} \tag{5.16}$$

*7　クネーザー・ナイ平滑化には，バックオフ（backoff）版，拡張（modified）版，補間（interpolated）版など複数の種類があるため，注意が必要である．

このように，補間版クネーザー・ナイ平滑化は，n グラム次数を一つずつ減らしながら再帰的に計算を行うが，式 (5.13) の右辺第 1 項で割り引いた α の値を右辺第 2 項の再帰式により補間する形式となっている．

n グラム言語モデルは，n 個の単語からなる文字列と，その文字列に対応する確率値のペアの集合により表現される．いわゆるキーバリュー形式のデータが大量にある状態といえる．このことから，n グラム言語モデルの最も簡単な実装方法は，n グラムをキーとしたハッシュテーブルを用いることである．それ以外にも，n グラム同士は多くの接頭辞を共有するので，接尾辞配列などを用いて実装する場合もある．特にスムージングを用いた n グラム言語モデルを利用する場合は，接尾辞配列により効率良くバックオフの計算ができる．いずれにしても，n グラム言語モデルでは，n グラムによる表層マッチングを行うため，それに適したデータ構造が求められる．

次節で説明するニューラル言語モデルが主流となった昨今，n グラム言語モデルを実際に用いる機会は少なくなった．しかし，ニューラル言語モデルがどのような観点で言語をうまくモデル化しているか，ニューラル言語モデルの長所は何か，といったことを深く理解するために，比較対象として n グラム言語モデルの特徴や短所について，その勘所を身に付けることは重要である．

5.5　言語モデルの具体例 2：ニューラル言語モデル

ニューラルネットワークを用いた言語モデルを総称して**ニューラル言語モデル** (neural language model) と呼ぶ．ただし，一概にニューラル言語モデルといっても，利用するニューラルネットワークによって性能や性質が大きく異なる．

まず，ニューラル言語モデル全般に共通していえることは，入力される単語を一旦ベクトルに変換し，ベクトルを入力として処理をする点である．ここで，表記を簡略化するために，ニューラル言語モデルの入力は単語そのものではなく，単語に対応する要素を 1，それ以外の要素を 0 とした標準基底ベクトル，いわゆるワンホットベクトルとする．理解を助けるため，図 5.5 にワンホットベクトルの例を図示する．ここで，ニューラル言語モデル全般の場合に限り，言語モデルの式 (5.8) がワンホットベクトルの列を入力に受け取ること

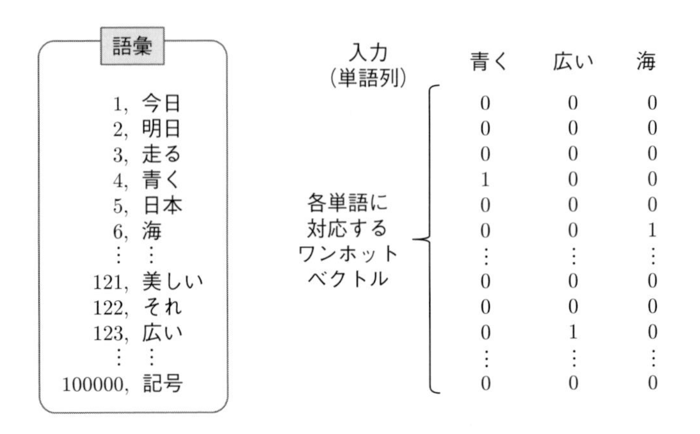

図 5.5　ワンホットベクトルの例

として，次式で再定義する．

$$P(\boldsymbol{Y}) = \prod_{t=1}^{T+1} P(\boldsymbol{y}_t \mid \boldsymbol{Y}_{0:t-1}) \tag{5.17}$$

ただし，$\boldsymbol{y}_t$ は t 番目の単語のワンホットベクトルを表し，$\boldsymbol{Y}_{0:t-1}$ は先頭から $t-1$ 番目までの単語のワンホットベクトルの系列 $\boldsymbol{Y}_{0:t-1} = (\boldsymbol{y}_0, \ldots, \boldsymbol{y}_{t-1})$ とする．

式 (5.17) 中の条件付き確率 $P(\boldsymbol{y}_t \mid \boldsymbol{Y}_{0:t-1})$ を計算するためにニューラルネットワークを用いる．モデルを学習するときは，n グラム言語モデルと同様にコーパスで最尤推定をする．ただし，n グラム言語モデルの最尤推定では n グラムの出現数を数え上げたが，ニューラル言語モデルの最尤推定では，前方の文脈から次の単語を予測するニューラルネットワークのパラメータを学習で求める．このため，同じ最尤推定でも両者の処理は根本的に異なる．ニューラルネットワークの学習では GPU などの演算装置が必要となるなど，計算コストが相対的に高いといったデメリットもある．この計算コストの観点から，ニューラル言語モデルは，扱う語彙サイズ $|\mathbb{V}|$ を比較的少なめに絞らないと学習時間が大幅に増大し，学習が現実的な時間では終わらなくなる．一方，n グラム言語モデルの学習では，出現頻度を数え上げることが主な処理であるため，語彙サイズが数百万を超えても現実的な速度でモデルを構築できることが

多い．

このような計算コストの弱点があるにもかかわらず，ニューラル言語モデルは脚光を浴びている．その大きな理由は，（限定された語彙のもとでは）n グラム言語モデルよりもニューラル言語モデルのほうが性能面で圧倒的に優れていることが，実験的に示されているからである．また，計算機そのものの性能向上や，GPU といった演算装置の利用により，ニューラル言語モデルが抱える計算コストの問題が徐々に解消され，現実的な時間でニューラル言語モデルを構築（学習）できることも理由の一つである．また別の観点として，類似の文脈に出現する単語は似た単語埋込みをもつように学習されるという性質をもつことから，ニューラル言語モデルは似た文脈のデータから未知の文脈に対する生成確率を暗黙的に計算できる．つまり，単語埋込みさえ計算できれば，ニューラル言語モデルは n グラム言語モデルで大きな課題であったゼロ頻度問題を自然に解消できる，というメリットもある．

本節では，ニューラル言語モデルの代表例として，2.9 節で解説した順伝播型ニューラルネットワークを用いた**順伝播型ニューラル言語モデル**（feedforward neural network language model; FFNNLM）[*8]と，4.2 節で説明した再帰型ニューラルネットワークを用いた**再帰型ニューラル言語モデル**（recurrent neural network language model; RNNLM）[*9]を説明する．また，順伝播型ニューラル言語モデル，再帰型ニューラル言語モデル以外には，第 6 章で詳説する Transformer に基づくニューラル言語モデルも，代表的かつよく用いられる．

1．順伝播型ニューラル言語モデル

順伝播型ニューラル言語モデルでは n グラム言語モデルと同様に，n 個の単語の連接を用いて次の単語を予測する．入力として $t-n+1$ 番目の単語から $t-1$ 番目までの単語をワンホットベクトルに変換し，順伝播型ニューラル言語モデルに入力する．次に，入力されたワンホットベクトル列を単語ベクトル列に変換し，入力の特徴ベクトルとして利用する．この一連の処理を式で表すと以下のようになる．

---

*8　英語の表記として，feedforward neural language model と feedforward neural network language model の 2 通りがある．

*9　英語の表記として，recurrent neural language model と recurrent neural network language model の 2 通りがある．一般的には RNNLM と略語で呼ばれることが多い．

$$\boldsymbol{e}_t = \texttt{flatten}(\boldsymbol{E}\boldsymbol{Y}_{t-n+1:t-1}) \tag{5.18}$$
$$\boldsymbol{z}_t = \mathrm{FFNN}(\boldsymbol{e}_t) \tag{5.19}$$

ただし，$\boldsymbol{E}$ は $d \times |\mathbb{V}|$ の埋込み行列である（d は単語埋込みベクトルのサイズである）．また，関数 flatten は，$a \times b$ 行列を列方向にスライスし，b 次元ベクトルを a 個結合することで ab 次元のベクトルに変換する関数である．よって，$\boldsymbol{e}_t$ は $(n-1)d$ 次元のベクトルとなる．また，$\boldsymbol{z}_t$ は順伝播型ニューラルネットワーク（FFNN）の最終層のベクトルである*10．

t 番目の単語を生成する際には $\boldsymbol{z}_t$ を用いて単語の予測分布を計算し，5.3 節で述べた何らかのサンプリング手法を用いて t 番目の単語を選択する．4.1 節で説明した通常の多クラス分類のときと同様に，確率分布の計算に以下の式を用いるのが一般的である．

$$\boldsymbol{o}_t = f(\boldsymbol{W}\boldsymbol{z}_t + \boldsymbol{b}) \tag{5.20}$$

ただし，$\boldsymbol{W} \in \mathbb{R}^{|\mathbb{V}| \times d}$ と $\boldsymbol{b} \in \mathbb{R}^{|\mathbb{V}|}$ はニューラル言語モデルのパラメータの一部であり，$\boldsymbol{o}_t \in \mathbb{R}^{|\mathbb{V}|}$ は予測される単語の分布である．また，関数 $f(\cdot)$ にはソフトマックス関数を用いることが多い．

このとき，ベクトル $\boldsymbol{o}_t$ の各要素が語彙内のある単語に対応していると仮定する．また，要素番号と単語番号が対応することから，$\boldsymbol{o}_t$ のサイズは語彙サイズ $|\mathbb{V}|$ である．このとき，単語の予測を貪欲法により決定する場合は，式 (5.10) で $a = t-n+1$ とする．貪欲法の場合は $y_t = \hat{v}$ とする．ここで，文章中の t 番目の単語を予測する際に用いる確率分布が $\boldsymbol{o}_t = (o_{t,1}, \ldots, o_{t,|\mathbb{V}|})^\top$ のとき，語彙 $\mathbb{V}$ 中の k 番目の単語 $v_k \in \mathbb{V}$ に対する生成確率は $o_{t,k}$ である．つまり，$P(v_k \mid \widehat{\boldsymbol{Y}}_{a:t-1}) = o_{t,k}$ である．よって，ニューラル言語モデルでは，式 (5.10) の処理は以下の式により計算できる．

$$\hat{k} = \underset{k \in \{1,\ldots,|\mathbb{V}|\}}{\operatorname{argmax}} \; o_{t,k} \tag{5.21}$$

貪欲法の予測結果を y_t として，語彙 $\mathbb{V}$ 中の $\hat{k}$ 番目の単語が選ばれる．図 5.6 に，順伝播型ニューラル言語モデルの模式図を示す．

*10　$\boldsymbol{z}$ は第 4 章で $\boldsymbol{h}$ と表記していたものと同じである．ここで $\boldsymbol{z}$ に表記を変更したのは，本章で後述する系列変換モデルにおいて，エンコーダ側の特徴ベクトルを $\boldsymbol{h}$，デコーダ側の特徴ベクトルを $\boldsymbol{z}$ と使い分け，エンコーダまたはデコーダどちらの特徴ベクトルなのか一目で判断できるようにするためである．ここでは，言語モデルが系列変換モデルのデコーダに相当するため $\boldsymbol{z}$ を用いた．

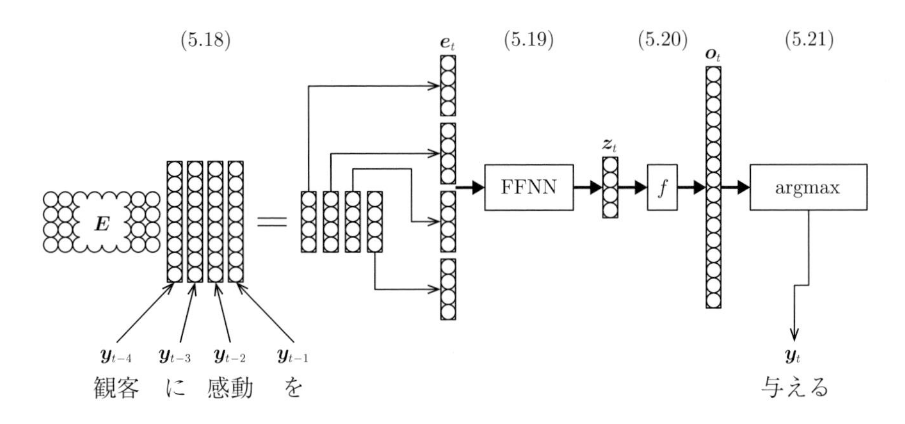

図 5.6 順伝播型ニューラル言語モデルの模式図

2. 再帰型ニューラル言語モデル

再帰型ニューラル言語モデルは，式 (4.4) で定義される再帰型ニューラルネットワークに基づいた言語モデルである．再帰型ニューラル言語モデルでは，前述のとおり 0 番目として BOS を用いるため，式 (4.4) をこの定義に合わせて微修正する．

$$\boldsymbol{z}_t = \begin{cases} \mathrm{RNN}(\boldsymbol{y}_{t-1}, \boldsymbol{z}_{t-1}) & (1 \leq t \leq T+1) \\ \mathbf{0} & (t < 1) \end{cases} \tag{5.22}$$

ここで，$\boldsymbol{z}_{t-1}$ は「$t-2$ 番目までに出現した単語を前方文脈として情報を保持するメモリ」に相当するベクトルである．

単語の予測は，順伝播型ニューラルネットワークと同様である．t 番目の単語を予測する際には $\boldsymbol{z}_t$ を用いて単語の確率分布を計算し，その分布に基づいて 5.3 節で述べた何かしらのサンプリング法を用いて t 番目の単語を選択する．このとき，単語の予測分布 $\boldsymbol{o}_t$ は，順伝播型ニューラルネットワークと同様に式 (5.20) を用いて算出し，また貪欲法により単語を決定する場合は，式 (5.21) を用いる．最終的に語彙 $\mathbb{V}$ 中の $\hat{k}$ 番目の単語が y_t として得られる．図 5.7 に，再帰型ニューラル言語モデルの模式図を示す．

順伝播型ニューラル言語モデルや n グラム言語モデルと比較して，再帰型ニューラル言語モデルが根本的に異なる点として，$t-2$ 番目までに出現したすべての単語の情報を前方文脈として保持するメモリ $\boldsymbol{z}_{t-1}$ と $t-1$ 番目の単語

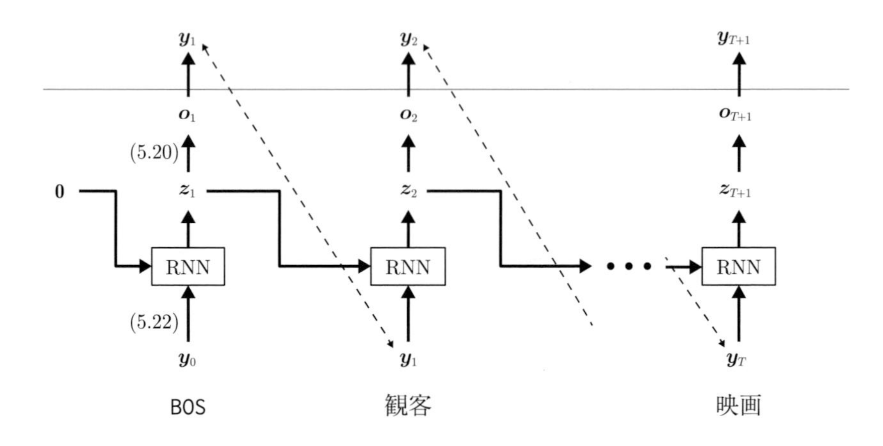

図 5.7　再帰型ニューラル言語モデルの模式図

$\boldsymbol{y}_{t-1}$ を入力として受け取り，t 番目の単語を予測することが挙げられる．よって，順伝播型ニューラル言語モデルや n グラム言語モデルのように，前方文脈として $n-1$ 個の単語のみで近似的に単語を予測するのではなく，前方に出現したすべての単語の情報を考慮して次の単語を予測できる．このことから，再帰型ニューラル言語モデルは，大きく離れた前方に出現した単語を手がかりとして単語を予測することも可能である．例えば，同じフレーズや表現を繰り返し使う文章の場合には，その効果が得られやすい．

5.6　系列変換モデル

本節では，与えられた文を別の文へ（与えられた文章から別の文章へ）変換するタスクを考える．その典型例である機械翻訳は，翻訳元の言語の文から翻訳先の言語の文へ，文の意味を保持したまま変換するタスクである．機械翻訳以外にも，以下に挙げるように自然言語処理のさまざまなタスクは文から文（文章から文章）への変換と見なせる．

- 対話（チャットボット）：相手の発言から自分の発言への変換
- 質問応答：質問文から回答文への変換

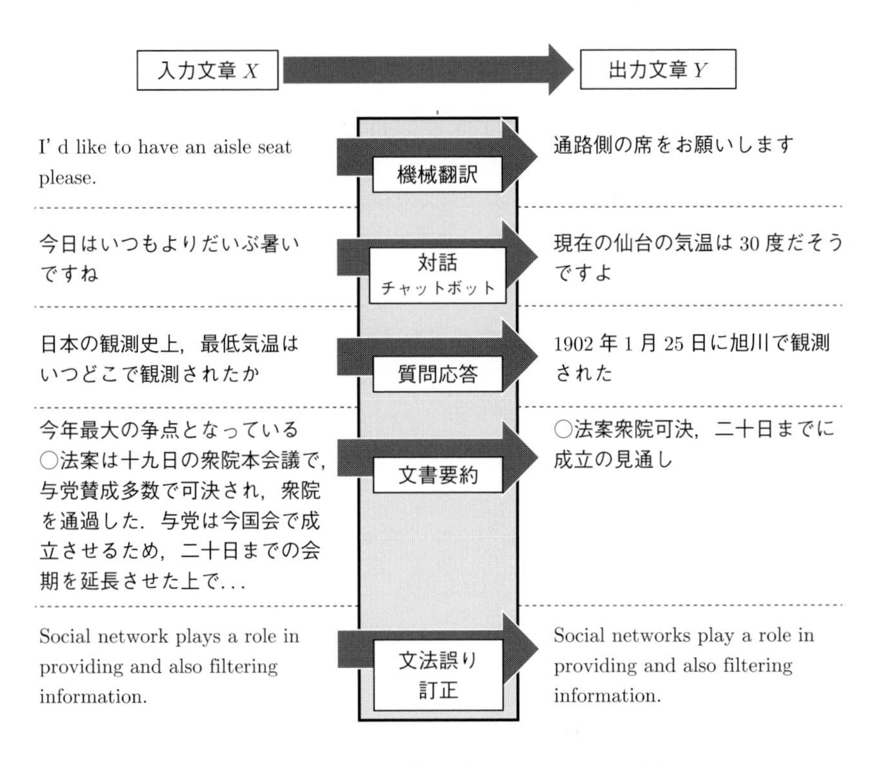

図 5.8　系列変換モデルを適用できるタスクの例

- 文書要約：元文書から要約文への変換
- 文法誤り訂正：文法的に誤りのある文から正しい文への変換
- 文章平易化：難しい表現からより一般的／簡易な表現の文への変換

図 5.8 に，系列変換モデル（seq2seq model）を適用できるタスクの例を示す．より抽象化すれば，これらのタスクは**系列**（sequence）（記号の列）から別の系列への変換と見なせる．

以降，系列変換モデルでは，入力系列を $\boldsymbol{X}$，出力系列を $\boldsymbol{Y}$ で表す．入力系列中の i 番目の単語を $\boldsymbol{x}_i$ とする．同様に，出力系列中の j 番目の単語を $\boldsymbol{y}_j$ とする．議論を簡単にするために，ここでは $\boldsymbol{x}_i$ と $\boldsymbol{y}_j$ はそれぞれワンホットベクトルであると仮定する．これらのワンホットベクトルは，対応する単語（記号）と一対一対応があるため，単語へ可逆変換が可能である．また，ワンホッ

トベクトルのサイズは語彙サイズに一致する．例えば，入力側の語彙を $\mathbb{V}^{(\mathrm{s})}$，出力側の語彙を $\mathbb{V}^{(\mathrm{t})}$ とする．このとき，すべての $i \in \{1, 2, \ldots, I\}$ に対して $\boldsymbol{x}_i \in \{0, 1\}^{|\mathbb{V}^{(\mathrm{s})}|}$，すべての $j \in \{1, 2, \ldots, J\}$ に対して $\boldsymbol{y}_j \in \{0, 1\}^{|\mathbb{V}^{(\mathrm{t})}|}$ となる．なお，I は入力文長，J は出力文長である．すると，

$$\text{入力文：}\quad \boldsymbol{X} = (\boldsymbol{x}_1, \ldots, \boldsymbol{x}_i, \ldots, \boldsymbol{x}_I) \tag{5.23}$$

$$\text{出力文：}\quad \boldsymbol{Y} = (\boldsymbol{y}_1, \ldots, \boldsymbol{y}_j, \ldots, \boldsymbol{y}_J) \tag{5.24}$$

と表記できる．このとき，5.2 節で述べたように，$\boldsymbol{y}_0$ に文頭を表す特殊単語 BOS に対応するワンホットベクトル $\boldsymbol{y}^{(\mathrm{BOS})}$ を追加する．同様に，$\boldsymbol{y}_{J+1}$ に文末を表す特殊単語 EOS に対応するワンホットベクトル $\boldsymbol{y}^{(\mathrm{EOS})}$ を追加する．また，便宜上，出力側の語彙 $\mathbb{V}^{(\mathrm{t})}$ には特殊単語 BOS や EOS などが含まれていると仮定する．

系列変換モデルはおおむね以下の三つの構成要素からなる．

- エンコーダ
- デコーダ
- 注意機構

ただし，デコーダと注意機構の処理は密接に関わっており，通常はデコーダの中で注意機構の処理がなされる．デコーダ部において単語の生成処理は注意機構の処理後になることから，以降の説明ではデコーダの説明から単語の生成処理部分を分割し，(1) エンコーダ，(2) デコーダ（ただし単語の生成処理を除く），(3) 注意機構，(4) 単語の生成処理，という 4 段階で説明する．図 5.9 に，系列変換モデルの構成要素に関する模式図を示す．

1．エンコーダ（符号化器）

エンコーダの役割は，入力文を読み込んで出力文を生成するために必要な情報を作成することである．エンコーダは基本的に第 4 章で説明したニューラルネットワークと同様に，入力文の各単語（の単語ベクトル）を受け取り，それをネットワークにより合成する処理である．エンコーダの出力は，基本的に $\boldsymbol{h}_i$ である．ここでは，入力文の i 番目の単語に対応するベクトル $\boldsymbol{h}_i$ を並べて行列表記にしたものを $\boldsymbol{H}$ と表記し，エンコーダが作成した特徴ベクトル列と

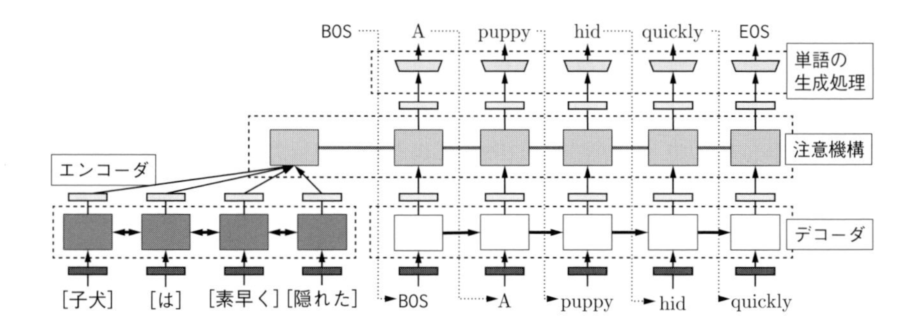

図 5.9 系列変換モデルの構成要素の模式図

呼ぶこととする．つまり，$\boldsymbol{H} = (\boldsymbol{h}_1, \ldots, \boldsymbol{h}_I)$ である*11.

例えばエンコーダに再帰型ニューラルネットワークを採用する場合，基本的に式 (4.4) を用いて $\boldsymbol{h}_i$ を獲得する*12．つまり，式 (4.4) や図 4.2 の説明そのものが，系列変換モデルのエンコーダの説明と等価である．このように，系列変換モデルという特殊なモデルも，構成要素ごとに切り出すと従来のニューラルネットワークと同じ処理をしていることに着目されたい．

2. デコーダ（復号化器）

系列変換モデルにおけるデコーダの役割は，エンコーダが作成した特徴ベクトルの列である $\boldsymbol{H}$ を受け取り，それを手がかりとして文章を生成することである．特徴ベクトル列 $\boldsymbol{H}$ の受け取り方や利用方法に関しては，特別な規定や制限はないが，次項で説明する注意機構を用いるのが一般的である．ここでは，特徴ベクトル列 $\boldsymbol{H}$ の具体的な利用方法は一旦抽象化し，デコーダの処理過程を説明する．

系列変換モデルのデコーダは，5.5 節で説明した言語モデルと同様に，文の先頭からデコーダの位置 j ごとに計算される単語の生成確率に基づき，1 単語ずつサンプリングして文章を生成する．各位置 j で単語をサンプリングする際に利用する確率分布も言語モデルと同じ要領で計算する．ただし，言語モデル

*11 エンコーダには BOS，EOS は使わないことが多い．また，第 4 章までの説明との整合性の観点からも，ここでは使わない設定で説明する．

*12 系列変換モデルのエンコーダでは位置（ステップ）の添字として t ではなく i を使用しているので，$\boldsymbol{h}_t$ ではなく $\boldsymbol{h}_i$ としている点に注意されたい．

は，式 (5.8) の $P(\boldsymbol{Y})$ でモデル化するが，系列変換モデルでは，$P(\boldsymbol{Y} \mid \boldsymbol{X})$ でモデル化するという違いがある*13．逆にいうと，言語モデルと系列変換モデルの数式上の違いはこれだけである．式 (5.8) で展開したのと同じ要領で，出力系列の各位置 j で $\boldsymbol{y}_j$ が生成される条件付き確率の積算の形に $P(\boldsymbol{Y} \mid \boldsymbol{X})$ を式変形できる．

$$P_{\boldsymbol{\theta}}(\boldsymbol{Y} \mid \boldsymbol{X}) = \prod_{j=1}^{J+1} P_{\boldsymbol{\theta}}(\boldsymbol{y}_j \mid \boldsymbol{Y}_{0:j-1}, \boldsymbol{X}) \tag{5.25}$$

$P_{\boldsymbol{\theta}}(\boldsymbol{y}_j \mid \boldsymbol{Y}_{0:j-1}, \boldsymbol{X})$ の計算には，エンコーダが $\boldsymbol{X}$ から生成した $\boldsymbol{H}$ と，既に生成された単語列 $\boldsymbol{Y}_{0:j-1}$ の情報が用いられる．例えば，デコーダとして再帰型ニューラル言語モデルを使う場合，5.5 節で説明した式 (5.22) を以下のように拡張する．

$$\boldsymbol{z}_j = \phi(\boldsymbol{z}'_j, \boldsymbol{H}) \tag{5.26}$$

$$\boldsymbol{z}'_j = \begin{cases} \mathrm{RNN}(\boldsymbol{y}_{j-1}, \boldsymbol{z}_{j-1}) & (1 \leq j \leq J+1) \\ \mathbf{0} & (j < 1) \end{cases} \tag{5.27}$$

ここで，関数 ϕ は，エンコーダが生成した特徴ベクトル列 $\boldsymbol{H}$ とデコーダが生成した各位置 j の $\boldsymbol{z}'_j$ を用いて，$\boldsymbol{y}_j$ を予測するために必要な特徴ベクトル $\boldsymbol{z}_j$ を作成する関数とする．関数 ϕ の定義としてはさまざまなものが考えられるが，その代表例は次項で説明する注意機構である．

3. 注意機構

系列変換モデルにおいて，エンコーダが作成した特徴ベクトル列 $\boldsymbol{H}$ をデコーダ側に受け渡す手法として**注意機構**（attention mechanism）がある．現状，系列変換モデルのエンコーダの情報をデコーダで効果的に利用する手法としては，注意機構ほぼ一択の状況である*14．

まず，説明の便宜上，行列に対するソフトマックス関数 softmax(·) を定義する．また，入力される行列は $I \times J$ 行列*15とする．行列に対するソフトマッ

*13　この関係性から，系列変換モデルを「条件付きニューラル言語モデル」と位置付けて，言語モデルの一種として扱う場合もある．

*14　注意機構自体は，例えば 6.2 節で解説する自己注意機構のように，さまざまな発展形や用途がある．ただ，本書では，具体例を用いることで理解が容易になると考え，系列変換モデルの構成要素に特化した形で注意機構を説明する．

*15　ベクトルは $I \times 1$ 行列と見なせるので，ここでの議論はベクトルでも同じである．

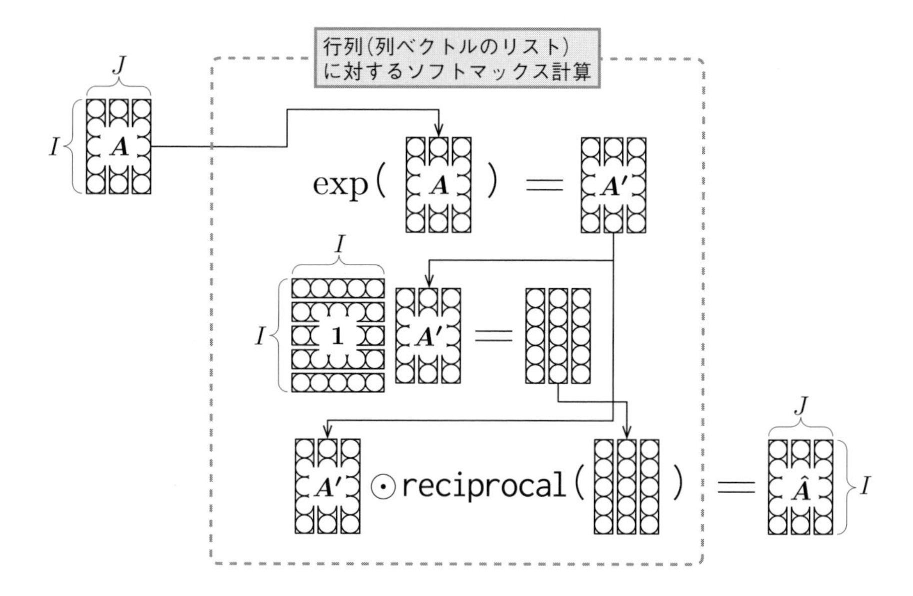

図 5.10 行列に対するソフトマックス関数の計算手順を可視化した模式図

クス関数 softmax(·) を次式で定義する*16.

$$\mathtt{softmax}(\boldsymbol{A}) = \boldsymbol{A}' \odot \mathtt{reciprocal}(\boldsymbol{1}\boldsymbol{A}') \tag{5.28}$$

$$\boldsymbol{A}' = \exp(\boldsymbol{A}) \tag{5.29}$$

ただし，$\boldsymbol{1}$ を要素がすべて 1 の $I \times I$ 行列とする．また，reciprocal(·) は入力された行列の各要素を逆数に変換する関数である．よって，この式が計算しているのは，行列の列方向で softmax をとったベクトルの列の並びである．行列に対するソフトマックス関数の計算手順の模式図を図 5.10 に示す．

この注意機構の説明では，参照先となる I 個のベクトルとそのベクトルを用いて再構築したいベクトルの 2 種類のベクトルがあることを仮定する．ここでは，参照先のベクトル列を $\boldsymbol{H} = (\boldsymbol{h}_1, \ldots, \boldsymbol{h}_I)$ とする．また，注意機構により再構築したいベクトルを $\boldsymbol{z}_j$ とする．ただし，すべてのベクトルのサイズは d とする．このとき，注意機構により再構築された d 次元ベクトルを $\hat{\boldsymbol{z}}_j$ とする

*16 ソフトマックスの実際の計算では，さらに複雑な式変換を施した式に基づき，効率的，かつロバストに計算する．ここでは，数式的なわかりやすさを優先した定義を用いた．

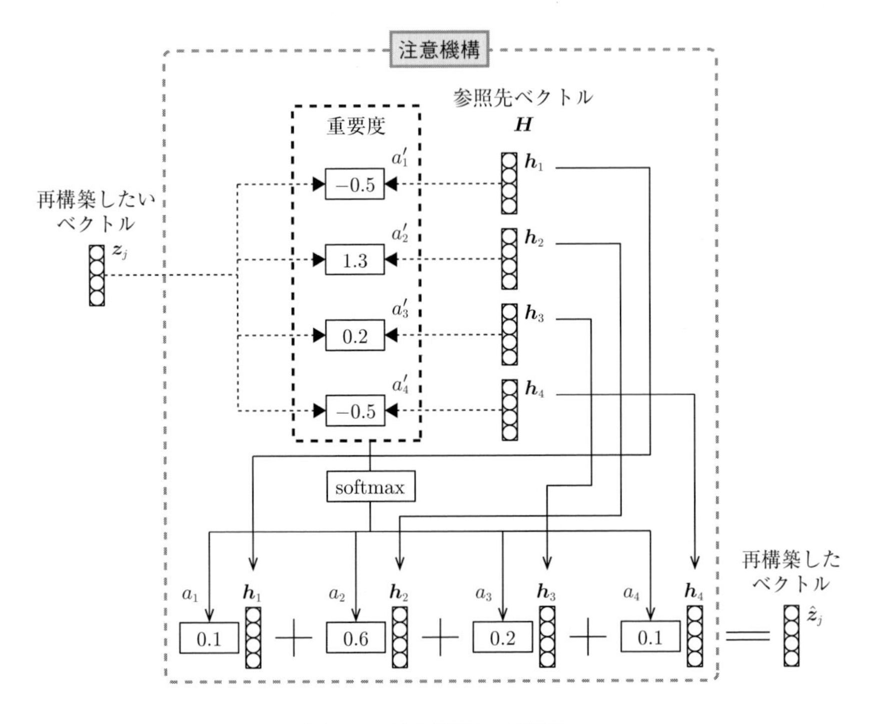

図 5.11　注意機構の計算手順

と，注意機構は以下の式に基づいて $\hat{\boldsymbol{z}}_j$ を計算する．

$$\hat{\boldsymbol{z}}_j = \boldsymbol{H}\boldsymbol{a} \tag{5.30}$$

$$\boldsymbol{a} = \mathtt{softmax}(\boldsymbol{a}') \tag{5.31}$$

$$\boldsymbol{a}' = \boldsymbol{H}^\top \boldsymbol{z}_j \tag{5.32}$$

ここで，$\boldsymbol{a}$ および $\boldsymbol{a}'$ は I 次元ベクトルである．

上記各式で計算している内容は次のとおりである．図 5.11 に注意機構の計算手順の模式図を示す．式 (5.32) は，再構築したいベクトル $\boldsymbol{z}_j$ と $\boldsymbol{H}$ 内の各列ベクトルとの内積の値を計算することに相当する．その結果がベクトル $\boldsymbol{a}'$ の各要素に入る．この計算は，$\boldsymbol{z}_j$ と $\boldsymbol{H}$ 内の各列ベクトル $\boldsymbol{h}_i$ の間で，内積に基づく重要度を計算していると捉えることができる．つまり，$\boldsymbol{h}_i^\top \boldsymbol{z}_j$ の値が大きいほど $\boldsymbol{h}_i$ の重要度が高いと考える．式 (5.31) は，$\boldsymbol{a}'$ に対してソフトマックスを計算した結果を $\boldsymbol{a}$ に格納している．最後に，式 (5.30) は $\boldsymbol{H}$ の各列ベクトルに $\boldsymbol{a}$ の要素をかけて加えたベクトルを求めている．つまり，式 (5.30) は以下の式と等価である．

$$\hat{\boldsymbol{z}}_j = \sum_{i=1}^{I} a_i \boldsymbol{h}_i \tag{5.33}$$

ただし，$\boldsymbol{a} = (a_1, \ldots, a_I)^\top$ である．つまり，式 (5.30) は $\boldsymbol{H}$ 内の I 個のベクトル $\boldsymbol{h}_i$ の重み a_i による重み付き和を計算している．また別の観点では，$\boldsymbol{a}$ の全要素の合計は 1 であり，すべての $i \in \{1, \ldots, I\}$ に対して $a_i \in [0, 1]$ という条件が満たされることから，a_i は対応する参照先 $\boldsymbol{h}_i$ が選ばれる確率と解釈することもできる．ゆえに，$\hat{\boldsymbol{z}}_j$ は $\{a_1, \ldots, a_I\}$ の分布における $\boldsymbol{H} = (\boldsymbol{h}_1, \ldots, \boldsymbol{h}_I)$ の期待値 $\mathbb{E}_{\boldsymbol{a}}[\boldsymbol{H}]$ と解釈することもできる．極端な例として，例えば $a_i = 1$ のように一つの a_i が 1 となる場合，$\forall i : i' \neq i$ に関して $a_{i'} = 0$ であるため，$\hat{\boldsymbol{z}}_j = \boldsymbol{h}_i$ となる．逆に，a_i が一様分布，すなわち $\forall i : a_i = 1/I$ となる場合，$\hat{\boldsymbol{z}}_j = \frac{1}{I}\sum_{i=1}^{I} \boldsymbol{h}_i$ であるため，$\hat{\boldsymbol{z}}_j$ は $\boldsymbol{h}_1, \ldots, \boldsymbol{h}_I$ の平均ベクトルとなる．

このように，注意機構は参照先となる I 個のベクトル $\boldsymbol{h}_i$ の中から再構成対象のベクトル $\boldsymbol{z}_j$ の観点で重要と思われるベクトルを選別する処理である．また，逆に重要度に全く差がない場合は，参照先のベクトルの平均をとる処理と解釈できる．a_i の値が各ベクトル $\boldsymbol{h}_i$ にどれだけ「注意」して混ぜ合わせるべきかを表しており，これが「注意機構」と呼ばれる所以である．

また，系列変換モデルで用いるときは，デコーダの全位置 $j \in \{0, \ldots, J\}$ において，エンコーダ側の特徴ベクトル列 $\boldsymbol{H} = (\boldsymbol{h}_1, \ldots, \boldsymbol{h}_I)$ を参照先，その位置のベクトル $\boldsymbol{z}_j$ を再構成対象として注意機構の計算を行い，$\hat{\boldsymbol{z}}_j$ を得る．このことから，エンコーダ側の特徴ベクトル列 $\boldsymbol{H} = (\boldsymbol{h}_1, \ldots, \boldsymbol{h}_I)$ をデータベース，デコーダの各位置 j における $\boldsymbol{z}_j$ をクエリと見なし，注意機構をデータベースへの問合せになぞらえて説明することもある．いずれにしても，注意機構はデコーダ側で合成した情報（ベクトル）に基づき，エンコーダ側から情報を取得し，デコーダの出力を選択する手がかりとして利用される．

最後に，簡単な拡張について触れておく．ここまで最も単純な注意機構を説明したが，重要度を計算するベクトルと重み付き平均を計算するベクトルを独立に用意する手法が使われることが多い．その一つの例が，6.3 節で説明する QKV 注意機構である．また，重要度の計算に関しても，式 (5.32) のように内積ではなく，以下に示すような式を用いる場合もある．

$$\boldsymbol{a}' = \boldsymbol{H}^\top \boldsymbol{W}_1 \boldsymbol{z}_j \tag{5.34}$$

$$\boldsymbol{a}' = \tanh\left(\boldsymbol{H}^\top \boldsymbol{W}_2 + \boldsymbol{1}\boldsymbol{z}_j^\top \boldsymbol{W}_3\right) \boldsymbol{v} \tag{5.35}$$

ただし，$\boldsymbol{W}_1, \boldsymbol{W}_2, \boldsymbol{W}_3 \in \mathbb{R}^{d \times d}, \boldsymbol{v} \in \mathbb{R}^d$ はモデルのパラメータである．また，$\boldsymbol{1}$ は，すべての要素が 1 である I 次元ベクトルである．

4．単語の生成処理

注意機構の計算（式 (5.30)〜(5.32)）で取得した $\hat{\boldsymbol{z}}_j$ を用いて，最終的に j 番目の単語を予測する．$\hat{\boldsymbol{z}}_j$ から単語を予測する処理に関しては，入力として $\boldsymbol{z}_j$ ではなく $\hat{\boldsymbol{z}}_j$ を用いる点を除き，順伝播型および再帰型ニューラル言語モデルと完全に同じ方法を用いると考えてよい*17．よって，単語の予測分布 $\boldsymbol{o}_j$ は，順伝播型および再帰型ニューラルネットワークと同様に式 (5.20) を用いて算出し，また貪欲法により単語を決定する場合は，式 (5.21) を用いる．最終的に，語彙 $\mathbb{V}$ 中の $\hat{k}$ 番目の単語を予測された単語 y_i とする．この処理を $j = 0$ から順番に EOS が予測されるまで繰り返すことで，文章を生成する．

発展として，$\boldsymbol{z}_j$ と $\hat{\boldsymbol{z}}_j$ を連結した $2d$ 次元ベクトル

$$\hat{\boldsymbol{z}}'_j = (z_{j,1}, \ldots, z_{j,d}, \hat{z}_{j,1}, \ldots, \hat{z}_{j,d})^\top \tag{5.36}$$

を用意し，式 (5.20) の入力として $\hat{\boldsymbol{z}}_j$ の代わりに $\hat{\boldsymbol{z}}'_j$ を用いる方法が考えられる．これは，j 番目の単語を予測する際にエンコーダ側の情報があまり有用ではなく，デコーダ側の情報 $\boldsymbol{z}_j$ だけで十分な場合に，$\boldsymbol{z}_j$ を優先的に使いたいときに効果を発揮する．例えば，日本語から英語へ翻訳において，英語の冠詞などは日本語の情報から予測するのが困難であり，英語の前方文脈から冠詞を入れるかどうかを予測したい場合などが考えられる．

系列変換モデルは一見すると難しい計算をしているように見える．しかし，本節で示したように，エンコーダ，デコーダ，注意機構，生成部と分けて考えることで，前章と本章でこれまで説明してきた概念や手法ですべて説明可能であることがわかるであろう．また，ニューラル言語モデルと対比することで，

*17　系列変換モデルでは，エンコーダとデコーダがあるため，それぞれの位置を i と j で表している．順伝播型および再帰型ニューラルネットワークでは t を用いていたので，その部分が対象に応じて変更されていることに注意されたい．

系列変換モデルは単なる条件付き言語モデルといえる．これらのことから，系列変換モデルを何か特別なものと考える必要はなく，ニューラル言語モデルのちょっとした拡張，という理解でよい．

5.7　言語モデルの評価：パープレキシティ

言語モデルおよび系列変換モデルの評価指標として**パープレキシティ**（perplexity; PPL）が使われることが多い．また，昨今よく利用される言語モデルや系列変換モデルを扱うツールなどで，モデルがどのぐらいよく学習されているかを比較する指標として，パープレキシティが説明なく登場することがある．言語モデルや系列変換モデルに関連する用語として理解しておきたい．

5.6 節で説明したとおり，系列変換モデルは条件付き言語モデルであり，言語モデルと同じ要領でパープレキシティを計算できる．説明を簡潔にするため，対象を言語モデルに絞る．

直感的に理解しやすいように，機械学習モデルの一般的な性能評価と同じ要領で，評価データ上の正解とモデルの予測との一致度に基づき，言語モデルの性能を評価する状況を考える．このとき，言語モデルのテストデータは N 個の事例で構成されるとする．ただし，各文章から任意に一つ選出した単語を「予測対象の単語」とし，その予測対象の単語より前方にある単語列を「予測対象の単語の文脈」と呼ぶこととする．i 番目の予測対象の単語を $y^{(i)}$，その文脈を $\boldsymbol{Y}^{(i)}$ と表記すると，テストデータ $\mathcal{D}$ は，$\mathcal{D}=\{(\boldsymbol{Y}^{(i)}, y^{(i)})\}_{i=1}^{N}$ と表記できる．具体的な例として，「観客 に 感動 を 与える 映画」という文章に対して，予測対象の単語として「与える」が選択された場合，予測対象の単語の文脈は「観客 に 感動 を」である．同様に，予測対象の単語として「を」が選択された場合，予測対象の単語の文脈は「観客 に 感動」となる．

パープレキシティは，評価データでの観測に基づく経験確率と言語モデルが計算する予測確率と間の交差エントロピー（クロスエントロピー）の別表現である．ここで，評価データの文脈 $\boldsymbol{Y}^{(i)}$ が与えられた時の予測対象の単語 $y^{(i)}$ の経験確率を $\tilde{P}\left(y^{(i)} \mid \boldsymbol{Y}^{(i)}\right)$ で表す．同様に，言語モデルから計算される文脈 $\boldsymbol{Y}^{(i)}$ が与えられたときの予測対象の単語 $y^{(i)}$ の生成確率を $P\left(y^{(i)} \mid \boldsymbol{Y}^{(i)}\right)$ とする．このとき，評価データ $\mathcal{D}$ に対するパープレキシティ P_{ppl} は次式で計算する．

$$P_{\mathrm{ppl}} = b^{H}, \tag{5.37}$$

$$H = \frac{1}{N}\sum_{i=1}^{N} H_i, \quad H_i = -\sum_{y\in\mathbb{V}} \tilde{P}\left(y \mid \boldsymbol{Y}^{(i)}\right) \log_b\left(P\left(y \mid \boldsymbol{Y}^{(i)}\right)\right) \tag{5.38}$$

ただし，パープレキシティでは $b = 2$ または $b = e$ が用いられる．H_i は i 番目の経験分布と言語モデル間の交差エントロピーである．H は H_i の総和を評価データの事例数 N で割っているので，評価データ全体に対する平均交差エントロピーである．

ここで，評価データから計算される条件付き確率 $\tilde{P}$ は経験確率であるので，観測された単語は確率が 1 となり，それ以外の単語は確率が 0 となる特殊な確率モデルと見なせる．つまり，$y = y^{(i)}$ のとき，$\tilde{P}\left(y \mid \boldsymbol{Y}^{(i)}\right) = 1$ であり，$y \neq y^{(i)}$ のとき $\tilde{P}\left(y \mid \boldsymbol{Y}^{(i)}\right) = 0$ である．したがって，式 (5.38) は次のようにシンプルに書くことができる．

$$H_i = -\log_b\left(P\left(y^{(i)} \mid \boldsymbol{Y}^{(i)}\right)\right) \tag{5.39}$$

実際のパープレキシティの計算では，計算が簡単な式 (5.39) が使われる．

パープレキシティの解釈は以下のとおりである．まず，$\tilde{P}\left(y^{(i)} \mid \boldsymbol{Y}^{(i)}\right)$ および $P\left(y^{(i)} \mid \boldsymbol{Y}^{(i)}\right)$ は確率値なので，値域は $[0,1]$ である．$P\left(y^{(i)} \mid \boldsymbol{Y}^{(i)}\right)$ の対数 (log) の値域は $(-\infty, 0]$ なので必ず負の値である．ただし，H の右辺には負号が付いているので，最終的に H は非負の値（0 以上の値）になる．このことから，H は確率 $P\left(y^{(i)} \mid \boldsymbol{Y}^{(i)}\right)$ が 0 に近いほど大きな正の値となり，確率が 1 に近ければ 0 に近づく．つまりパープレキシティ P_{ppl} とは，モデルが予測対象の単語を高い確率で推定していると 1 に近づき，予測がうまくいかない度合いに応じて大きな値をとる指標である．

次に，クロスエントロピーの別表現を敢えて用いる理由を説明したい．もし，評価データの事例が一つの場合（$N = 1$），式 (5.37) と式 (5.39) を合わせた式は，以下の式に変形できる．

$$P_{\mathrm{ppl}} = \frac{1}{P\left(y^{(i)} \mid \boldsymbol{Y}^{(i)}\right)} \tag{5.40}$$

右辺は確率 P の逆数なので，この式の意味するところは，一つの評価事例に対しておよそいくつの選択肢が存在するかに対応する．例えば，$P = 0.1$ であれば単語の選択肢が約 10 個ある中から一つを選ぶことに相当する性能の言語モデルとなる．

ここまでは，説明を明確にするために，機械学習モデルの性能を一般的に評価する要領で N 個の評価事例を仮定した．しかし，実際の言語モデルの評価では，N 件の文からなる評価データを用いるのが基本である．この場合，評価データは $\mathcal{D} = \{\boldsymbol{Y}^{(i)}\}_{i=1}^{N}$ であり，この評価データに対するパープレキシティは，式 (5.37) 中の H を次式に置き換えて計算する．

$$H = -\frac{1}{\sum_{i=1}^{N}(T^{(i)}+1)} \sum_{i=1}^{N} \sum_{t=1}^{T^{(i)}+1} \log_b \left(P \left(y_t^{(i)} \mid \boldsymbol{Y}_{0:t-1}^{(i)} \right) \right) \tag{5.41}$$

ただし，$T^{(i)}$ は i 番目の文の長さ（単語数）とする．式 (5.37) と式 (5.41) は評価データの設定が違うため見た目は違うが，本質的には同じ計算である．

5.8 未知語問題への対応

ニューラル言語モデル，および系列変換モデルに基づく文章生成における課題として語彙サイズの設定がある．単語の種類数は数えるのが困難なほど膨大であり，日々新語が生み出されることを考えると事実上無限ともいえる．

ニューラル言語モデルでは語彙サイズを無限と仮定できないので，何かしらの基準で語彙を限定し，その語彙に含まれる単語のみを生成の対象とする．しかし，そのような制限を導入すると，その語彙に含まれない単語は予測対象にならないため，未知語という扱いになる．生成できない単語があるのは文章の生成品質を著しく劣化させる可能性があるため，言語生成の応用において未知語問題は主要な課題である．

単純な戦略として，なるべく未知語が発生しないように語彙サイズを大きくするという方法が考えられる．しかし，この戦略はあまり得策ではなく，計算量が大きくなりすぎ，モデルの学習や評価が現実的な速度で行えなくなる．また，語彙サイズが多くなるということは，単語予測問題がより難しくなることを意味する．よって，不用意に低頻度の語彙を増やしても，言語モデルの性能を低下させることにつながりかねない．さらに，イベント名や商品名など時間とともに新語が生まれるので，未知語を完全になくすことは本質的に不可能である．自然言語処理の応用タスクにおいて，未知語処理は共通課題であり，未知語の取扱いは古くからの研究課題である．これは，深層ニューラルネットワークがはやっている現在においても解決されていない．むしろ深層ニューラルネットワークは未知語の影響を大きく受けるので，未知語問題への対処は重要課題といえる．

未知語処理の最も単純な方法は，未知語と判定されたものを，何かしらの後処理によって既知語に置き換えることである．例えば，未知語部分は一旦⟨UNK⟩のような特殊トークンを出力しておき，その部分を辞書などのルールに基づいて既知語に置き換える．

1．文字単位の処理

未知語問題への対処として，処理単位を「単語」から「文字」に変更することが考えられる．処理単位を文字とすることでさまざまなメリットがある．例えば，ある言語で使われる文字集合は事前に把握でき，かつ増えることはないという仮定を置いても，それほど無理ではない*18．しかも，例えば日本語の場合，文字であれば学習データに出現する異なり文字数は多くても数千文字程度である．よって，言語モデルで個々の文字を予測する処理は，候補の数（語彙サイズ）の観点からは問題が簡単になる．さらに，計算機上で文章を文字単位に分割するのは容易であり，かつ誰がどの環境で実行しても同じ結果を得やすく，再現性が高い手法といえる．

一方で，処理の単位を文字単位にすることのデメリットは，個々の文字予測問題が簡単になっても，一文あたりの予測の回数が単語単位のときと比べて圧倒的に多くなるため，全体として予測誤りが多くなる点である．このトレードオフの見極めはまだ明確ではないが，現時点では文字単位の処理のほうが性能面で統計的に有意に良いという結果は得られていない（個々の論文では文字単位のほうがよいものは当然ある）．

処理の単位を文字にするというアイディアをさらに推し進めて，マルチバイト文字を用いる言語にも対応できるように，処理単位を「文字」よりも更に小

*18　現実的には新語同様，新文字も絶対にないとは言い切れない．しかし，単語などと比較して新文字の出現の可能性は極めて低い．

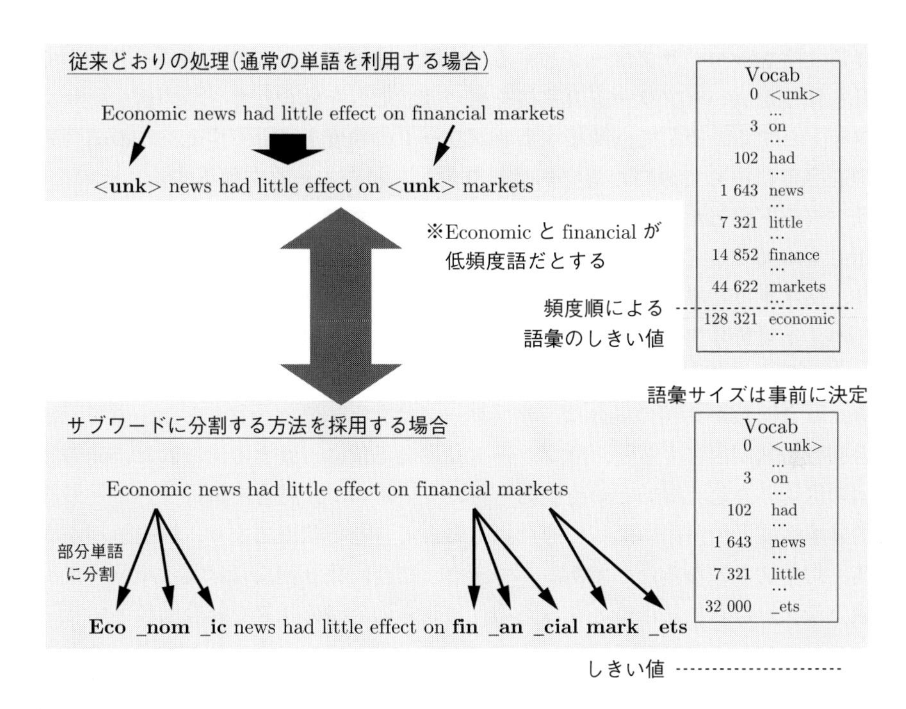

図 5.12 単語単位で処理する場合と部分単語（サブワード）単位で処理する場合の違い

さい「バイト」にするという手法も提案されている．

2. 部分単語（サブワード）単位の処理

先ほど説明した文字単位はあまりにも細かすぎるので，文字単位と単語単位の中間に相当する手法として，**部分単語**または**サブワード**（subword）を用いる方法が提案されている．サブワードは事前に存在する規則やルールにより一意に決めることはできない．つまり，サブワードの決め方を定義する必要があり，その定義は 1 通りではなくさまざまな手法が考えられる．サブワードの決定方法の中で現在最も有名なものが**バイト対符号化**（byte-pair encoding; BPE）である．

図 5.13 に BPE を用いてサブワードを構築する手順の例を示す．まず初めに，与えられたデータを一旦すべて文字単位のデータと見なす．つまり，あら

ゆる文字を一つのサブワードとする．次に，連接する二つのサブワードの中で最も頻度が高いサブワードの連接を見つけ，それを結合して一つの新しいサブワードとする．そして，隣接するサブワードの頻度を再計算する．この結合処理を事前に決めておいた規定回数繰り返し，結合ルールを獲得する．その後，サブワード化したい文章に対して，獲得された結合ルールを先頭から順番に適用していくと，そのルールに則ったサブワード列が得られる．この方法により，文字単位と単語単位の中間くらいの丁度よい粒度の語彙を獲得できる．

バイト対符号化により得られるサブワードには面白い性質がある．結合ルールを取得する際に，元の単語の区切り以上は結合しないこととする．このとき，結合回数が0回の場合は，サブワードは文字単位と一致する．一方で，結合回数を無制限にすると，サブワードは単語単位に一致する．これは，元の単語の区切りを超えないという制約を付けているので，結合を続けていると最終的にすべて元の単語に戻ってそれ以上結合できない状態になり，構築処理が事実上打ち切りになるためである．つまり，結合回数0回ならば文字単位，無制限（最大）なら単語単位となるため，これらの二つの状態を結合回数という一つのパラメータで結び付けている．よって，最も適切と思われる結合回数を選択することができれば，処理時間や計算リソース，タスクにおける性能などの観点において文字単位や単語単位よりも良い結果が得られる．

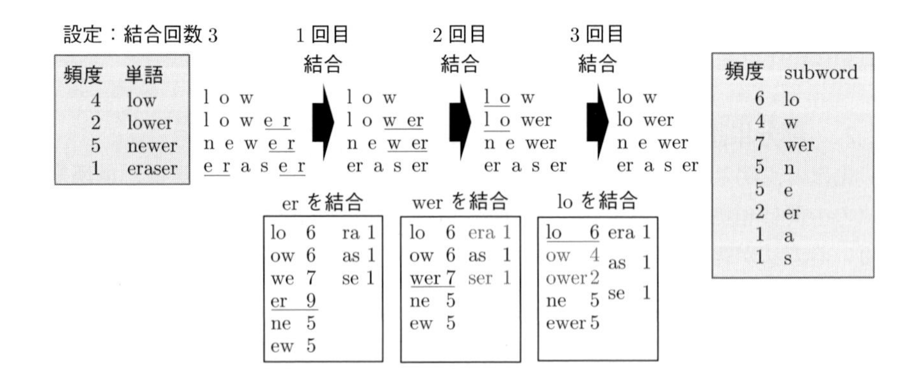

図 5.13　部分単語（サブワード）の計算手順

演習問題

問 1　n グラム言語モデルと再帰型ニューラル言語モデルを比較して，それぞれが優れている点を挙げよ．

問 2　系列変換モデルの大きく分けて四つの部分に分割できる．それらを挙げ，それぞれ役割を説明せよ．

問 3　四つの 2 次元ベクトルがある．

$$
\begin{aligned}
\boldsymbol{h}_1 &= (\ \ 1.0, -0.2)^\top \\
\boldsymbol{h}_2 &= (\ \ 0.2, \ \ 2.2)^\top \\
\boldsymbol{h}_3 &= (-0.8, \ \ 1.2)^\top \\
\boldsymbol{h}_4 &= (\ \ 0.2, \ \ 0.5)^\top
\end{aligned}
$$

これらのベクトルのリストに対して，$\boldsymbol{z}_1 = (0.1, -0.3)^\top$，および，$\boldsymbol{z}_2 = (-0.8, 1.2)^\top$ が与えられた際の注意機構を式 (5.30)～(5.32) に従って計算し，$\hat{\boldsymbol{z}}_1$ および $\hat{\boldsymbol{z}}_2$ を求めよ．

第6章

Transformer

本章では，前章で説明した言語モデル・系列変換モデルの最重要アーキテクチャの一つであるTransformerを紹介する．Transformerは次章で紹介する事前学習済みモデルの中で最もよく用いられるモデルである．

6.1 Transformerの歴史的背景

Transformerは，2017年に提案された深層ニューラルネットワークの一つである．当初は，主にニューラル機械翻訳のモデルとして提案された*1．その後，2018年に事前学習モデルの代表作として挙げられるBERTのモデル構造として採用され，利用場面が爆発的に増えた．実際，2022年において利用されている事前学習済みモデル（第7章）のほぼすべてで，Transformerが基盤のモデル構造として採用されている*2．多くの自然言語処理タスクにおいて，事前学習済みモデルに基づく手法が主流となっていることから，Transformerは現在の自然言語処理において欠かせない存在である．

さらに，Transformerは音声認識や画像処理などの分野でも広く用いられるモデルであり，メディア処理全般の共通基盤技術となっている．さまざまな情

*1 NeurIPS 2017に採録された論文[116)]では，Transformerの性能を機械翻訳で評価している，一方，arXiv版では機械翻訳の実験に加えて，言語モデルと構文解析の簡単な実験結果が含まれている．本書はNeurIPS版に準拠する．
*2 ただし，詳細なモデル構造や学習法などは多くの亜種が用いられている．

報処理タスクに転用できる技術であるため，2022 年時点では「Transformer を使いこなせれば，大抵のメディア処理ができる」と言っても過言ではない．このことからも，Transformer はしっかり学んでおくべき技術である．

Transformer は多くの構成要素から成り立っている技術の複合体である．しかし，モデル自体はシンプルな設計になっている．ただ，どのようにして現在のモデル構成に至ったのか，その背景を理解するのは容易ではない．実際には，多くの実験により得られた知見に基づいて決定されている．原論文[116)]のタイトルは “Attention is All you Need” であり，注意機構（attention）が最も重要な構成要素であるというメッセージが込められている．実際に，主要な構成要素は注意機構と見なすこともできる．しかし，Transformer の高い性能は，主要な構成要素を注意機構としたことのみにより実現されたわけではなく，注意機構以外にも多くの技術や知見を組み合わせた結果であることを認識しておく必要がある．したがって，各構成要素の中身と役割をよく理解する必要がある．そこでまずは，Transformer の主要な構成要素である自己注意機構について述べ，次に，Transformer の構成要素をさらに分解し，それぞれの要素技術を説明する．

6.2　自己注意機構（セルフアテンション）

Transformer を提案した原論文[116)]のタイトルからも推察されるように，Transformer においては注意機構が重要な役割を占める．ここでは，Transformer 全体の説明の前に，Transformer の主要な構成要素であり，注意機構の特殊化に相当する**自己注意機構**または**セルフアテンション**（self-attention）について説明する．

5.6 節で説明した注意機構は，系列変換モデルのエンコーダの情報をデコーダへ橋渡しする役割を果たしていた．これに対し，自己注意機構では，情報の受け渡し元と受け渡し先が同じである．5.6 節で述べたとおり，注意機構は，参照先として利用する特徴ベクトル列と再構築したいベクトルの二つを受け取り，最終的に一つのベクトルを返す関数である．このとき，この関数に与える「参照先として利用する特徴ベクトルのリスト」と「再構築したいベクトル」を同じ情報源とするのが，自己注意機構である．

自己注意機構はエンコーダとデコーダの両方で用いられるが，まずエンコーダ側の自己注意機構を数式で説明する．エンコーダの特徴ベクトルの列を $\boldsymbol{H} = (\boldsymbol{h}_1, \ldots, \boldsymbol{h}_I)$，再構築したいベクトルを $\boldsymbol{h}_i$，再構築されたベクトルを $\hat{\boldsymbol{h}}_i$ と書くことにすると，自己注意機構は次式で表される．

$$\hat{\boldsymbol{h}}_i = \boldsymbol{H}\boldsymbol{a} \tag{6.1}$$

$$\boldsymbol{a} = \mathsf{softmax}(\boldsymbol{a}') \tag{6.2}$$

$$\boldsymbol{a}' = \boldsymbol{H}^\top \boldsymbol{h}_i \tag{6.3}$$

5.6 節で説明されている一連の数式との違いは，$\boldsymbol{z}_j$ と $\hat{\boldsymbol{z}}_j$ がそれぞれ $\boldsymbol{h}_i$ と $\hat{\boldsymbol{h}}_i$ に置き換わっただけである．これは，エンコーダとデコーダ間の注意機構を計算する際は，デコーダ側の特徴ベクトル $\boldsymbol{z}_j$ を再構成対象（クエリ）とし，エンコーダ側の特徴ベクトル列 $\boldsymbol{H}$ から特徴ベクトルを再構築するが，自己注意機構では，エンコーダ側の参照先 $\boldsymbol{H}$ に含まれる $\boldsymbol{h}_i$ をクエリとして用いる（$\boldsymbol{H}$ の i 列目が $\boldsymbol{h}_i$ である）．なお，デコーダ側の自己注意機構の場合は，式 (6.1)〜(6.3) において，$\boldsymbol{H}, \boldsymbol{h}_i, \hat{\boldsymbol{h}}_i$ の代わりに $\boldsymbol{Z}, \boldsymbol{z}_j, \hat{\boldsymbol{z}}_j$ を用いればよい．

RNN や LSTM では，ある位置のベクトルの合成に最も関与できるのは，その直前の位置のベクトルであった．これに対し，ある位置のベクトルを自己注意機構で合成する場合，重み $\boldsymbol{a}$ に応じて離れた位置のベクトルでも合成に直接関与できる．このように，自己注意機構の核心は，あるベクトルの集合において，集合内の情報を相互に参照しながら新しい特徴ベクトルを構築することにある．ただし，式 (6.3) では，参照先の $\boldsymbol{H}$ の中に全く同じベクトルを含むため，同一のベクトル間の内積（関連性）の値が他のベクトルと比べて相対的に大きくなる傾向にあることに注意が必要である．つまり，自分自身との内積の値がとても大きく，他のベクトルとの内積が小さい場合，自分自身の重みが 1 となり，結局 $\hat{\boldsymbol{h}}_i = \boldsymbol{h}_i$ となってしまい，自己注意機構の意義が失われる．こういった問題を回避するために，次節で説明する QKV 注意機構を活用することで，自分自身を参照先に含むような注意機構を効果的に実現している．

6.3 Transformerの構成要素

"Transformer"という用語は，人によって想定しているものが微妙に違う場合があるため注意が必要である．Transformerが，もともと機械翻訳用に考案されたモデルのため，系列変換モデルの形式を指すと考えるのが自然であるが，事前学習済みモデルや言語モデルとして利用される場面のほうが注目されるようになり，系列変換モデルでのエンコーダ部分またはデコーダ部分のみを利用することが一般化した．したがって，単にTransformerに言及した場合に，系列変換モデル，系列変換モデルのエンコーダ部分，系列変換モデルのデコーダ部分の3種類のいずれか，もしくは全部を指す可能性がある．

本章では，どの部分の議論かを明確にするために，エンコーダとデコーダを合わせた系列変換モデルの形式のTransformerを"Transformer"と呼び*3，エンコーダの部分のみを指して「Transformer（エンコーダ）」，デコーダの部分のみを指して「Transformer（デコーダ）」と表記し，使い分ける*4．また，特に区別する必要がない場合も，総称としてTransformerと記載する．例えば，7.3節で説明するBERTはTransformer（エンコーダ），7.2節で説明するGPTはTransformer（デコーダ）を利用している．

図6.1にTransformerの全体構成図を示す．図からわかるように，以下の6点がTransformerを構成する主たる要素である．

1. QKV 注意機構（QKV attention）
2. マルチヘッド注意機構（multi-head attention）
3. フィードフォワード層（feedforward layer）
4. 位置符号（positional encoding）
5. 残差結合（residual connection）
6. 層正規化（layer normalization）

まず，エンコーダおよびデコーダともに入力単語を埋込みベクトルに変換し，それに位置符号を加えたものを入力と考える．その後の処理は特定の構成要素の繰返しとなる．具体的には，エンコーダは，1:マルチヘッド注意機

*3 原論文[116]に合わせて系列変換モデルをTransformerの基本と考えるため．
*4 Transformer（エンコーダ）やTransformer（デコーダ）を指してTransformerと呼ぶことも一般的なので，議論の際などに，具体的に3種類のどれを指しているか明確にしないと，議論がかみ合わないことがあり得るので注意が必要である．

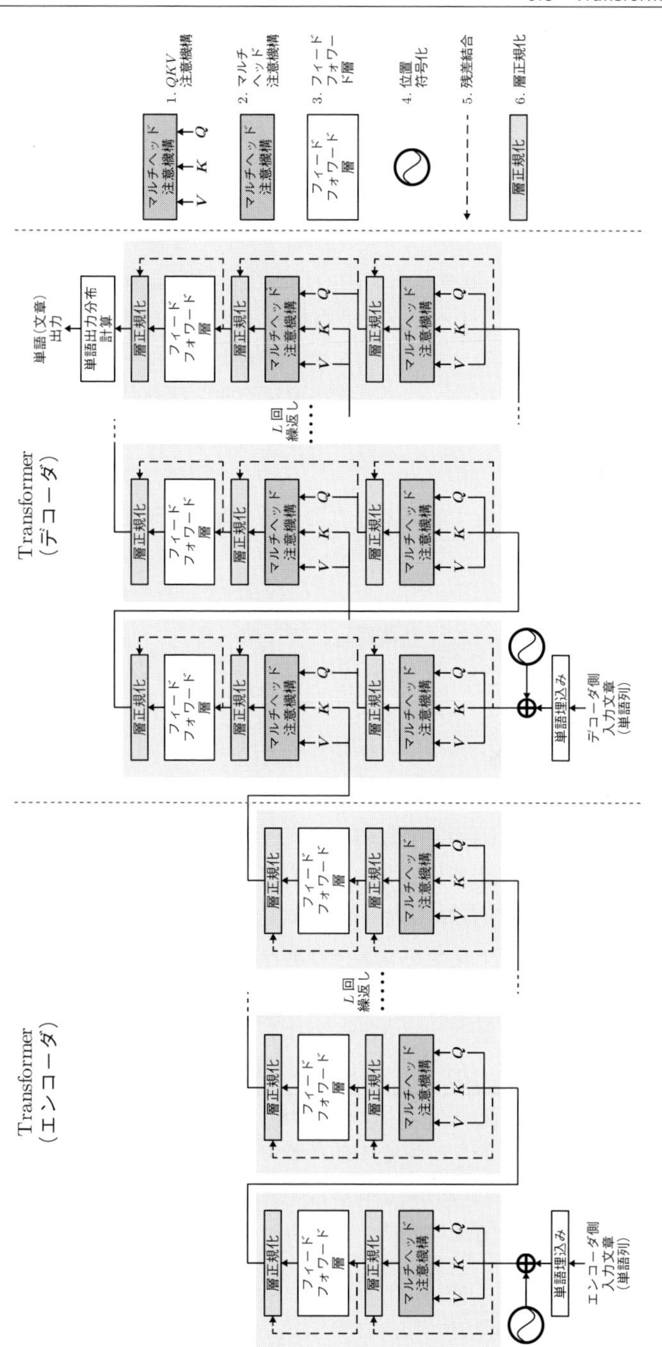

図 6.1 Transformer の全体構成図

構，2:層正規化，3:フィードフォワード層，4:層正規化の四つの処理を一つのブロックと考えて，これを L 回繰り返す[*5]．デコーダは，1:マルチヘッド注意機構，2:層正規化，3:マルチヘッド注意機構，4:層正規化，5:フィードフォワード層，6:層正規化の六つの処理を一つの処理ブロックと考えて，これを L 回繰り返す．ただし，デコーダの処理ブロック内の一つ目のマルチヘッド注意機構（1:マルチヘッド注意機構）はデコーダ内の自己注意機構であり，二つ目のマルチヘッド注意機構（3:マルチヘッド注意機構）はエンコーダからの情報を参照するクロス注意機構である．また，エンコーダおよびデコーダともに，マルチヘッド注意機構，層正規化の二つの処理の前後が残差結合により結ばれている．同様に，フィードフォワード層，層正規化の前後も残差結合により結ばれている．

以降，Transformer を構成する要素 6 点について順番に説明する．

1. QKV 注意機構

Transformer で使われている注意機構は，クエリ・キー・バリュー（query-key-value）型の注意機構である．クエリ・キー・バリューの頭文字をとって QKV 注意機構と略記されることが多い．

QKV 注意機構の名称は，キー・バリュー方式のデータベースが存在し，そのデータベースに対してクエリで問合せをする処理になぞらえていることが由来である．ただし，Transformer を含めてニューラルネットワーク内で QKV 注意機構を利用する場合，クエリ，キー，バリューのすべてがベクトルとなる点に注意されたい．5.6 節で説明した一般的な注意機構と計算の基本は同じであるが，再構築されるベクトルがバリューの重み付き和となる点が大きな違いである．

ここで，$\boldsymbol{K}$ と $\boldsymbol{V}$ をキーおよびバリューのベクトルを並べて行列で表現したものとする．つまり，$\boldsymbol{K} = (\boldsymbol{k}_1, \ldots, \boldsymbol{k}_I)$ および $\boldsymbol{V} = (\boldsymbol{v}_1, \ldots, \boldsymbol{v}_I)$ とし，同じ i 番目のベクトルが一つのキーバリューペア $(\boldsymbol{k}_i, \boldsymbol{v}_i)$ を構成すると考える．また，キーとバリューのベクトルのサイズを d とすると，$\boldsymbol{K}, \boldsymbol{V} \in \mathbb{R}^{d \times I}$ である．次に，QKV 注意機構により再構築される前のクエリベクトルを $\boldsymbol{q}$，再構成された後のクエリベクトルを $\hat{\boldsymbol{q}}$ とすると，$\hat{\boldsymbol{q}}$ は以下の式で計算される．

*5 Transformer の場合，この L を層の数と呼ぶことが多い．

$$\hat{\boldsymbol{q}} = \boldsymbol{V}\boldsymbol{a} \tag{6.4}$$

$$\boldsymbol{a} = \mathtt{softmax}(\boldsymbol{a}') \tag{6.5}$$

$$\boldsymbol{a}' = c\boldsymbol{K}^\top \boldsymbol{q} \tag{6.6}$$

ただし，c はスカラーの重み係数とする．Transformer では，通常 $c = 1/\sqrt{d}$ を用いる．

図 6.2 に QKV 注意機構を計算する際の模式図を示す．まず，キー・バリューによるペアデータの形式でデータが格納されていると仮定する．つまり，$(\boldsymbol{k}_i, \boldsymbol{v}_i)$ という形式のデータがたくさん集まってデータベースを構成して

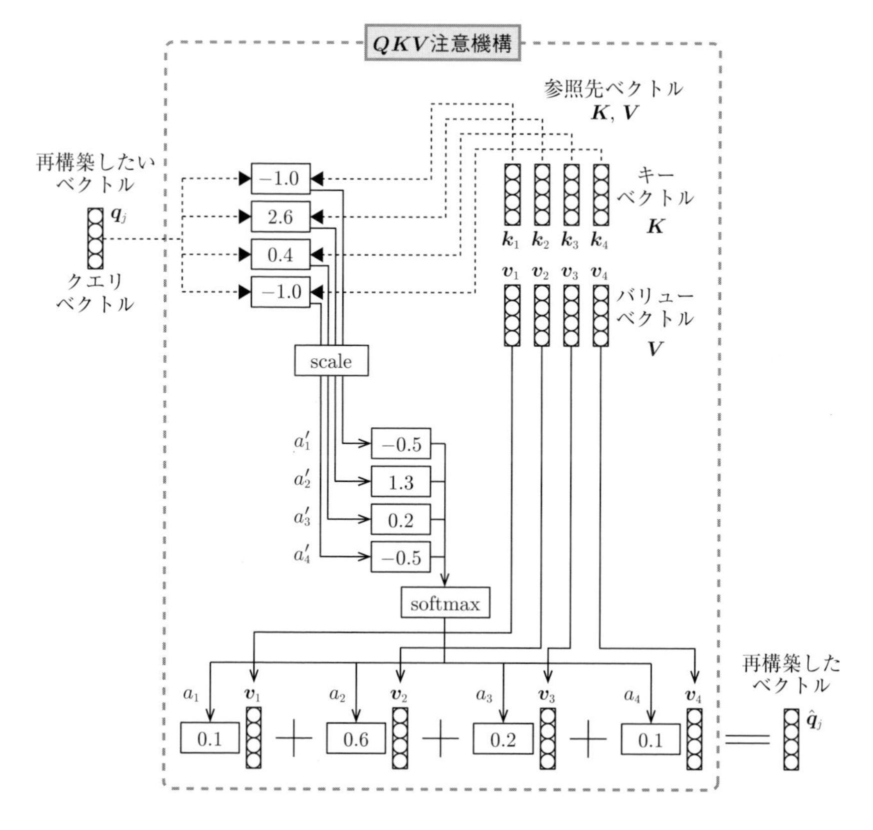

図 6.2　QKV 注意機構の計算の模式図

いると考える．次に，そのデータベースにクエリ $\boldsymbol{q}$ が渡されたと仮定する．ここでの注意機構の計算は，データベース内のすべてのキーに対して，与えられたクエリとの類似度を計算し，その割合に応じた重みでバリューのベクトルを配合したベクトルを返す．

ここで，エンコーダ，デコーダ間の QKV 注意機構の計算方法を述べる．この場合，データベースとなるのはエンコーダ側の情報で，クエリはデコーダが計算したそれぞれの位置 j でのベクトルである．このとき，$\boldsymbol{q}_j$，$\boldsymbol{K}$，$\boldsymbol{V}$ は以下のように計算される．

$$\boldsymbol{q}_j = \boldsymbol{W}^{(Q)}\boldsymbol{z}_j, \qquad \boldsymbol{K} = \boldsymbol{W}^{(K)}\boldsymbol{H}, \qquad \boldsymbol{V} = \boldsymbol{W}^{(V)}\boldsymbol{H} \tag{6.7}$$

また，同様に Transformer（エンコーダ）および Transformer（デコーダ）で用いられる自己注意機構の計算は以下の式となる．

$$\boldsymbol{q}_i = \boldsymbol{W}^{(Q)}\boldsymbol{h}_i, \qquad \boldsymbol{K} = \boldsymbol{W}^{(K)}\boldsymbol{H}, \qquad \boldsymbol{V} = \boldsymbol{W}^{(V)}\boldsymbol{H} \tag{6.8}$$

$$\boldsymbol{q}_j = \boldsymbol{W}^{(Q)}\boldsymbol{z}_j, \qquad \boldsymbol{K} = \boldsymbol{W}^{(K)}\boldsymbol{Z}, \qquad \boldsymbol{V} = \boldsymbol{W}^{(V)}\boldsymbol{Z} \tag{6.9}$$

ここで，$\boldsymbol{W}^{(Q)}, \boldsymbol{W}^{(K)}, \boldsymbol{W}^{(V)} \in \mathbb{R}^{d\times d}$ はそれぞれ，エンコーダやデコーダが各位置で計算しているベクトル $\boldsymbol{h}_i$ や $\boldsymbol{z}_j$ をクエリベクトル，キーベクトル，バリューベクトルに変換する行列で，QKV 注意機構のモデルパラメータである．このように，QKV 注意機構を計算するために必要となる $\boldsymbol{K}$ や $\boldsymbol{V}$ を計算する元となるベクトルが違うだけで，エンコーダ内，および，デコーダ内の自己注意機構の計算，エンコーダの情報を参照するデコーダの注意機構の計算はすべて同じ計算式である．

最後に，クエリベクトルも $\boldsymbol{Q} = (\boldsymbol{q}_1, \ldots, \boldsymbol{q}_T)$ のように行列表記にすると，以下の式で注意機構の計算を表現できる．

$$\widehat{\boldsymbol{Q}} = \boldsymbol{V}\boldsymbol{A} \tag{6.10}$$

$$\boldsymbol{A} = \mathtt{softmax}(c\boldsymbol{K}^\top \boldsymbol{Q}) \tag{6.11}$$

ただし，キーとバリューの系列長を S で表すことにすると，$\boldsymbol{Q} \in \mathbb{R}^{d\times T}, \boldsymbol{K} \in \mathbb{R}^{d\times S}, \boldsymbol{V} \in \mathbb{R}^{d\times S}, \boldsymbol{A} \in \mathbb{R}^{S\times T}, \widehat{\boldsymbol{Q}} = (\hat{\boldsymbol{q}}_1, \ldots, \hat{\boldsymbol{q}}_T) \in \mathbb{R}^{d\times T}$ である．なお，行列 $\boldsymbol{A}$ の (s,t) 要素 $A_{s,t}$ は，位置 t の再構成後のベクトル $\hat{\boldsymbol{q}}_t$ をバリューの列ベクトル $(\boldsymbol{v}_1, \ldots, \boldsymbol{v}_S) = \boldsymbol{V}$ の重み和として計算するときの，位置 s のベクト

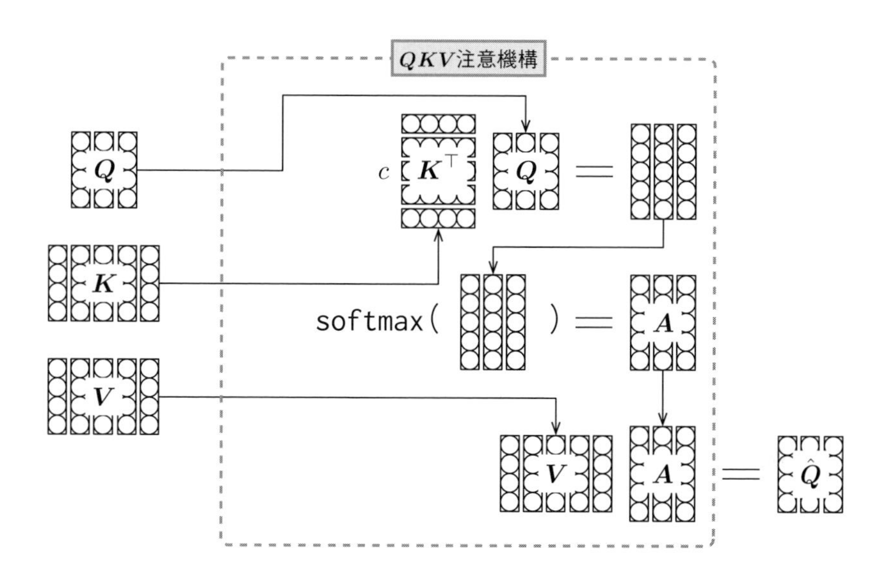

図 6.3 Transformer で用いられる QKV 注意機構の計算例

ル $\boldsymbol{v}_s$ に対する重みを表す．Transformer（エンコーダ）の自己注意機構では $S = T = I$，Transformer（デコーダ）の自己注意機構では $S = T = J$，エンコーダの情報を参照するデコーダの注意機構では $S = I, T = J$ である．図 6.3 に QKV 注意機構を計算する際の処理の模式図と QKV 注意機構全体の計算手順を示す（$S = 5, T = 3, d = 4$ とした）．

QKV 注意機構は式 (6.10) と式 (6.11) をまとめると，次式のように行列演算としてシンプルに書ける．

$$\widehat{\boldsymbol{Q}} = \mathrm{Attention}(\boldsymbol{Q}, \boldsymbol{K}, \boldsymbol{V}) = \boldsymbol{V}\mathtt{softmax}(c\boldsymbol{K}^\top \boldsymbol{Q}) \tag{6.12}$$

2. マルチヘッド注意機構

前述の QKV 注意機構を複数用いるため，Transformer では**マルチヘッド注意機構** (multi-head attention) という方式を採用している．ここでの「ヘッド（head）」とは，注意機構そのものであり，「ヘッド」の数を H で表す場合，$H = 8$ ならば 8 個の注意機構を用いることを意味する．

マルチヘッド注意機構を数式で表すと，次のようになる．

$$\widehat{\boldsymbol{Q}} = \mathrm{MultiHead}(\boldsymbol{Q}, \boldsymbol{K}, \boldsymbol{V}) = \boldsymbol{W}^{(O)}\mathrm{Concat}(\widehat{\boldsymbol{Q}}_1, \ldots, \widehat{\boldsymbol{Q}}_H) \tag{6.13}$$

$$\widehat{\boldsymbol{Q}}_i = \mathrm{Attention}(\boldsymbol{W}_i^{(Q)}\boldsymbol{Q}, \boldsymbol{W}_i^{(K)}\boldsymbol{K}, \boldsymbol{W}_i^{(V)}\boldsymbol{V}) \tag{6.14}$$

ここで，$i \in \{1, \ldots, H\}, \boldsymbol{W}_i^{(Q)} \in \mathbb{R}^{d_k \times d}, \boldsymbol{W}_i^{(K)} \in \mathbb{R}^{d_k \times d}, \boldsymbol{W}_i^{(V)} \in \mathbb{R}^{d_v \times d}$, $\boldsymbol{W}^{(O)} \in \mathbb{R}^{d \times Hd_v}$ はモデルのパラメータである．また，Concat は行列を縦方向に連結する操作を表す．マルチヘッド注意機構を実装するときは，通常 $d_k = d_v = d/H$ に設定し，注意機構の計算に用いる行列 $\boldsymbol{Q}, \boldsymbol{K}, \boldsymbol{V}$ を縦方向に H 個に等分割し*6，その等分割された個々の行列を用いて，それぞれ独立に QKV 注意機構を計算する*7．

例えば $\boldsymbol{Q}, \boldsymbol{K}, \boldsymbol{V}$ の行数を $d = 512$ とする．このとき，$H = 8$ ならば $d_k = d_v = 512/8 = 64$ なので，512 行だった $\boldsymbol{Q}, \boldsymbol{K}, \boldsymbol{V}$ を 64 行の行列 8 個に分割する．また，$H = 32$ なら，16 行の行列 32 個に分割することになる．一般的に，ヘッドの数 H は元のベクトルのサイズ d が割り切れる値を用いる．

図 6.4 に，マルチヘッド注意機構を用いた QKV 注意機構の計算の模式図を示す．マルチヘッド注意機構を使う場合でも，式 (6.4) から式 (6.6) を用いて計算することに変わりはない．例えば，$H = 2$ の場合，入力される行列 $\boldsymbol{Q}, \boldsymbol{K}, \boldsymbol{V}$ を縦方向に半分に分割して注意機構を 2 回適用することになるが，式 (6.4) から式 (6.6) で用いる $\boldsymbol{q}$, $\boldsymbol{K}$, $\boldsymbol{V}$ は，元のベクトルの前半部分のベクトルだけを集めて QKV 注意機構を計算して得られた $\hat{\boldsymbol{q}}_{(1)}$ と，後半だけで QKV 注意機構を計算して得られた $\hat{\boldsymbol{q}}_{(2)}$ を結合したのち，線形変換 $\boldsymbol{W}^{(O)}$ を通してから $\hat{\boldsymbol{q}}$ を得る．

マルチヘッド注意機構はわざわざ元のベクトルを分割して別々に注意機構を計算するという比較的複雑な処理であり，計算コストもそれなりにかかる．このような複雑な処理を導入するには理由がある．その理由を理解するためには，注意機構の中で割合を決定する際に利用するソフトマックス関数の性質を理解する必要がある．2.6 節の式 (2.49) で示したように，ソフトマックス関数は以下の式で表される．

---

*6　等分割することで，GPU などで並列計算をしやすくするとともに，マルチヘッド化しても計算量が増えすぎないようにしている．

*7　もともと，式 (6.7)，式 (6.8)，式 (6.9) で入力行列 $\boldsymbol{H}$ または $\boldsymbol{Z}$ に重み行列 $\boldsymbol{W}^{(Q)}, \boldsymbol{W}^{(K)}, \boldsymbol{W}^{(V)}$ をかけて $\boldsymbol{Q}, \boldsymbol{K}, \boldsymbol{V}$ を作成していた．そこで，$\boldsymbol{W}_i^{(Q)}\boldsymbol{W}^{(Q)}, \boldsymbol{W}_i^{(K)}\boldsymbol{W}^{(K)}, \boldsymbol{W}_i^{(V)}\boldsymbol{W}^{(V)}$ はそれぞれ一つの行列で表してもよいと考え，重み行列 $\boldsymbol{W}^{(Q)}, \boldsymbol{W}^{(K)}, \boldsymbol{W}^{(V)}$ をかけた計算結果である $\boldsymbol{Q}, \boldsymbol{K}, \boldsymbol{V}$ を縦方向に H 個に分割している．

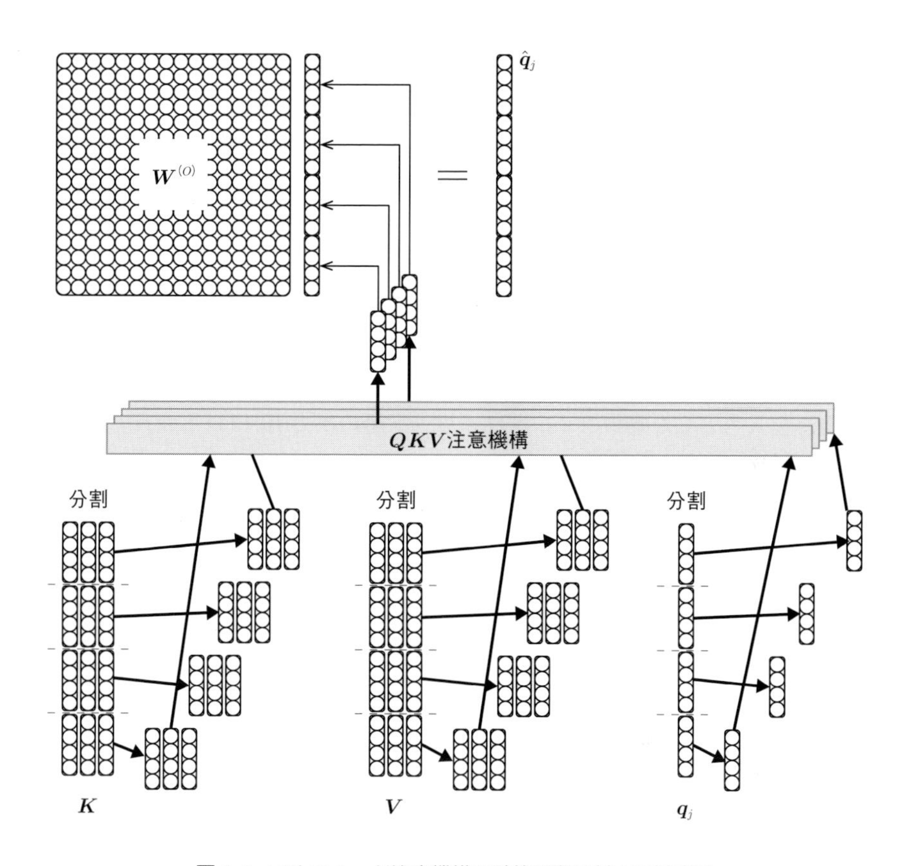

図 6.4 マルチヘッド注意機構の計算手順に対する模式図

$$\mathtt{softmax}(\boldsymbol{s})_k = \frac{\exp(s_k)}{\sum_{k'=1}^{K} \exp(s_{k'})} \tag{6.15}$$

ここで注目すべきは，スコア s_k が指数関数の中に入っているため，少しの値の差が大きな差になりやすいことである．そのため，ソフトマックス関数は，一つの要素を 1 に近い値，それ以外の要素を 0 に近い値にしがちである．つまり，注意機構を一つだけ用いた場合，複数の観点で情報を取り出すことが難しい．それぞれのヘッドが仮に一つの位置から情報を取得するとしても，複数のヘッドが別々の位置から情報を取得して情報をうまく混ぜ合わせてくれることを期待している．ほかには，式 (6.11) の重み行列 $\boldsymbol{A}$ を 1 回の注意機構で H

回計算し，複数の観点で埋込み表現の合成を行っていると説明することもできる．一方で，マルチヘッド化することで，必要なメモリ量と計算時間は増加することになる．つまり，情報処理の世界でよくある性能と速度（必要メモリ量）のトレードオフがある．よって，ヘッドの数 H は適切に選択する必要がある．

3. フィードフォワード層

フィードフォワード層（feedforward (FF) layer）は，注意機構と合わせてTransformerの中心的な役割を担う構成要素である．具体的には，二つの線形層と活性化関数で構成される．エンコーダの i 番目の隠れベクトルを $\boldsymbol{h}_i$ とする．$\boldsymbol{h}_i$ を入力とした際のフィードフォワード層の出力 $\hat{\boldsymbol{h}}_i$ は以下の式で求められる．

$$\hat{\boldsymbol{h}}_i = \boldsymbol{W}_2\boldsymbol{h}'_i + \boldsymbol{b}_2 \tag{6.16}$$

$$\boldsymbol{h}'_i = f(\boldsymbol{W}_1\boldsymbol{h}_i + \boldsymbol{b}_1) \tag{6.17}$$

ここで，$\boldsymbol{W}_1, \boldsymbol{b}_1, \boldsymbol{W}_2, \boldsymbol{b}_2$ はフィードフォワード層のパラメータである．ただし，$\boldsymbol{h}_i$ が d 次元のベクトル，フィードフォワード層で $\boldsymbol{h}'$ が d_f 次元のベクトルであるとき，$\boldsymbol{W}_1 \in \mathbb{R}^{d_f \times d}, \boldsymbol{W}_2 \in \mathbb{R}^{d \times d_f}$，および，$\boldsymbol{b}_1 \in \mathbb{R}^{d_f}, \boldsymbol{b}_2 \in \mathbb{R}^{d}$ である．また関数 $f(\cdot)$ は活性化関数を意味し，通常はReLUが用いられる．さらに，デコーダでのフィードフォワード層の計算は，デコーダの j 番目の隠れベクトルを $\boldsymbol{z}_j$ とした場合，上式の $\boldsymbol{h}_i$ が $\boldsymbol{z}_j$ に変わるだけで，同じ計算式を用いて計算し，$\hat{\boldsymbol{h}}_i$ の代わりに $\hat{\boldsymbol{z}}_j$ を得る．

フィードフォワード層の計算は，古典的によく使われてきた2層の順伝播型ニューラルネットワークと同じである．ただし，古典的な順伝播型ニューラルネットワークの場合，中間層のベクトルのサイズは入力層や出力層よりも小さくなるのが一般的であるが，Transformerで用いられる場合は，中間層に相当するベクトルのサイズが入力層や出力層のベクトルのサイズよりも大きくなるような設定を用いる（図6.5）．例えば，Transformer全体のベクトルのサイズに $d = 512$ を用いる場合は $d_f = 2\,048$，$d = 1\,024$ を用いる場合は $d_f = 4\,096$ といったように，元のベクトルのサイズの4倍に設定することが多い．

注意機構と対比すると，注意機構は系列全体を用いて計算するのに対し，フィードフォワード層は入力の位置ごとに閉じて計算する．

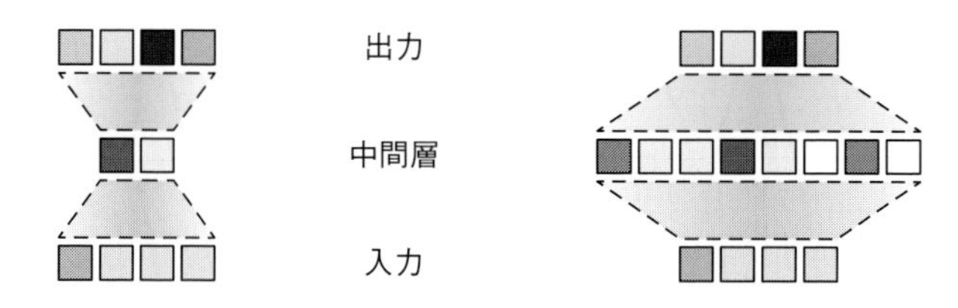

(a) 一般的な 3 層 FFNN の例　　(b) Transformer で用いられる FFNN

図 6.5 Transformer で用いられるフィードフォワード層の例

4. 位置符号

位置符号（positional encoding）とは，入力系列の先頭から何番目の入力かをベクトルで表現したものである．つまり，位置符号の実態はベクトルである．Transformer の原論文[116)]の中で紹介され，広く使われるようになったアイディアである．実際に位置をベクトルで表現する方法としては，いわゆる正弦関数（sinusoidal functions）を利用してベクトルを構築する．具体的には，まず，周期の異なる正弦波をベクトルのサイズ d 個分定義する．そして，その定義に従って位置 t を変数として各正弦波を計算し，算出された値をベクトルの要素として活用する．

系列の位置を t，ベクトルのサイズを d，要素番号を k（ただし $1 \leq k \leq d$）とする．このとき，位置 t の位置符号を $\boldsymbol{e}_t^{(\mathrm{pos})} = (e_{t,1}^{(\mathrm{pos})}, \ldots, e_{t,d}^{(\mathrm{pos})})^\top$ とすると，k 番目の要素 $e_{t,k}^{(\mathrm{pos})}$ は以下の式で計算される[*8]．

$$
e_{t,k}^{(\mathrm{pos})} = \begin{cases} \sin\left(\dfrac{t}{T^{(k-1)/d}}\right) & (k \text{ が奇数の場合}) \\ \cos\left(\dfrac{t}{T^{(k-2)/d}}\right) & (k \text{ が偶数の場合}) \end{cases} \tag{6.18}
$$

ただし，T は仮想的な最大系列長を表す．原論文[116)]では $T = 10\,000$ を使っている[*9]．図 6.6 に位置符号で使われる各次元の値のもとになる正弦波の例を示す．

*8 原論文[116)]では，$k-1$ および $k-2$ の部分は k および $k-1$ として記載されている．しかしコード上では k は 0 始まりで計算されているので，本書ではコードに合わせた式としている．

*9 この 10 000 には特に意味はなく，単に「扱う系列長よりも大きい数として選択した」ぐらいの意味で採用された値である．

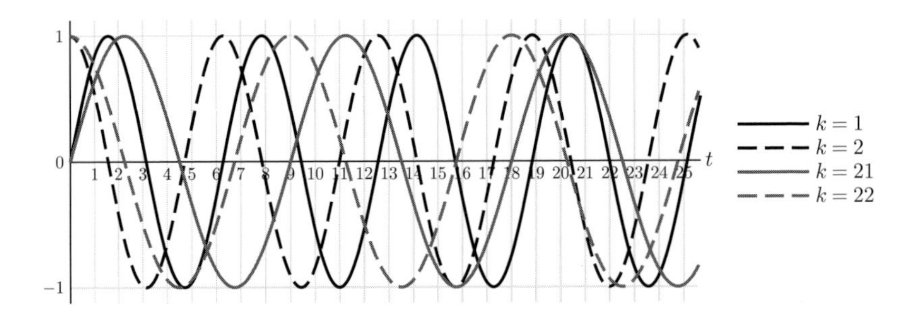

図 6.6　位置符号に用いられる正弦関数の例

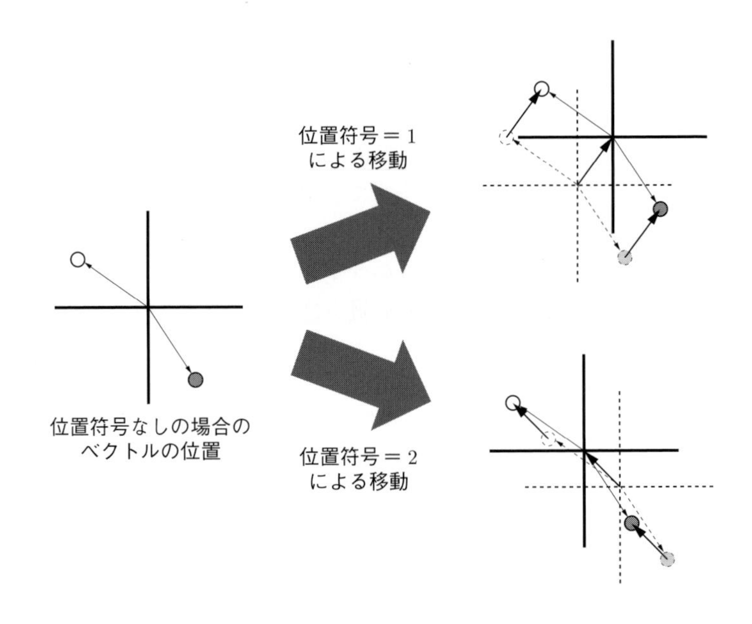

図 6.7　位置符号が実際に与える効果を表す模式図

位置符号は一つ面白い性質をもっている．$\sin^2\theta + \cos^2\theta = 1$ の公式より，すべての位置 t において，$\|\boldsymbol{e}_t^{(\mathrm{pos})}\|^2 = d/2$ となる．つまり位置符号のノルムはサイズ d を固定すればすべての位置 t で一定の値 $\sqrt{d/2}$ である．

位置符号は，位置ごとに値が計算された後に，単語埋込みに加算される．エンコーダの i 番目の単語の埋込みベクトルを $\boldsymbol{e}_i^{(\mathrm{emb})}$，$i$ 番目の位置符号を $\boldsymbol{e}_i^{(\mathrm{pos})}$

とする．このとき，Transformer（エンコーダ）が入力を受け取った際に最初に実施する計算として，単語埋込みと位置符号を加算して，Transformer の入力ベクトル列を作成する．

$$\boldsymbol{h}_i^{(0)} = \sqrt{d}\boldsymbol{e}_i^{(\mathrm{emb})} + \boldsymbol{e}_i^{(\mathrm{pos})} \tag{6.19}$$

ここで $\boldsymbol{h}_i^{(0)}$ は，i 番目の入力単語に対応する Transformer の第 1 層目の入力ベクトルとなる．また，単語ベクトルを $\sqrt{d}$ 倍するのは，先ほど説明したとおり，位置符号の L^2 ノルムが $\sqrt{d/2}$ であることから，双方のベクトルの L^2 ノルムを同程度に揃えるためである．

Transformer（デコーダ）も式 (6.19) と同様に，j 番目の入力 $\boldsymbol{z}_j^{(0)}$ は以下により計算される．

$$\boldsymbol{z}_j^{(0)} = \sqrt{d}\boldsymbol{e}_j^{(\mathrm{emb})} + \boldsymbol{e}_j^{(\mathrm{pos})} \tag{6.20}$$

位置符号が必要なのは，注意機構の計算そのものは入力単語の順番の入れ替えに対して結果が不変という性質があるためである．具体的には，注意機構を計算する際に入力するベクトル系列に対して，i 番目と i' 番目のベクトルを入れ替えても，入力で入れ替えた i 番目と i' 番目の結果が入れ替わっている以外は，完全に同じ計算結果となる．しかし，自然言語処理において単語の出現位置や順序の情報はとても重要な手がかりとなるので，単語の位置や順序関係を何かしらの方法でモデルに伝える必要がある．そのための役割を担っているのが位置符号である．

ここで, 式 (6.19) や式 (6.20) はどのような処理に相当するか考える．入力された単語ベクトルの観点からすると, 図 6.7 に示すように, 単語ベクトルが位置符号によって平行移動していると見なすことができる．つまり，Transformer の計算を開始する埋込み表現として，同じ単語でも位置に応じて平行移動したベクトルを用いることに相当する．また，位置符号のノルムが一定である性質から，（位置符号を取り入れていない）元の単語埋込みから等距離に平行移動することになり，その等距離の超球面がその単語を表す埋込みが位置するかもしれない空間ということになる．つまり，位置ごとにそれぞれの単語が配置された部分空間のようなものがあり，しかも，それは明確に分割されておらず情報を共有しながら同じベクトル空間の中に共存する形で配置されている．

一般論として，位置符号は位置情報をベクトルで表現したものであるため，他の方法で実現することも考えられる．ただし，位置を一意に表現する必要があるため，各位置で異なるベクトルになること，近い位置のベクトルは似ていること，遠い位置同士のベクトルは似ていないこと，等の性質をもつことが望ましい．位置符号の代替として，**位置埋込み**（positional embedding）を使う手法も提案される．位置符号と位置埋込みの違いは，位置に関する表現を学習を通して獲得するかどうかである．

なお，位置符号に関連して，Transformer の弱点として広く知られている性質がある．それは，学習時に存在しなかった系列長のデータはあまりうまく処理できないというものである．この性質は，位置符号を採用していることからも自明といえる．というのも，位置符号により文章の先頭からの絶対位置にどのような単語が出現するか学習するが，出てこない系列長を予測しようとすると，必然的に，その系列長の位置符号の情報は何も学習されていないので，妥当な生成結果にならないのも納得できる．

この問題を解消する方法として，いくつかの手法が既に提案されている．その一つが相対位置符号を用いる方法である．相対位置符号を用いることにより，各単語の出現位置に依存した絶対位置の情報から，二つの単語の出現位置の相対的な位置の情報を学習することができ，学習時にはなかった長さの生成品質が悪化することを軽減できる．

5．残差結合

残差結合（residual connection）は，一つ前の層の結果を現在の層の出力結果に足し合わせる処理である．ここでは，T 個のベクトルの系列からなる入力 $\boldsymbol{P}^{(l-1)} = (\boldsymbol{p}_1^{(l-1)}, \ldots, \boldsymbol{p}_T^{(l-1)})$ に対して，l 番目の層が処理を行い，ベクトルの系列 $\boldsymbol{O}^{(l)} = (\boldsymbol{o}_1^{(l)}, \ldots, \boldsymbol{o}_T^{(l)})$ が計算された状況を考える．残差結合では，l 層目の出力は $(l-1)$ 層目の出力（すなわち l 層目の入力）と l 層目の計算結果の和とする．系列の t 番目に関して，

$$\boldsymbol{p}_t^{(l)} = \boldsymbol{o}_t^{(l)} + \boldsymbol{p}_t^{(l-1)} \tag{6.21}$$

である．ただし，$\boldsymbol{p}_t^{(0)} = \boldsymbol{o}_t^{(0)}$ とし，これは入力の埋込みベクトル（に位置符号を加えたベクトル）とする．ここで，$l \geq 2$ のとき．$\boldsymbol{p}_t^{(l-1)} = \boldsymbol{o}_t^{(l-1)} + \boldsymbol{p}_t^{(l-2)}$ という関係が繰り返し成り立つことから，次式が導出される．

$$\boldsymbol{p}_t^{(l)} = \boldsymbol{o}_t^{(l)} + \boldsymbol{o}_t^{(l-1)} + \cdots + \boldsymbol{o}_t^{(0)} \tag{6.22}$$

この関係式から，l 層の出力は，入力の埋込みベクトルから l 層までに計算されたベクトルの総和で表されることがわかる．逆に説明すると，l 層目で出力されるベクトルは，$l-1$ 層までのベクトルに値を加えて作られるということを意味する．つまり，$l-1$ 層目の値に l 層目の計算結果を追加していく処理と見なせるため，「残差結合」と呼ばれる．

Transformer での残差結合は各ブロック内に 2 本ある．図 6.1 に示したように，入力から注意機構の計算結果に対して結合するもの，そこからフィードフォワード層の出力に対して結合するものである．

残差結合を利用する理由は，深層ニューラルネットワークが抱える課題の一つである勾配消失問題である．残差結合を用いることで，損失が計算される最終層に多くの構成要素が直接繋がるネットワーク構造となり，見た目上は多層であっても，勾配消失問題が起きにくくなると考えられる．Transformer の層数 L は 6 や 12 などが標準的であるため，もし Transformer で残差結合を用いなければ，勾配消失が発生し，入力に近い層では効果的に学習できない可能性が高い．こういった問題を解消するために，Transformer では残差結合が標準的に用いられる．

6．層正規化

層正規化（layer normalization）は，学習中などに過剰に値が大きくならないようにベクトルの各要素を正規化する．層正規化のパラメータとしては，スケール（大きさ）を調整するパラメータのベクトル $\boldsymbol{a} = (a_1, \ldots, a_d)^\top$ と平行移動を調整するパラメータのベクトル $\boldsymbol{b} = (b_1, \ldots, b_d)^\top$ がある．これらのパラメータを用いて，層正規化は次式でベクトル $\boldsymbol{x}$ を $\boldsymbol{x}'$ に変換する．

$$x'_k = a_k \left(\frac{x_k - \mu_{\boldsymbol{x}}}{\sigma_{\boldsymbol{x}} + \epsilon} \right) + b_k \tag{6.23}$$

ただし，$k \in [1, \ldots, d]$ は要素インデックス，ϵ は分母が小さくなりすぎないように調整するハイパーパラメータであり，$\epsilon = 1.0 \times 10^{-6}$ などがよく使われる．また，$\mu_{\boldsymbol{x}}$ と $\sigma_{\boldsymbol{x}}$ は入力ベクトル $\boldsymbol{x}$ の平均と標準偏差である．

$$\mu_{\boldsymbol{x}} = \frac{1}{d} \sum_{k=1}^{d} x_k, \quad \sigma_{\boldsymbol{x}} = \sqrt{\frac{1}{d} \sum_{k=1}^{d} (x_k - \mu_{\boldsymbol{x}})^2} \tag{6.24}$$

層正規化の役割を考える．正規化を行わないと，値が急速に大きくなるといったことが起こり得るので，層正規化は学習時などに発生する勾配爆発といった不都合を抑制する効果が期待できる．さらに，標準偏差で割ることによって，同じベクトル内で極端に大きい値をもつ次元などを抑制して，ベクトル空間を効率良く使うことができると期待される．実際，Transformer から層正規化を外してしまうと，学習することは困難となるため，層正規化も欠かせない構成要素である．

原論文[116]においては，層正規化は前述した残差結合の後に配置されている．エンコーダの位置 i の入力ベクトル $\boldsymbol{h}_i^{(\mathrm{in})}$ に対して，残差結合と層正規化を施した結果のベクトル $\boldsymbol{h}_i^{(\mathrm{out})}$ は，次式で求められる．

$$\boldsymbol{h}_i^{(\mathrm{out})} = \mathrm{LN}(\boldsymbol{h}_i^{(\mathrm{in})} + \hat{\boldsymbol{h}}_i) \tag{6.25}$$

ただし，$\hat{\boldsymbol{h}}_i$ は，マルチヘッド注意機構，またはフィードフォワード層の計算結果，$\mathrm{LN}(\cdot)$ は層正規化に対応する関数である．これは，図 6.1 を見るとわかるように，層正規化を実行する場所がマルチヘッド注意機構，およびフィードフォワード層の処理の後の 2 箇所あることに注意されたい．

なお，層正規化の補足情報として，層正規化および前述の残差結合をモデル内のどの場所に組み込むかという議論がある．原論文[116]では，残差結合の後に層正規化をする．しかし，この順番を採用する場合，層を増やす（例えば 8 層以上などとする）と学習が不安定になることが経験的に知られている．それを軽減する方法として，層正規化を入れる場所を変更し，各層でベクトルを受け取った直後に層正規化を行うという亜種がある．この亜種は，各層の処理の前処理として層正規化を行うことから**事前層正規化**（pre-layer normalization）と呼ぶ．一方，原論文で採用されていた方式は，層の処理の最後に正規化を行うことから，**事後層正規化**（post-layer normalization）と呼ぶ．図 6.8 に計算の模式図を示す．

事前層正規化を用いることで，層の数が増えても安定的に学習が進められると考えられる．ただし，性能面では，事後層正規化のほうが高いという報告が多い．機械翻訳などで用いる系列変換モデルでは，層の数が 6 層程度の場合が多いため，事後層正規化を採用する場合が多い．また，第 7 章で説明する BERT などの言語モデルは 12 層や 24 層といったより多層の Transformer を利用するため，事前層正規化を採用している．

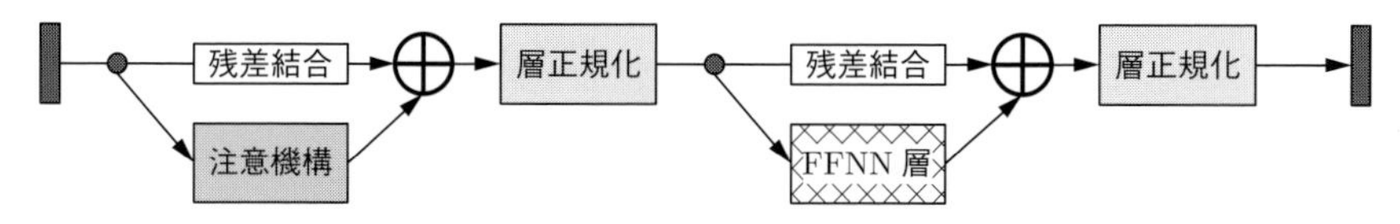

(a) 事後層正規化（オリジナル Transformer で採用）

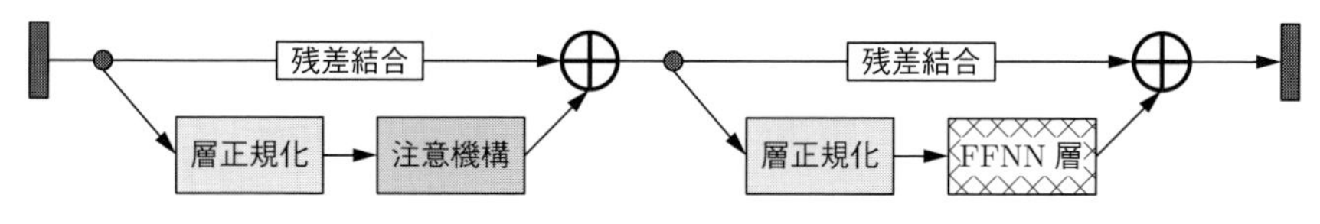

(b) 事前層正規化（BERT などで採用）

図 6.8 層正規化の種類と残差結合の模式図

6.4 学習時の工夫

ここまでは，Transformer の構成要素を説明した．続いて，Transformer を効果的に学習するためのテクニックとして，広く活用されている以下の四つの手法を紹介する．

1. マスク処理（mask）
2. 学習率のウォームアップ（warm-up）
3. ラベルスムージング（label smoothing）
4. モデル平均化（model averaging）

これらの手法は，基本的に学習時にのみ利用される手法であり，モデルの構造には影響を与えない．よって，他のさまざまな深層ニューラルネットワークモデルの学習においても利用されている．

1. マスク処理

系列変換モデルを学習するときは，正解の出力系列がすべて既知という状態で学習することで，位置に関して並列計算が可能になるように工夫する．一方で，文章を生成するときには，単語は一つずつ予測されるため，ある単語を予測しようとする場合に，その単語よりも後方に出現する単語はわからない状況

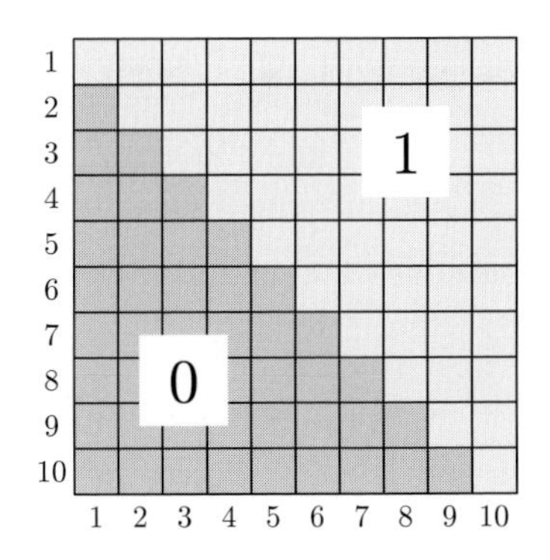

図 6.9 デコーダにおいて後方の単語情報を使わないようにするためのマスク処理の例．下三角の灰色の部分がマスクされる場所を表す．

となる．したがって，位置 t の単語を予測する際に位置 $t+1$ 以降の単語の情報を利用しないようにモデルの学習を工夫する必要がある．これは，学習時と予測時で利用できる情報に差があると，予測時の精度が低下するためである．しかし，Transformer では自己注意機構を使うため，特別な対応をしなければ，出力系列全体の情報を使って単語を予測するような学習が行われてしまう．そこで，Transformer では**マスク処理**（masking, masking out）と一般的に呼ばれるテクニックを用い，学習時と予測時に使える情報の不整合を解消する．

マスク処理の基本は，使用したくない要素の位置を 0，元の行列の値をそのまま利用したい要素の位置を 1 とした行列 $\boldsymbol{M}^{(\mathrm{mask})}$ を用意することである．ただし，マスク処理を施したい行列を $\boldsymbol{H}$ とすると，$\boldsymbol{M}^{(\mathrm{mask})}$ は $\boldsymbol{H}$ と完全に同じサイズの行列である．そして，マスク処理を施したい行列 $\boldsymbol{H}$ とマスク行列 $\boldsymbol{M}^{(\mathrm{mask})}$ との間で要素積を計算すると，次のようにマスク処理後の行列 $\widetilde{\boldsymbol{H}}$ が得られる．

$$\widetilde{\boldsymbol{H}} = \boldsymbol{H} \odot \boldsymbol{M}^{(\mathrm{mask})} \tag{6.26}$$

この演算により，$\boldsymbol{M}^{(\mathrm{mask})}$ の要素が 0 になっている $\widetilde{\boldsymbol{H}}$ の要素は 0 となり，それ以外は元の行列 $\boldsymbol{H}$ と同じ値となる．

例えば，デコーダを学習する際には，図 6.9 に示すようなマスクを用いる．このマスクは行列の下三角部分の要素をすべて 0 にすることを意味する．これにより，先の位置に配置されている単語の情報を消去し，予測時の状況に合わせることができる．このマスクを QKV 注意機構に適用する場合，式 (6.28) を以下のように変更する．

$$\widehat{\boldsymbol{Q}} = \boldsymbol{V}\mathtt{softmax}\left(\boldsymbol{K}^\top \boldsymbol{Q} + \widetilde{\boldsymbol{M}}^{(\mathrm{mask})}\right) \tag{6.27}$$

$$\widetilde{\boldsymbol{M}}^{(\mathrm{mask})} = \frac{1}{\epsilon}\left(\boldsymbol{M}^{(\mathrm{mask})} - \mathbf{1}\right) \tag{6.28}$$

ソフトマックス関数が適用される行列をマスクしたい場合，マスクしたい要素を単に 0 にしても，ソフトマックスの計算の中で値が指数関数に入れられてしまうので，$\exp(0) = 1$ となり，マスクとして機能しない．そこで，マスクしたい要素の値を 0 にする代わりに，絶対値が十分に大きいマイナスの値をマスクしたい要素に加え，マスク処理を実現する．

式 (6.28) の $\widetilde{\boldsymbol{M}}^{(\mathrm{mask})}$ は，マスクしたい要素の値が $-\infty$（または十分に大きい負の値），マスクが不要な要素の値が 0 となる行列である．ここで，$\mathbf{1}$ は要素がすべて 1 の行列であり，$\boldsymbol{M}^{(\mathrm{mask})} - \mathbf{1}$ という計算により，マスクする要素の値は -1，マスクしない要素の値は 0 となる．また，ϵ として十分に小さな値を設定しておくことで，$1/\epsilon$ が大きな値となり，ソフトマックスに利用するマスクが作成される．これら以外にもいくつかのバリエーションが考えられるが，基本的な考え方は同じで，マスクされる場所の値を利用できなくなる操作を加える．

ここで，マスク処理を使う理由を説明したい．マスク処理は，GPU など行列演算が高速に計算できる演算装置上でのテクニックの一つである．GPU では，固定の大きさの行列を一括して並列に計算することで，劇的に処理を高速化できる．つまり，GPU 上で高速に処理をすることを念頭におくと，不要な計算を行わないよう実装するよりも，不要な情報を保持したままで（行列のサイズを固定したままで），不要な値をマスク処理するほうがよい．実際に深層ニューラルネットワークの構造を新しく提案する際は，マスクのテクニックに習熟している場合としていない場合で，取り得る方策が大きく異なる場合も多い．マスク処理は，GPU を用いた深層ニューラルネットワークを自在に操るうえで，必須のテクニックである．

2．学習率のウォームアップ

Transformer のみならず，深層ニューラルネットワークを確率的勾配降下法で学習するとき，パラメータ更新の反復を始めた頃は，予測がほとんどランダムとなり損失が大きく，勾配の値も大きくなりがちである．モデルパラメータが更新のたびに大きく変動してしまい，安定しないという現象が散見される．

これを踏まえると，学習初期はモデルパラメータの値を大きく変更させないようにするため，学習率を小さく保つほうが良いと考えられる．一方で，ある程度パラメータが学習されてからは，学習を加速させるためにも学習率は比較的大きめにするほうが望ましいと考えられる．そして，学習が終盤になると，今度は極小値に向かってきめ細かい調整が必要となるため，学習率は小さいことが望ましいと考えられる．

つまり，学習の序盤と終盤の学習率は小さく，中盤は大きくすることが望ましいという直感がある．これを実現するのが**学習率のウォームアップ**（learning rate warm-up）という手法である．

原論文[116]では以下の式が紹介された．

$$
\begin{aligned}
\mathrm{lrate}_{\mathrm{step}} &= d^{-0.5} \times \min(n_{\mathrm{step}}^{-0.5}, n_{\mathrm{step}} \times n_{\mathrm{warmup}}^{-1.5}) \\
&= \min\left(\frac{1}{\sqrt{d}\sqrt{n_{\mathrm{step}}}}, \frac{n_{\mathrm{step}}}{\sqrt{d}n_{\mathrm{warmup}}\sqrt{n_{\mathrm{warmup}}}}\right)
\end{aligned} \tag{6.29}
$$

ここで，n_{step} は確率的勾配降下法の反復回数，n_{warmup} はハイパーパラメータである．図 6.10 に式 (6.29) により計算される学習率を示す．この図からわ

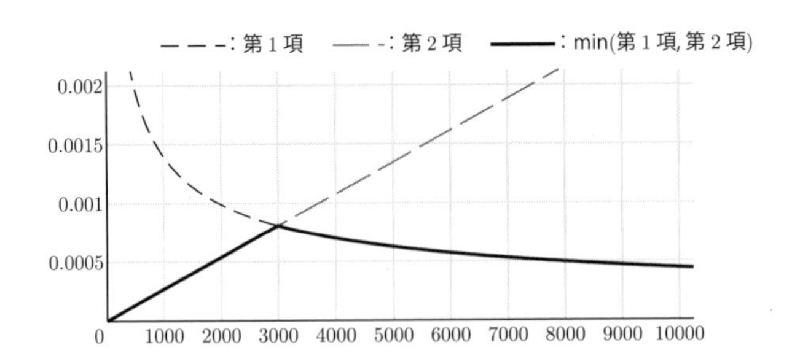

図 6.10　ウォームアップにより計算される学習率の値とその変化（横軸：ステップ数，縦軸：学習率の値）

かるように，式 (6.29) により計算される学習率は，最初は小さい値から始まり，一定の値まで上昇した後に減少する．また，そのピークは n_{warmup} 回で到達するように設計されている．

3. ラベルスムージング

ラベルスムージング（label smoothing）とは，学習時の「正解」をやや緩和し，モデルが極端に学習データに過適合してしまうのを防ぐ手法である[113]．ラベルスムージングを K クラスの分類問題に適用するときは，正解ではないラベルの予測確率が 0 ではなく定数値 $\epsilon/(K-1)$ に，正解ラベルの予測確率が 1 ではなく $1-\epsilon$ になるように学習する．例えば，$\epsilon = 0.1$ とすると，正解ラベルの予測確率が 0.9，正解以外のラベルの予測確率が $0.1/(K-1)$ になることを目指す．例えば，正解クラスの予測確率が 0.95 だったとすると，確率が 1 になるようにパラメータを更新するのではなく，予測確率が 0.9，すなわち減る方向になるようにパラメータを更新することになる．図 6.11 にラベルスムージングの有無による正解の確率分布（経験分布）の違いと，損失計算後のパラメータ更新の方向の違いを示す．

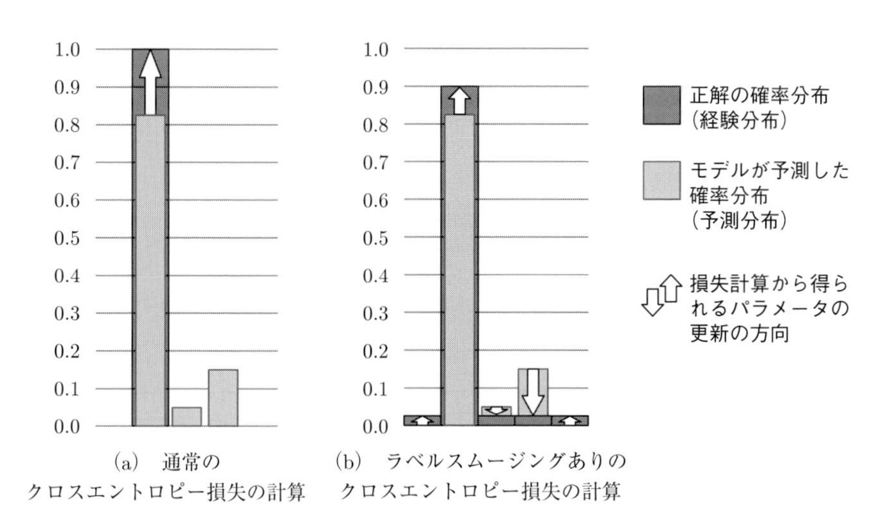

図 6.11 ラベルスムージングの有無による正解の確率分布（経験分布）と損失計算後のパラメータ更新の方向

4．モデル平均化

モデル平均化（model averaging）とは，学習後に複数のモデルの平均をとり，それを学習結果と見なして予測をする方法である．Transformer の原論文[116)]では，10 分おきにモデルのパラメータをチェックポイントとして保存し，最後の 5 チェックポイント，あるいは 20 チェックポイントの平均を使うとしている．しかし，「10 分おき」という基準では再現性の担保が難しいため，最近は各エポックごと，あるいは一定間隔の反復ごと*10にチェックポイントを保存し，最後の何回かのチェックポイントの平均を使う，という手順を採用することが多い．

演習問題

問 1　Transformer の主たる構成要素を六つ挙げ，それぞれの構成要素の処理の概要を説明せよ．

問 2　自己注意機構と，系列変換モデルなどのエンコーダとデコーダ間で用いられる注意機構との間で何が違うかを説明せよ．また，自己注意機構を利用する際に気を付けるべき点を述べよ．

問 3　一般的に Transformer は再帰型ニューラルネットワークよりも学習時の計算効率がよく，学習時間が短くなるといわれている．この知見の根拠として考えられる機能や状況を説明せよ．

*10　例えば，1 000 反復など．

第7章 事前学習済みモデルと転移学習

第 4 章で説明した **RNN** や **LSTM** で文書分類モデルを構築したり，第 **6** 章の **Transformer** で機械翻訳モデルを構築したりするには，大量の訓練データが必要である．新しい分類タスクや言語対ごとに高品質で大規模な訓練データを構築するには，膨大な時間と労力が必要になるため，できれば少ない訓練データからモデルを学習する方法を模索したいと考えるのは，自然なことであろう．これに対し，第 **3** 章では大規模なコーパスから単語埋込みを学習すると，単語の類似度やアナロジーなど，単語に関する汎用的な知識が獲得できる可能性を示した．一方で，単語の意味の曖昧性や文脈によって語義が微妙に変化する問題がある．本章では，文脈を考慮した単語の埋込みを大規模なコーパスで学習するモデル（事前学習済みモデル）と，事前学習済みモデルを出発点として所望のタスクで高い性能を引き出すアプローチ（ファインチューニング）を紹介する．

7.1 事前学習済みモデルの背景

まず，事前学習済みモデルの歴史的な背景を説明したい．

1. 文脈化された単語埋込みの学習

第3章で紹介した単語埋込みは，単語に関する一般的な知識を表現できると期待されるため，さまざまな言語処理タスクで利用されるようになった．ところが，これも3.8節(d)で述べたとおり，Word2Vecなどの単語埋込みは文脈から切り離されているため，品詞タグ付けや固有表現抽出，語義曖昧性解消など，テキストの文脈を考慮すべきタスクでは，第4章で説明したRNNやLSTMでネットワークを構成し，教師あり学習の設定でタスクに応じた訓練を行う必要があった．その学習の副産物として，RNNやLSTMなどのモデルは文脈における単語の表現を暗黙的に獲得していると考えられる．そこで，文脈における単語の意味を表現できる単語埋込みを汎用的に学習する手法として，context2vec[78]や**ELMo**（Embeddings from Language Models）[89]が提案された．これらの手法では，双方向LSTMを用いて言語モデルを学習することで，文全体を考慮して単語の意味を表現するベクトルを獲得する．このような単語ベクトルは，**文脈化単語埋込み**（contextualized word embedding）と呼ばれる．この対比において，Word2VecやFastTextなどの単語ベクトルを**静的な単語埋込み**（static word embedding）と呼ぶこともある．

2. 文の埋込み表現の学習

文のカテゴリ分類や感情分析，含意関係認識（10.2節），言い換え表現の認識など，文を単位とする自然言語処理タスクでは，個々の単語の埋込みよりも文の埋込み表現のほうが重要である．幅広いタスクにおいて汎用的に用いることができる文の埋込み表現を獲得することを目指した研究として，InferSent[22]がある．InferSentでは含意関係認識のラベル付きコーパスである**SNLI**（Stanford Natural Language Inference）[12]を用いて双方向LSTMモデルを訓練し，その副産物として得られる文の埋込み表現が，文のカテゴリ分類や文間類似度推定においても高い性能を示すことを明らかにした．しかしながら，InferSentの訓練には人手によるラベル付きコーパスが必要であるため，大規模化が難しい．

一方，生コーパスから汎用的な文の埋込み表現を獲得するモデルとして，Skip-thoughts[58]およびQuick-thoughts[72]がある．Skip-thoughtsは生コーパスを訓練データとして，各入力文からその前後に現れる隣接文を生成する学習を行う．すなわち，入力文の意味をうまく表現できる埋込みが獲得できれば，それと強い関連をもつ前後の文の生成が可能であろう，という仮定に基づいている．これは，単語埋込みにおけるSkip-Gramのアイディアを文に拡張したと考えることができる．Quick-thoughtsはSkip-thoughtsのアイディアを継承しつつ，前後の文の生成の代わりに，隣接文を他の文と識別するという学習を行う．すなわち，入力文，隣接文，その他の文を埋込み表現に変換し，訓練コーパスにおいて入力文と隣接していた文を当てられるようにモデルを学習する．Skip-thoughtsでは隣接文の単語列を予測する必要があったため，その学習のコストが高かったが，Quick-thoughtsでは隣接文の識別学習に変更したことで，モデルを学習しやすくなった．

3. 特徴抽出からファインチューニングへ

これまでに説明した文脈化された単語埋込みや文の埋込み表現の研究では，埋込み表現を学習するモデルとそれを利用する後段のタスクのモデルは個別に構築され，単語および文の埋込み表現は後段タスクのモデルの特徴量として用いられた．そのため，後段タスクの学習において利用されるのは，事前に学習しておいた埋込み表現のみであり，埋込み表現が合成される際のモデルの内部状態が利用されることはなかった．これに対し，埋込み表現を学習するモデルとタスクを学習するモデルを同一の構成とし，事前に学習しておいた埋込み表現だけでなく，事前に学習したときのモデルのパラメータを後段タスクにおいてそのまま利用し，そのパラメータを後段タスクの訓練データで微調整するアプローチが登場して，その有効性が示された[25),49)]．前者の埋込み表現の学習を**事前学習**（pre-training），後段タスクにおける学習を**ファインチューニング**（fine-tuning）と呼ぶ．このアプローチは，あるタスクで学習されたモデルを関連する別のタスクに適応させる**転移学習**（transfer learning）の一種である．これらの研究では，LSTMを用いて入力を再構成するオートエンコーダまたは言語モデルの事前学習を行い，さまざまな分類タスクにおいてそのモデルをファインチューニングした．

4. 大規模事前学習済みモデルの台頭

言語モデルによる事前学習をさらに発展させたのが**GPT**（generative pre-trained Transformer）[93)]である．既存研究[49)]が3層のLSTMを用いたのに対し，GPTでは12層のTransformerのデコーダ部分を採用し，本から抽出した大規模なテキストコーパス[130]を用いて言語モデルを事前学習した．そして，自然言語推論や質問応答，文間類似度，感情分類などのタスクでファインチューニングを行い，多くのタスクで当時の最高性能を達成することを示した．

GPT では Transformer のデコーダ部分を採用しているため，事前学習では先行する (左側の) 文脈を参照しながら，それに続く単語を予測するタスクにしか取り組んでいない*1．そこで，両方向から文を参照するタスクを事前学習タスクとして採用し，Transformer のエンコーダを事前学習することを提案したのが **BERT** (Bidirectional Encoder Representations from Transformers)[27] である．BERT は文中で任意の位置の単語をマスクし，そのマスクされた単語を予測するタスクを事前学習に用いることで，文全体を参照する言語モデルを学習した．これは ELMo の双方向 LSTM による言語モデルの学習を Transformer によって実現したともいえる．さらに，BERT では入力文がコーパス中における隣接文同士かどうか識別するタスクも事前学習に採用し，文の埋込み表現を獲得することを目指した．この事前学習タスクは Quick-thoughts と関連が深い．BERT をさまざまなタスクでファインチューニングする実験では，既存手法を顕著に上回る性能を達成し，事前学習済みモデルが大きく注目されるようになった．

GPT および BERT の成功を受け，Transformer のエンコーダとデコーダの双方を備えた事前学習モデルも提案されている[66),95]．これらのモデルでは，Skip-thoughts のように文を生成する事前学習を行う．そのタスクでは，一部の単語をマスクしたり順序を並べ替えたりするなどしてノイズを加えた入力文から，ノイズを除去した元の入力を復元する．図 7.1 に，代表的な事前学習済みモデルを示した．事前学習済みモデルは機械翻訳において高い性能を示した Transformer をベースとしたものが多く，Transformer のエンコーダを事前訓練した BERT，デコーダを訓練した GPT，エンコーダ・デコーダを訓練した **BART** (Bidirectional and Auto-Regressive Transformers)[66] および **T5** (Text-to-Text Transfer Transformer) が代表的である．

このように，事前学習済みモデルを出発点として，目的のタスクに応じてファインチューニングするというアプローチは，現在の言語処理におけるデ

*1　より厳密に説明すると，デコーダの事前学習で単語を予測するとき，先行する（左側の）文脈にのみ自己注意機構を使うことができる．これは，文全体を見ながら回答となる箇所を推定する質問応答タスクなどを考えると，理想的な事前学習とはいえない．

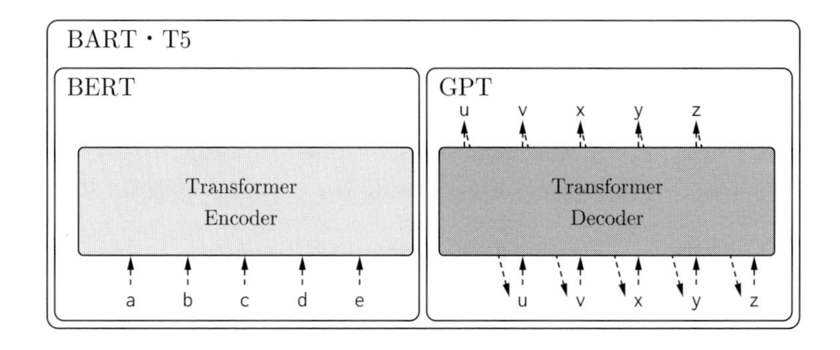

図 7.1　代表的な事前学習済みモデル

ファクトスタンダードとなっている．なお，事前学習済みモデルでは，処理の最小単位としてサブワードを採用することもあるが，本章では「単語」を処理の最小単位として説明を統一する．

7.2　デコーダの事前学習：GPT

事前学習済みモデルのうち，初期に発表されたものの一つが GPT である．OpenAI から発表されたモデルで，第一世代の GPT[93]（2018 年），第二世代の GPT-2[94]（2019 年），第三世代の GPT-3[13]（2020 年）がある．若干の違いはあるものの，どの世代の GPT も Transformer のデコーダをアーキテクチャとして採用し，言語モデルとして訓練したものである*2．

1.　GPT の事前学習

GPT は Transformer のデコーダにより，入力されたテキストから次の単語を予測するという言語モデルの学習を行う．事前学習に用いる，長さが N 単語のテキストの単語列を $s = x_1, x_2, \ldots, x_N$ で表す．位置 i の単語 x_i を予測するとき，それよりも k 個前に出現する単語列 $x_{i-k}, x_{i-k+1}, \ldots, x_{i-1}$ を文脈として用い，言語モデルの負の対数尤度

*2　正確にはデコーダのみで動作する Transformer の亜種を用いている[68]．

$$J = -\sum_{i=k+1}^{N} \log P(x_i \mid x_{i-k}, x_{i-k+1}, \ldots, x_{i-1}) \tag{7.1}$$

を最小化するように，L 層の Transformer のデコーダ部分を学習する．各単語の予測確率は，Transformer が最終層の位置 $i-1$ において計算した単語埋込み $\boldsymbol{H}_k^{(L)} \in \mathbb{R}^d$ を用いて

$$\boldsymbol{H}^{(0)} = \boldsymbol{W}\boldsymbol{X} + \boldsymbol{P} \tag{7.2}$$

$$\boldsymbol{H}^{(l)} = \mathtt{transformer\_block}(\boldsymbol{H}^{(l-1)}),\ \forall l \in \{1, \ldots, L\} \tag{7.3}$$

$$P(x_i \mid x_{i-k}, x_{i-k+1}, \ldots, x_{i-1}) = \mathtt{softmax}_{x_i}(\boldsymbol{W}^\top \boldsymbol{H}_k^{(L)}) \tag{7.4}$$

と計算する．ここで，$\boldsymbol{X} \in \mathbb{R}^{|\mathbb{V}| \times k}$ は文脈単語 $x_{i-k}, x_{i-k+1}, \ldots, x_{i-1}$ のワンホットベクトルを横方向に並べた行列，$\boldsymbol{W} \in \mathbb{R}^{d \times |\mathbb{V}|}$ は単語埋込み行列，$\boldsymbol{P} \in \mathbb{R}^{d \times k}$ は位置埋込み行列（下記 (a) 参照），$\boldsymbol{H}^{(l)} \in \mathbb{R}^{d \times k}$（$l \in \{0, \ldots, L\}$）は，Transformer の第 l 層における文脈単語 $x_{i-k}, x_{i-k+1}, \ldots, x_{i-1}$ の埋込み表現を横方向に並べた行列，$\mathtt{transformer\_block}(\cdot)$ は Transformer の一つの層に対応する処理，$\mathtt{softmax}_{x_i}(\cdot)$ はソフトマックスの計算結果のベクトルにおいて単語 x_i に対応する要素の値，$\boldsymbol{H}_k^{(L)}$ は行列 $\boldsymbol{H}^{(L)}$ の左から k 番目の列ベクトルで，すなわち Transformer の最終層の位置 $i-1$ における埋込み表現ベクトルである*3．また，d は Transformer の埋込み表現ベクトル（隠れ状態ベクトル）のサイズ，$|\mathbb{V}|$ は語彙サイズである．

(a)　位置埋込み

ここで，式 (7.2) の位置埋込み行列 $\boldsymbol{P}$ について補足したい．第 6 章では，入力文および出力文の各単語の出現位置を Transformer に与える方法として，位置符号化を紹介した．これに対し，事前学習済みモデルでは位置符号化ではなく，各位置をベクトルで表現する位置埋込みを用いるのが一般的である．すなわち，$\boldsymbol{P}_i \in \mathbb{R}^d$（$i \in \{1, \ldots, k\}$）は i 番目の位置に対応する位置埋込みを表す．式 (6.19) と同様に，式 (7.2) では単語埋込みに位置埋込みを加えてモデルに入力している．位置埋込み行列はモデルの他のパラメータと一緒に事前学習される．

事前学習済みモデルでは特別な役割を仮定した特殊トークンを用いるものが

*3　元論文[93]の表記はかなり省略されたものになっているため，著者らの解釈を加えて表記を改変した．

あり，これら特殊トークンの中には，文頭など常に特定の位置に挿入されるものもある．このように常に特定の特殊トークンが現れる「位置」は，単語の出現順序という意味での「位置」とは性質が異なると考えられる．事前学習済みモデルは位置埋込みを学習することで，位置の性質を捉えられるようになることが示唆されている[118]．

2. GPTを用いた転移学習

テキスト分類タスクを例に，GPTをファインチューニングする方法を説明する．長さkの単語列$x_1, x_2, \ldots, x_k$とその正解カテゴリyの組からなる訓練事例がある*4．Transformerが最終層の位置kにおいて計算した単語埋込み$\boldsymbol{H}_k^{(L)} \in \mathbb{R}^d$を用いて，そのカテゴリ$y \in \mathbb{Y}$を予測するときの条件付き確率を計算する（$\mathbb{Y}$は予測され得るカテゴリの集合）．

$$P(y \mid x_1, x_2, \ldots, x_k) = \mathtt{softmax}_y(\boldsymbol{W}_{yh}\boldsymbol{H}_k^{(L)}) \tag{7.5}$$

ここで，$\boldsymbol{W}_{yh} \in \mathbb{R}^{|\mathbb{Y}| \times d}$はカテゴリ分類のための全結合層のパラメータである．訓練データの集合を$\mathcal{D}$で表すことにすると，ファインチューニングではテキスト分類に関する負の対数尤度を最小化する．

$$J_2 = -\sum_{((x_1,\ldots,x_k),y) \in \mathcal{D}} \log P(y \mid x_1, x_2, \ldots, x_k) \tag{7.6}$$

このとき，ファインチューニングによりGPTモデル内部のパラメータも更新される．図7.2 (a)に，GPTをテキスト分類タスクでファインチューニングする様子を示した．ファインチューニングでは，式(7.6)を最小化するだけでなく，ファインチューニングしたい訓練データを生テキストコーパスと見なして言語モデルの最適化（式(7.1)の最小化）を同時に行い，分類モデルの汎化性能，および学習の収束の改善を狙うことがある．

GPTはデコーダに基づくアーキテクチャを採用しているため，分類問題だけでなく機械翻訳や要約，対話などの言語生成タスクにも適用できる．機械翻訳の場合，図7.2 (b)に示すように原言語文と目的言語文を，翻訳先言語を示す特殊トークン<to-en>で連結したテキストを用いてファインチューニングを

*4 GPTの事前学習との整合性を考え，分類したいテキストの長さがkよりも短いときは，左側にパディング（擬似的な単語を追加する処理）をして長さをkに揃えることがある．

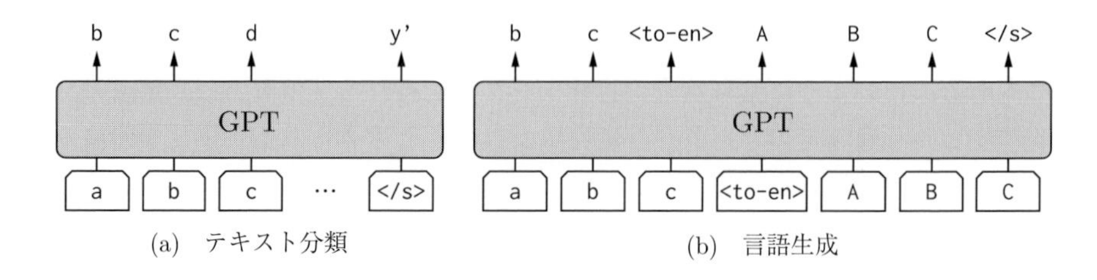

図 7.2　GPT のファインチューニング

行う*5．また，対訳コーパスを用いて言語モデルの追加学習を行う[56]．ファインチューニングしたモデルを用いて翻訳を行うときは，原言語文の末尾に特殊トークン<to-en>を追加したテキストを入力し，翻訳文の単語を一つずつ予測する．

GPT の転移学習における注意点

GPT を言語生成タスクにより転移学習するには，いくつかの工夫が必要である．言語生成タスクでファインチューニングを行うときは，入力文と出力文を連結した文を用い，言語モデルの学習を行う．しかし，言語生成タスクでの性能に関して重要なのは要約文や翻訳文などの出力文のみであるため，出力文の部分のみ考慮して損失関数を計算するよう工夫することが多い．また，バッチ学習を行うには入力系列のパディングが必要になるが，パディング部分を注意機構で参照しないようにマスク処理が必要となる．

3．大規模言語モデルがもつ可能性

初代 GPT のパラメータ数は約 1.17 億個であったが，続けて発表された GPT-2 では最大で約 15.4 億，GPT-3 では最大で約 1750 億個のパラメータをもつ．また訓練コーパスも GPT では約 7 千冊の書籍を収録した BookCorpus[130]を用いていたが，GPT-3 では書籍データだけでなく Common Crawl[95]という巨大なテキストコーパスを用いている．

GPT は Transformer のデコーダであるため，事前訓練済み GPT モデルを言語生成に用いることは自然である．図 7.3 に GPT-2 による言語生成の例

*5　ただし，タスクを指示する特殊トークンは何でもよいので，文末記号等で代用することも可能である．

Before boarding your rocket to Mars, remember to pack these items before heading to your rocket to Mars: Space blankets, water purification tablets, solar panels and a good flashlight. If you are going to spend a long time on Mars, make sure to pack enough batteries so that you will always be able to charge your flashlight. You need to know that Mars is very cold at the surface, so you will want to keep warm.

図 7.3 GPT-2 による言語生成の例

を示す．先頭の“Before boarding your rocket to Mars, remember to pack these items”を入力し，後続の文章を GPT-2 により自動生成したものである．一つの文の中で“before . . . your rocket to Mars”を重複して含むなど少し不自然な箇所もあるが，おおむね文意がわかる文章が生成されている．GPT-2 よりさらに大きな GPT-3 は 1 750 億のパラメータを有し，人間が作成した文章と見間違えるくらいの強力な言語生成能力を有する．

これまで，GPT を事前学習とファインチューニングという観点から説明したが，GPT-2 の論文[94]は，ファインチューニングを行わずに自然言語処理の複数のタスクを解く可能性を検証している．ファインチューニングを行わずにタスクを解く仕掛けは，**プロンプト**（prompt）と呼ばれる文字列である．例えば，質問応答タスクにおいて富士山の高さを調べたいときは，「富士山の高さは」というテキストを GPT-2 に入力し，後続のテキストを予測させ，「3 776 m」という文字列が出力されることを期待する．GPT-2 を事前学習したときの大規模テキストコーパスには，「富士山の高さは 3 776 m ですが…」や「日本の最高峰，富士山は高さ 3 776 メートル…」などの文が含まれていると想定され，これらの文の知識が GPT-2 のパラメータとして蓄積されるので，プロンプトでその知識を引き出すというアイディアである．同様に，英日機械翻訳を実現するには，「“This is a pen”を日本語に訳すと」というプロンプトを GPT-2 に入力し，「これはペンです」などの日本語訳が予測されることを期待する．

GPT-3 の論文[13]では，GPT-2 と同様にファインチューニングを行わずにタスクの解き方の例を与えた場合の実験設定を検証している．図 7.4 に，英日翻訳タスクにおいて GPT-3 の入力に与える例を示した．この例では，英語から日本語への翻訳タスクであることを自然言語で説明したうえで，英語から日

図 7.4　GPT の few-shot 設定によるタスク遂行

本語への翻訳例を 3 件 GPT-3 の入力に与えている．単に「“black pudding” を日本語に訳すと」をプロンプトにするのではなく，翻訳タスクの解き方の例をプロンプトとすることで，タスクの性能が向上することを報告している．GPT-3 の論文では，タスクの指示のみを与える設定を zero-shot，タスクの指示と数十件の事例を与える設定を few-shot と呼んでいる*6．GPT-3 のような巨大なモデルを zero-shot や few-shot 設定で利用することは，自然言語処理タスクごとにファインチューニングをするコストを削減できるので，タスクの精度面での懸念はあるが実用上のメリットは大きい．なお，プロンプトは通常テキストとして表現されるが，代わりに実数値ベクトル[63]やモデル内部の追加パラメータ[67]として与えることもでき，所望のタスクに適したプロンプトを学習するアプローチも研究されている．

7.3　エンコーダの事前学習：BERT

GPT の事前学習では先行する文脈を参照しながら，それに続く単語を予測するタスクにのみ取り組んでいた．これに対し，文全体を参照しながら複数のタスクで事前学習するように改良したのが，Google AI Language が発表した BERT である．

1.　BERT の事前学習

BERT は Transformer のエンコーダ部分に基づくアーキテクチャを採用し

*6　機械学習の分野において few-shot 学習は，少量の教師データからモデルを訓練する方法論であり，モデルのパラメータは更新されることが普通である．一方，GPT-3 の論文[13]における few-shot 設定は，言語モデルのパラメータは更新しないことに注意が必要である．

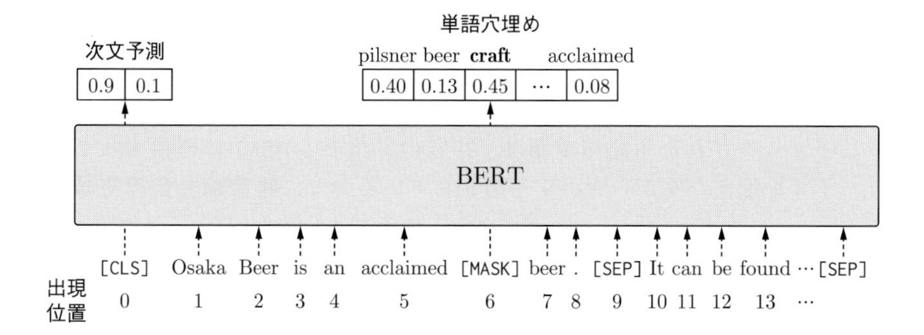

図 7.5 BERT の事前学習

ている．BERT の事前学習の例を図 7.5 に示した．この例では，二つのテキスト*7が入力され，次文予測と単語穴埋めの事前学習タスクを行っている．入力の先頭には [CLS] という特殊トークンが付加され，この先頭の [CLS] トークンに対応する最終層の埋込み表現が，入力テキスト全体を表現するものとして，分類問題のファインチューニングに用いられる．テキストは特殊トークン [SEP] を用いて連結され，入力の各単語はどちらのテキストに属しているか区別されている．

(a) 単語穴埋め

BERT の事前学習のメインは，文中でマスクされた単語の予測である*8．国語や英語の試験でも定番といえる単語穴埋め問題である．予測すべき単語は特殊トークン [MASK] に置換される．マスクされた単語に対して，その左側と右側の文脈を活用しながら，元の単語を予測するとともに，左右の文脈を用いた自己注意機構による単語埋込みの合成を学習できる．入力テキスト $s = x_1, x_2, \ldots, x_N$ が与えられ，i 番目の単語をマスクトークンに置換したとき，i 番目の単語の予測確率は，Transformer の最終層の出力 $\boldsymbol{H}_i^{(L)} \in \mathbb{R}^d$ を用いて次のように表される．

$$P(x_i \mid x_1, \ldots, x_{i-1}, x_{i+1}, \ldots, x_N) = \mathtt{softmax}_{x_i}(\boldsymbol{W}^\top \boldsymbol{H}_i^{(L)}) \tag{7.7}$$

*7 入力は必ずしも文とは限らないため，ここでは「テキスト」と呼ぶ．
*8 ランダムに選んだサブワードをマスクする手法，サブワード分割された単語全体をマスクする手法（whole word masking）など，バリエーションが存在する．

ここで，$\boldsymbol{W} \in \mathbb{R}^{d \times |\mathbb{V}|}$ は単語埋込み行列，$\boldsymbol{H}_i^{(L)} \in \mathbb{R}^d$ は Transformer のエンコーダを式 (7.2) および式 (7.3) のように適用し，最終層の位置 i における埋込みベクトルを取り出したものである．

このマスクされた単語の予測は，特定の単語を [MASK] に置換するというノイズを加えた文から元の文を復元しているので，**雑音除去自己符号化** (denoising autoencoding) の一種であると捉えることができる．一方で，ファインチューニングにおいては [MASK] トークンが入力されることがないため，事前学習とファインチューニングの間で入力データに齟齬が生じる．この問題を緩和するため，BERT の事前学習では，テキスト中の 15% の単語を単語穴埋めの対象としてランダムに選んだうえで，選ばれた単語の 80% は [MASK] トークンに置換し，10% はランダムな単語に置換し，残りの 10% は置換せずにそのままとしている．

(b)　次文予測

BERT のもう一つの事前学習タスクは，入力された二つのテキストが，抽出元の文書において連続していたものか，それとも別々の文書からランダムに選ばれたものかを推定する次文予測*9である．次文予測は，入力の先頭に配置した特殊トークン [CLS] に対応する最終層の埋込み表現に，二値分類のための全結合層を連結することによって行われ，単語穴埋め予測と同時に（並行して）学習される．ところが，後続の論文[70)]により，この次文予測は必ずしも有益な事前学習タスクではないことが示されている．本来，次文予測タスクは二つのテキストの論理的一貫性をモデルに学習させることを狙っている．しかし，実際には入力テキスト対が同じトピックを有するかどうかを推定できれば，次文予測に成功してしまう．トピック推定は論理的一貫性の推定より学習しやすいため，本来の目的である論理的一貫性の学習がなおざりになってしまう．また，単語穴埋めタスクがトピック推定と同種の学習を担っていると考えられることから，次文予測は BERT の性能向上に寄与しないと論じられている．

BERT の事前学習タスクを精査して訓練されたモデルに **RoBERTa** (Robustly optimized BERT approach) があり，さまざまな自然言語処理タスクにおいて BERT よりも高い性能を示している．RoBERTa では，

*9　入力されるテキスト対は「文」とは限らないが，便宜上，次文予測と呼ぶ．

(i) マスクする単語を動的に変更すること
(ii) 次文予測タスクは用いないこと
(iii) 大きなバッチサイズを用いること
(iv) サブワードの語彙サイズを大きくすること

を，より頑健な学習設定として推奨している．また，次文予測を二つのテキストの順序を予測するタスクに変更することで事前学習の効果を改善できることが，後続の論文によって示されている[61]．

2. BERTを用いた転移学習

BERTのファインチューニングでは，BERTのモデルの上にタスクに合わせて設計したニューラルネットワークの層を積み重ね，BERTの内部パラメータを含め，ネットワーク全体を学習する．BERTはTransformerのエンコーダに基づくアーキテクチャであるため，ファインチューニングのタスクは単語や文の分類問題が中心となる．事前学習により言語に関する一般的な知識や文脈付き単語埋込みの合成方法を学習してあるため，ネットワーク全体をゼロから学習する場合と比べ，少ない量のラベル付きデータでもファインチューニングが行える．Devlin et al.[27]が行ったBERTのファインチューニングの評価実験では，数千〜数十万件のラベル付きコーパスを用い，さまざまな自然言語処理タスクにおいて既存研究を大幅に上回る性能を達成した．

BERTの事前学習ではテキスト対を入力としていたが，ファインチューニング時は1文でも2文以上を入力しても構わない．ただし，入力形式はBERTの事前学習に揃えておく必要がある．すなわち，BERTの事前訓練に用いたトークナイザでサブワード分割を行い，入力の先頭に[CLS]トークンを，2文以上入力する場合はその境界に[SEP]トークンを挿入する*10．

(a) 文（対）単位のタスク

言い換え関係認識や文間類似度推定などの2文間の意味的類似度の推定や，ある文が文法的に正しいか評価するタスクなど，図7.6 (a)に示すような文（対）単位のタスクでは，先頭に付加した[CLS]トークンに対応するBERT最終層の出力$\boldsymbol{H}_0^{(L)} \in \mathbb{R}^d$を用いる．

一例として，分類モデルとして1層の全結合層からなるシンプルなニューラ

*10 [SEP]トークンを挿入すべき境界はタスクに依存するため，予備実験等によって調整するのがよい．

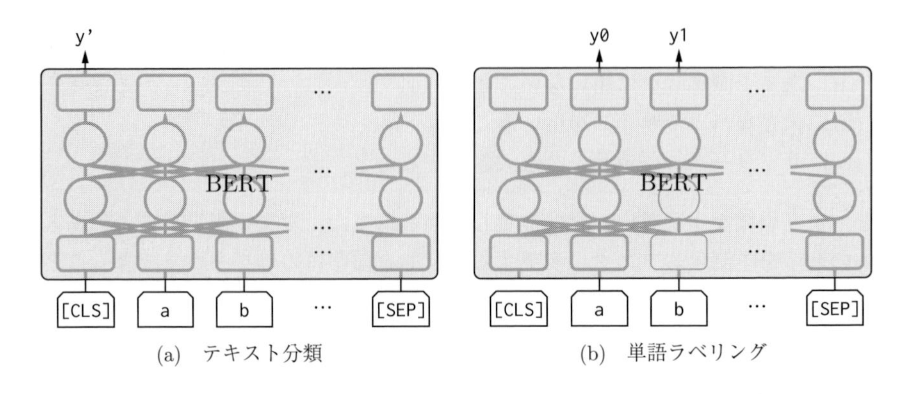

(a)　テキスト分類　　(b)　単語ラベリング

図 7.6　BERT のファインチューニング

ルネットワークを用い，ラベル $y \in \mathbb{Y}$ を予測する場合の条件付き確率は，

$$P(y \mid x_1, x_2, \ldots, x_T) = \mathtt{softmax}_y(\boldsymbol{W}_{yh}\boldsymbol{H}_0^{(L)}) \tag{7.8}$$

と計算できる．ここで，$\boldsymbol{W}_{yh} \in \mathbb{R}^{|\mathbb{Y}| \times d}$ は全結合層のパラメータである．

(b)　単語のラベリングタスク

与えられた質問に対し，ある文章から質問の答えとなるスパンを見つけ出す質問応答や，文章の中で特定のクラスの固有表現を見いだす固有表現抽出は，図 7.6 (b) に示すような各単語に対するラベル予測問題として定式化できる．質問応答の場合は，答えを表す範囲の開始と終了単語に対してラベル付けを行えばよい．固有表現抽出では，固有表現のクラスと開始・継続・終了などのラベルを各単語にラベル付けすればよい．このような単語に対するラベル予測問題も，先ほど説明した文（対）単位の予測問題と同様に，各単語に対応する BERT の最終層にニューラルネットワークの層を積み重ねることで実現できる．

BERT の「最終層」とは何を指す？

実装に立ち入った話となるが，実は [CLS] トークンの BERT 最終層の出力には二種類が混在している．BERT の次文予測では，Transformer の最終層の出力 $\boldsymbol{H}_0^{(L)}$ を全結合層（パラメータを $\boldsymbol{W}_{zh}$ とする）で一度変換し，その出力を次文予測のための分類器に入力している．

$$\widetilde{\boldsymbol{H}}_0^{(L)} = \boldsymbol{W}_{zh}\boldsymbol{H}_0^{(L)} \tag{7.9}$$

そのため，[CLS] トークンについては，BERT 最終層の出力として $\boldsymbol{H}_0^{(L)}$ および $\widetilde{\boldsymbol{H}}_0^{(L)}$ がある．ファインチューニングではどちらを用いても問題ないが，実験結果の再現性を担保するには，どちらを用いたか明確に記述したほうがよい．事前学習済みモデルの汎用ライブラリである Huggingface Transformers*11では，文（対）単位のファインチューニングでは $\widetilde{\boldsymbol{H}}_0^{(L)}$ を使う実装となっている．

3. 単語や文の埋込み表現の抽出

事前学習済みモデルは単語および文の汎用的な符号化器（エンコーダ）としても利用できる．また別の教師あり学習モデルに特徴量として入力することもできる．BERT を純粋な符号化器として用いる場合は，別のニューラルネットワークモデルに埋込み表現だけを転用するか，BERT のパラメータを固定し，所望のタスクに関するモデルのパラメータのみを学習する．

(a) 単語の埋込み表現

BERT は入力テキスト全体を Transformer のエンコーダにより符号化するため，最終層の各単語の隠れ状態ベクトルは文脈化された単語埋込みと見なせる．ただし，BERT は単語をサブワード単位で扱うため，サブワードのベクトルから元の単語の埋込み表現を獲得する必要がある．先頭のサブワードのベクトルを利用するか，すべてのサブワードベクトルの平均を用いる（mean-pooling），最大値プーリングを用いる（max-pooling）ことが多い[75]．

なお，BERT は複数の Transformer の層から構成されている．下位の層は語彙的な情報を，上位の層は文脈を反映したベクトルが獲得されていることが実験的に明らかになっている[117]．Transformer の上半分の層の隠れ状態ベクトルの平均を後段タスクで用いると，おおむね高い性能を示すことが経験的に知られているが，単語埋込み表現を取り出すために最適な層の位置，およびその組合せはタスク依存である．

(b) 文の埋込み表現

ファインチューニングを行う場合，文の埋込み表現として先頭の [CLS] トークンに対応した Transformer の最終層を用いるのが一般的である．一方で，ファインチューニングを行わない場合，[CLS] ベクトルは文（対）の埋込み表現としては有用ではないことが経験的に知られている．ファインチューニ

*11　https://huggingface.co/transformers/

ングを行わずBERTを純粋な文符号化器として用いる場合，入力文の全サブワードに対応する最終層の隠れ状態ベクトルの平均プーリングや最大値プーリングを文の埋込み表現として用いることが多い．単語の埋込み表現と同様に，Transformerのどの層の隠れ状態ベクトルを用いるのがよいか，およびその組合せ方はタスク依存である[129]．

(c)　BERTScore

BERTの強力な符号化能力を活用した教師なし文間類似度推定手法として，BERTScoreが提案されている[129]．機械翻訳および画像キャプション生成の自動評価において，既存の自動評価指標よりも人手による評価と高い相関を示すことが実験的に示されている．BERTScoreはBERTにより符号化した2文のサブワードベクトル間のコサイン類似度に基づき，文全体の類似度を計算する．n個のサブワードからなる文$s_1 = x_1, x_2, \ldots, x_n$と$m$個のサブワードからなる文$s_2 = y_1, y_2, \ldots, y_m$が与えられたとき，BERTScoreは次のように計算される．

$$R_{\mathrm{BERT}}(s_1, s_2) = \frac{1}{n} \sum_i \max_j \boldsymbol{x}_i^\top \boldsymbol{y}_j \tag{7.10}$$

$$P_{\mathrm{BERT}}(s_1, s_2) = \frac{1}{m} \sum_j \max_i \boldsymbol{x}_i^\top \boldsymbol{y}_j \tag{7.11}$$

$$F_{\mathrm{BERT}}(s_1, s_2) = \frac{2P_{\mathrm{BERT}}(s_1, s_2) R_{\mathrm{BERT}}(s_1, s_2)}{P_{\mathrm{BERT}}(s_1, s_2) + R_{\mathrm{BERT}}(s_1, s_2)} \tag{7.12}$$

それぞれ，R_{BERT}は再現率，P_{BERT}は適合率，F_{BERT}はF1スコアに対応したBERTScoreを表す．ここで，$\boldsymbol{x}_i$はs_1中のサブワードx_iのBERTによる文脈化単語埋込み表現，$\boldsymbol{y}_j$はs_2中のサブワードy_jのBERTによる文脈化単語埋込み表現で，それぞれL^2ノルムが1になるよう正規化したものである．評価にR_{BERT}，P_{BERT}，F_{BERT}のいずれを用いるのが適切かは，タスクや評価の目的次第である．

7.4　エンコーダ・デコーダの事前学習：BART

GPTおよびBERTの成功を受け，Transformerのエンコーダ・デコーダの両方を備えた事前学習済みモデルBARTが登場した．デコーダだけで構成されていた GPT と比較すると，入力の符号化を担うエンコーダを備えたことで，要約や対話，機械翻訳など，入力文に強く条件付けられた言語生成タスクと相性が良い．

1. BART の事前学習

BERT に関する一連の研究により，単語をマスクするなど人工的なノイズを加えた文から元の文を復元する事前学習の有効性が示された．Facebook AI Research（現 Meta AI Research）が発表した BART の事前学習では，この事前学習をエンコーダ・デコーダモデルで行う*12．具体的には，図 7.7 に示すように，文の順序をシャッフルし，かつ一部の単語をマスクしたテキストを入力する．そして BART は文の順序を復元し，マスクされた単語を埋めた元のテキスト全体を出力する学習を行う．BERT の事前学習では一つのサブワードを一つのマスクトークンに置換していたが，BART では 30% の単語について，$\lambda = 3$ のポアソン分布により決定した長さのスパンの連続したサブワードを一つのマスクとする*13．文の順序をシャッフルして入力に与えるのは，BERT の事前学習における次文予測タスクの改良といえる．BERT より多くのパラメータをもつ BART では，この文順序の復元と単語穴埋め予測を組み合わせることで，性能が改善することが報告されている．

BART とほぼ同時期に，Google から T5[95] と呼ばれる事前学習済みエンコーダ・デコーダモデルが発表された．T5 も BART と同様の事前学習を行うが，入力テキスト全体を予測するのではなく，マスクした単語列のみ予測する点が異なる．

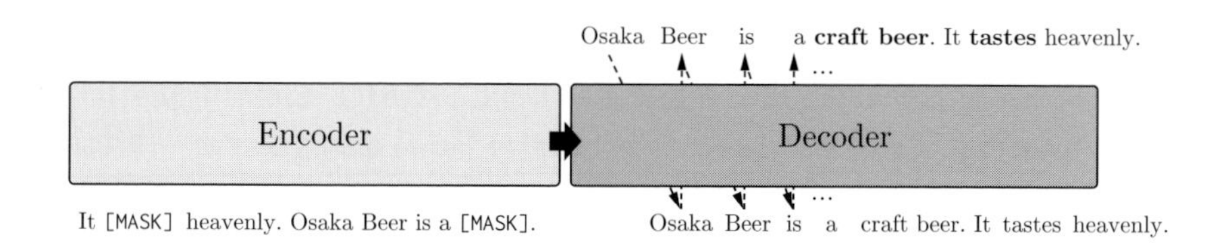
Osaka Beer is a craft beer. It tastes heavenly.
Encoder
Decoder
It [MASK] heavenly. Osaka Beer is a [MASK].
Osaka Beer is a craft beer. It tastes heavenly.

図 7.7 BART の事前学習（文の順序をシャッフルしたうえで，各文中の単語の一部がマスクされたテキストが入力され，元の文を復元するよう学習する）

*12 論文[66]ではノイズを付加するさまざまな手法を比較検証しているので，興味のある読者は参照されたい．
*13 0 個の単語のマスクは，単語の復元が不要な引っかけ問題である．

ところで，これまでに紹介した事前学習済みモデルは大規模なテキストコーパスさえ準備すれば，英語だけでなくさまざまな言語のモデルを構築できる．実際に，日本語や中国語，ドイツ語などの事前訓練済みモデルが公開されている．さらに，一つの事前学習済みモデルで複数の言語をカバーすることも可能である．これまでに紹介した BERT や RoBERTa，BART，T5 を多言語テキストコーパスを用いて事前学習したモデルは，それぞれ，**mBERT** (multilingual BERT)，**XLM-R** (XLM-RoBERTa)[21]，**mBART** (multilingual BART)[69]，**mT5** (multilingual T5)[122]の名称で公開されている．mBERT および XLM-R は 100 言語以上，mBART は 50 言語，mT5 は 101 言語を一つのモデルでカバーしている．なお，mBART では言語を識別する特殊トークンを導入することで，言語を明確に区別するように工夫されている．

2. BART を用いたファインチューニング

他の事前学習済みモデル同様，BART もファインチューニングにより文や単語の分類問題から言語生成まで，さまざまなタスクに適応できる．入力されたテキストに続く単語を予測する言語モデルに対し，要約や対話システム，機械翻訳などの言語生成タスクは入力文に強く依存した言語生成タスクである．例えば，機械翻訳では入力された原言語の文に対して，目的言語の文を生成する必要があり，かつ入力文で述べられていない情報を出力してはならない．BART では事前学習された強力なエンコーダで入力文を符号化し，デコーダの注意機構で入力文を参照しながら出力する単語を予測できるため，すべての役割をデコーダに負わせる GPT よりも，条件付き言語モデルとして適したアーキテクチャを有している．

要約や対話などの言語生成タスクで BART をファインチューニングするには，要約や対話応答文の生成を再現できるように，BART を追加学習すればよい．BART をファインチューニングするだけという単純なアプローチであるが，要約においては既存研究を大きく上回る性能を達成することが報告された．表 7.1 に BART による要約の例を示す．要約文はとても流暢かつ，入力文をコピーするのではなく高度に抽象化した表現を含む．さらに，一つ目の例では入力テキストに現れる “PG&E” がカリフォルニアにあることを補完して “customers in California” という表現を生成している．

機械翻訳では複数の言語を扱うので，多言語版 BART である mBART を

表 7.1 BART による要約の例（文献 69) 表 9 より引用）

入力	BART による要約
PG&E stated it scheduled the blackouts in response to forecasts for high winds amid dry conditions. The aim is to reduce the risk of wildfires. Nearly 800 thousand customers were scheduled to be affected by the shutoffs which were expected to last through at least midday tomorrow.	Power has been turned off to millions of customers in California as part of a power shutoff plan.
The researchers examined three types of coral in reefs off the coast of Fiji ... The researchers found when fish were plentiful, they would eat algae and seaweed off the corals, which appeared to leave them more resistant to the bacterium Vibrio coralliilyticus, a bacterium associated with bleaching. The researchers suggested the algae, like warming temperatures, might render the corals' chemical defenses less effective, and the fish were protecting the coral by removing the algae.	Fisheries off the coast of Fiji are protecting coral reefs from the effects of global warming, according to a study in the journal Science.

ファインチューニングするのがよい．mBART のファインチューニングによる機械翻訳は，10 万～1 000 万文対規模の対訳コーパスで追加学習する場合に最も効果を発揮し，mBART と同じ Transformer のエンコーダ・デコーダモデルを，同じ対訳コーパスでゼロから訓練するよりも，顕著に高い性能を示す．ところが，1 000 万文対を超える大規模な対訳コーパスが利用できる場合は，対訳コーパスのみを用いてエンコーダ・デコーダモデルをゼロから学習したほうがよいことが報告されている．これは大規模対訳コーパスによるファインチューニングでは，事前学習で獲得したパラメータの多くが上書きされ，事前学習の効果が失われるためであると考えられている．さらに，1 万対未満のごく少量の対訳コーパスしか追加学習に利用できない場合は，mBART のファインチューニングだけでは不十分で，教師なし機械翻訳の枠組みを組み合わせて使うほうがよいといわれている[69]．

入力に条件付けられた言語生成タスクで高い性能を示す BART であるが，入力テキストの続きを予測するようなタスクでは，純粋な言語モデルのほうが高い性能を示すといわれている．また，文や単語の分類問題のようにデコーダが不要なタスクでは，BART を使うよりも RoBERTa を用いるほうが高い性能を示すだけでなく，デコーダを動かさなくて済むので高速である．このように，事前学習モデルはタスクに適した設計のものを選択することが肝要である．

7.5　事前学習済みモデルと知識蒸留

事前学習済みモデルはパラメータ数が大きくなるほどファインチューニング後の性能が高いことが経験的に示されているため，より大規模なコーパスを用いてより巨大なモデルを学習する流れが加速している．一方で，巨大なモデルの学習には莫大な計算資源が必要で，多くの電力を消費することから，地球環境への影響も指摘されている．例えば，RoBERTa の Large モデル（3.55 億パラメータ）を学習するには，32 GB NVIDIA V100 GPU を 1024 個使い，約 1 日かかることが報告されている．また，多くのパラメータをもつ巨大なモデルを後段タスクで用いるときは，大量のメモリを消費してしまうため，これらを実サービスで利用する際の障壁となる．そこで，巨大なモデルと同等の性能を維持しつつも，より小さなモデルを構築する技術への関心が高まっている．本節では，大規模言語モデルのパラメータ削減と，既に構築した大規模モデルから知識蒸留により，小さなモデルを獲得する手法を紹介する．

1．パラメータ削減によるモデルの小規模化

パラメータ削減技術を用いて構築された事前学習済みモデルとして，ALBERT[61]が有名である．ALBERT では BERT をベースにしながら，単語埋込み層の分解と Transformer 層のパラメータ共有により，モデル全体のパラメータを削減している．

言語モデルにおいて，語彙は記憶できる単語の集合に相当する．モデルが保有する語彙サイズはモデルの性能に大きく影響を与える要素の一つである．多くの自然言語処理タスクでは，語彙サイズを大きくすることで性能が向上することが知られている．一般的な言語モデルでは，語彙中の各単語を単語埋込み層によって d 次元のベクトルに変換するため，埋込み層のパラメータ数は語彙サイズに対して線形に増加する．そこで，単語埋込み行列 $\boldsymbol{W} \in \mathbb{R}^{d\times|\mathbb{V}|}$ をより小さな行列の積で表現することで，埋込み層に関するパラメータを削減

できる．すなわち，二つの行列 $\boldsymbol{W}_1 \in \mathbb{R}^{d\times\lambda}$ および $\boldsymbol{W}_2 \in \mathbb{R}^{\lambda\times|\mathbb{V}|}$ を用い，式 (7.13) で単語埋込み行列 $\boldsymbol{W}$ を計算する．

$$\boldsymbol{W} = \boldsymbol{W}_1\boldsymbol{W}_2 \tag{7.13}$$

これにより，単語埋込み行列のパラメータ数は $\mathcal{O}(d|\mathbb{V}|)$ から $\mathcal{O}(d\lambda + \lambda|\mathbb{V}|)$ に削減される．$\lambda \ll d$ に設定することでパラメータ数をかなり削減できる．

Transformer 層のパラメータ共有として，注意機構のパラメータのみ共有する方法，全結合層のみ共有する方法など，いくつかのバリエーションがある．また，パラメータを共有する層についても，さまざまな選択肢があり得る．ALBERT ではパラメータ数の削減を優先し，単純にすべての層ですべてのパラメータを共有するアプローチをとっている．

約 3.34 億パラメータをもつ BERT-large モデルに対し，その約 18% である 6 千万パラメータしかもたない ALBERT-xlarge モデル（$\lambda = 128$，隠れ層 2 048 次元）が，各後段タスクにおいて BERT-large と同等の性能を達成した．ただし，パラメータ削減によりメモリ消費量を低減できるが，隠れ層の次元が大きくなるため，訓練時間は増大する傾向にある．

2．大規模なモデルから小さなモデルの抽出

知識蒸留 (knowledge distillation) は，学習済みの大きなモデル（**教師モデル** (teacher model)）の挙動を真似るように小さなモデル（**生徒モデル** (student model)）を訓練することで，大きなモデルの性能を保持しながらより小さいモデルを獲得する枠組みである．一般的に教師あり学習では，正解ラベルの予測確率を最大化するようにモデルを訓練する．深層ニューラルネットワークの学習では，予測したい単語に対応する要素を 1，それ以外の要素を 0 としたワンホットベクトルにモデルの予測確率分布が近づくように，クロスエントロピー損失を最小化するのが一般的である．ところが，モデルの予測確率分布をワンホットベクトルに近づけすぎずに，正解の単語に対応する要素では 1 に近い値を，不正解の単語に対応する要素では 0 に近い値を予測するほうがよいといわれている．ワンホットベクトルの形状をモデルが模擬できていないのでは，モデルの学習が不足しているように思うかもしれない．しかし，これは必ずしも学習不足や失敗を意味するわけではなく，モデルの汎化性能と関連が深いことが知られている．例えば日本語版 BERT を用いて「素晴らしい [MASK] の始

まりです.」という入力文に対し，マスクされた単語の穴埋め予測を行うことを考える.「人生」が最も高い予測確率をもつと思われるが，ほかにも妥当と考えられる「旅」「物語」「日々」「冒険」のような単語も比較的大きな予測確率が計算される．このように，複数の正解が考えられるタスクでは，正解以外の単語に対して確率をゼロと予測してしまうモデルは汎化性能を失っている危険性がある．そこで，知識蒸留では教師モデルの予測分布を真似るように生徒モデルを訓練することで，教師モデルの性能を維持しながらモデルのサイズをコンパクトにすることを狙う．

(a) 知識蒸留による言語モデルのコンパクト化

言語モデルの知識蒸留にはさまざまなアプローチがある．事前学習済みモデルの構築において知識蒸留を活用した例として，事前学習済み BERT から小規模なモデルを抽出した DistilBERT[104] がある．

DistilBERT では図 7.8 に示すとおり，BERT を教師モデルとし，生徒モデルを単語穴埋めタスクにより訓練する．教師モデルと生徒モデルが単語 x_i を予測する確率分布をそれぞれ，$P_t(x_i)$ と $P_s(x_i)$ と書くことにすると，

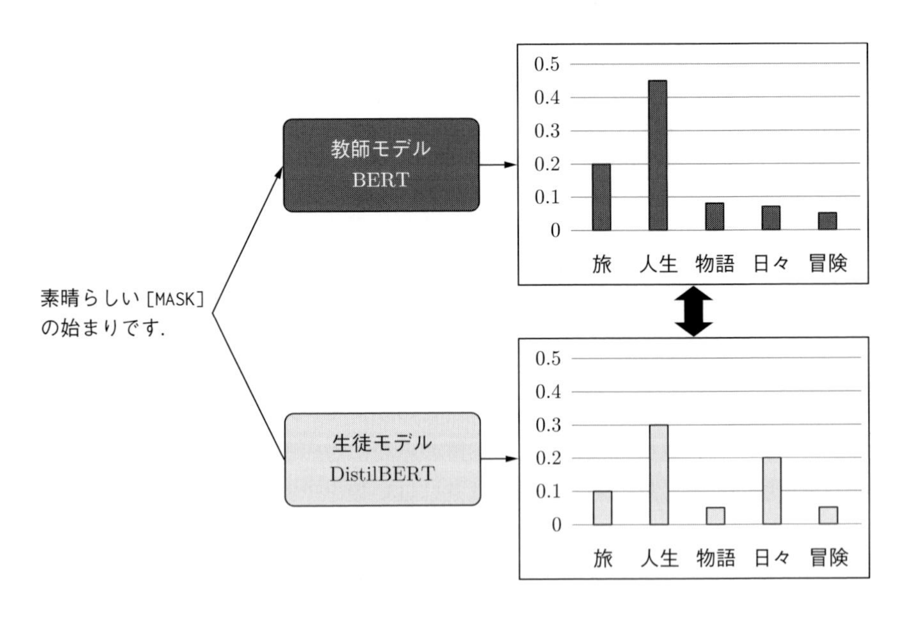

図 7.8　DistilBERT における知識蒸留

DistilBERT では生徒モデルの単語予測確率分布が BERT のものに近づくように，以下の損失関数を学習に加える．

$$J_{\mathrm{distil}} = -\sum_{x_i} P_t(x_i) \log P_s(x_i) \tag{7.14}$$

これにより，BERT の Transformer 層の数を減らした小規模モデルを獲得でき，かつ上述した汎化性能の喪失の危険を回避できるという利点がある．DistilBERT はさまざまな後段タスクにおいて，BERT の約 97% の性能を維持しながらパラメータ数を 40% に削減している．ALBERT とは異なり，Transformer 層の隠れ状態ベクトルのサイズは不変であるため，予測時の計算速度も 60% 高速化された．

(b) 知識蒸留による多言語モデルの改善

知識蒸留は学習済みモデルを用いて別のモデルを訓練する一般的な枠組みのため，パラメータ削減以外にもさまざまな目的に活用できる．Reimers and Gurevych[96)] は知識蒸留を応用した多言語モデルの性能向上を報告した．

多言語モデルに期待したい性質として，意味的に類似した単語や文は，言語が異なっても似たベクトルで表現されることが挙げられる．多言語モデルにこの性質があれば，対訳辞書構築や対訳コーパス収集の精度が向上すると期待できる．ところが，7.4 節で紹介した多言語モデルである mBERT や XLM-R は，さまざまな言語のコーパスを独立に用い，単一のモデルを事前学習している．そのため，残念ながら異なる言語間で共通の意味空間を獲得することができず，意味的に類似した文でも言語が異なるとそのベクトル表現が大きく異なってしまう．むしろ，mBERT や XLM-R から得られる文や単語ベクトルは，意味ごとではなく言語ごとにクラスタを形成することが知られている[96)]．

Reimers and Gurevych は，ある一つの言語（例えば英語）の事前学習済み言語モデルを教師モデル，多言語モデルを生徒モデルとして知識蒸留を行うことで，意味的に類似した単語や文が言語横断的に近いベクトルをもつようになることを示した．知識蒸留の具体的な手順は以下のとおりである．教師モデルと生徒モデルの言語対に対応する対訳コーパス $((e_1, f_1), \ldots, (e_n, f_n))$ を用意する．そして，教師モデルである事前学習済みの（単一言語の）言語モデル M，生徒モデルである多言語モデル $\hat{M}$ を用いて対訳文対を符号化し，以下の平均二乗誤差を最小化する．

$$J = \frac{1}{|B|} \sum_{(e_i, f_i) \in B} \left[(M(e_i) - \hat{M}(e_i))^2 + (M(e_i) - \hat{M}(f_i))^2 \right] \tag{7.15}$$

ここで，$M(\cdot)$ は教師モデルが入力を符号化したベクトル，$\hat{M}(\cdot)$ は生徒モデルが入力を符号化したベクトル，B はミニバッチである．すなわち，言語は異なるが同じ意味の対訳文対 (e_i, f_i) に対して，文ベクトル $\hat{M}(e_i)$ および $\hat{M}(f_i)$ が，それぞれ，教師モデルによる文ベクトル $M(e_i)$ に近づくよう知識蒸留を行う．

7.6　事前学習済みモデル利用上の注意点

事前学習済みモデルをファインチューニングするというアプローチは，多くの自然言語処理タスクにおいて既存研究の最高性能を塗り替える性能向上をもたらした．ただし，事前学習済みモデルは完璧にはほど遠く，さまざまな課題が明らかになってきている．本章の締めくくりとして，事前学習済みモデルを利用する際に注意すべき点を解説する．

(a)　入力テキストに対する敏感性

事前学習済みモデルは入力テキストに対してとても敏感である．人間にとっては些細な違いであっても，事前学習済みモデルおよびファインチューニング後のモデルが大きく異なる予測を出力することがある．表 7.2 に日本語版 BERT による単語穴埋め予測結果を示す．1 番目および 2 番目のプロンプトで異なるのは語順と助詞のみ，また 3 番目のプロンプトも他のプロンプトとほぼ同じ意味の文であるが，単語穴埋め予測結果は大きく異なる．

プロンプトによるモデルの挙動の違いを逆手にとって，プロンプトを工夫することにより同じモデルでもより高い性能を引き出す手法が研究されている．エンティティ間の関係推定タスクにおける事前学習済みモデルのプロンプトに対する敏感性の検証では，入力テキストを変更するだけで，BERT-Large モデルにおける正解率のマイクロ平均が 7.1 ポイント向上することが示された[51)]．

(b)　嘘の生成

大規模言語モデルに文章を生成させると，生成される文章はとても流暢であるものの，よく読んでみると内容が事実に反していたり，全く架空のものであることが多い．GPT-2 が発表された当初，この技術がフェイクニュースの生

表 7.2 入力テキストに対する事前学習済みモデルの敏感性

プロンプト	予測結果		
	順位	単語	確率
暴れん坊将軍は徳川 [MASK] を描きました.	1	吉宗	0.337
	2	家康	0.236
	3	将軍	0.058
暴れん坊将軍が描いたのは徳川 [MASK] です.	1	家康	0.369
	2	吉宗	0.210
	3	幕府	0.059
暴れん坊将軍の主役は徳川 [MASK] です.	1	家康	0.324
	2	吉宗	0.309
	3	家光	0.122

成に利用されるおそれがあるとして，開発元の OpenAI が事前学習済みモデルの公開を保留したり，その利用に制限を課したほどである．

機械翻訳や要約などの言語生成タスクでは，入力に存在しない情報を出力してしまう問題が生じることが指摘されている．入力から逸脱して生成された情報を，**ハルシネーション**（hallucination, 幻覚）と呼ぶことがある．例えば，表 7.1 の BART による要約では，一つ目の入力テキストでは “800 thousand customers” であったのが，生成された要約では “millions of customers” となっている*14．また二つ目の例では，珊瑚に関する研究の発表先が入力テキストで言及されていないにもかかわらず，生成された要約では “jounrnal of Science” で発表されたと記されている．このように，ニューラル言語モデルは意図せずに誤報を生み出す危険性をもつことに，注意が必要である．

(c) 乱数シードの影響

これは非凸最適化を行う深層学習全般に当てはまることであるが，事前学習済みモデルを用いたファインチューニングでは，乱数のシードによって性能が変動する．特に，ファインチューニング用の訓練データが数千事例程度の小規模のものである場合，乱数シードによる影響が大きくなる傾向がある．このため，評価実験では乱数シードをいくつか準備し，ファインチューニングの実験

*14 この例では，BART が入力に書かれていない知識を補完して “customers in California” という表現を生成しているが，これをハルシネーションと見なす場合と，（入力にはない情報であるが）タスクにとって有益な情報の付加としてハルシネーションから除外する場合とがある．

を複数回行い，その平均性能と信頼区間を報告することが望ましい．事前学習済みモデルのファインチューニングでは，5〜10 個程度の乱数シードを出発点とし，モデルの性能を評価・報告するのが一般的である．

演習問題

問 1　語彙サイズを 30 000，隠れ層を 768 次元としたときの単語埋込み層のパラメータ数を答えよ．

問 2　問 1 の単語埋込み層を式 (7.13) を用いて行列の積により計算する．$\lambda = 128$ とした場合の，単語埋込み層のパラメータ数を求めよ．

問 3　事前学習済みモデルのファインチューニングにおいて乱数シードを変えて 5 回評価実験を行ったところ，表 7.3 に示す評価値が得られた．この評価値の平均と 95% 信頼区間を求めよ．ただし信頼区間を求める際は，正規分布を用いること．

表 7.3　乱数シードを変えて 5 回試行した際の評価値

試行	1	2	3	4	5
評価値	95.5	93.2	97.3	94.7	92.8

第8章

系列ラベリング

第1章では，単語の働きを品詞として共通化できることや，単語の連なりが句や文を構成すると考えられることを説明した．本章では，このような自然言語の構造を解析するアプローチの中で，最も基本的とされる系列ラベリング（sequential labeling）を紹介する．

8.1　系列ラベリングとは

文字列や単語列など，要素が1次元に並べられたものを**系列**（sequence）と呼ぶ．系列に含まれる要素の数をTとすると，系列の先頭の要素を位置$t=1$の要素，2番目の要素を位置$t=2$の要素，末尾の要素を位置$t=T$の要素と呼ぶ．系列ラベリングでは，系列として表現される入力に対して，ラベル列を推定する．

図8.1に，"Play Yellow Submarine of the Beatles"という英語の文を系列ラベリングで解析する例を示した．この図では，文は単語の系列から構成されると考え，**品詞**（part of speech）の系列としてVB, NNP, NNP, IN, DT, NNPというラベル列を推定している．このラベル列は，それぞれ，動詞の原形，固有名詞，固有名詞，前置詞，限定詞，固有名詞を表す（表1.1）．このように，文を構成する単語列に対して品詞列を求めるタスクは**品詞タグ付け**（part-of-speech tagging）と呼ばれる．一般的に，品詞タグ付けの入力と出力の系列長は等しい．

固有表現	O	B-SONG	I-SONG	O	B-ARTIST	I-ARTIST
チャンク	B-VP	B-NP	I-NP	B-PP	B-NP	I-NP
品詞	VB	NNP	NNP	IN	DT	NNP
単語	Play	Yellow	Submarine	of	the	Beatles

図 8.1　系列ラベリングによる言語解析の例

続いて，単語列や品詞列から名詞句や動詞句などの塊（チャンク）を推定することを考える．このタスクは**チャンキング**（chunking）と呼ばれる．句は1個以上の単語から構成されるため，入力の単語数とチャンクの数が一致するとは限らない．このようなタスクにおいて入力と出力の系列長を揃えるために，**IOB2 記法**（IOB2 notation）が用いられる．IOB2 記法では，チャンクの先頭のラベルには B-（begin）という接頭辞を，チャンクの先頭以外のラベルには I-（inside）という接頭辞を付ける[*1]．例えば，図 8.1 の例では，“Yellow Submarine” は名詞句（NP: noun phrase）を構成し，その先頭の単語である ‘Yellow’ には B-NP，2 番目の単語である ‘Submarine’ には I-NP というラベルを付与している．同様に名詞句 “the Beatles” にも B-NP, I-NP というラベルを付与している．一つの単語で句が構成されている場合は，B-の接頭辞が付いたラベルのみを用いる．例えば，‘Play’ と ‘of’ は，それぞれ一つの単語だけで構成される動詞句（VP: verb phrase）と前置詞句（PP: prepositional phrase）である．このように，IOB2 記法はチャンクのカテゴリと範囲を一意に表現できる．

テキストから人名や場所，組織名などの**固有表現**（named entity）を抽出するタスクは**固有表現認識**（named entity recognition; NER）と呼ばれる．図 8.1 の例では，“Yellow Submarine” を曲名（SONG），“the Beatles” をアーティスト名（ARTIST）と推定し，それぞれ IOB2 記法でラベルを付与している．また，固有表現に言及していない箇所には O（outside）というラベルを付与している．この解析結果から，この文の発話者の意図は音楽を再生することで，再生すべき音楽のアーティスト名と曲名は “the Beatles” の “Yellow

*1　IOB2 記法のほかに，チャンクの末尾の単語や一つの単語からなるチャンクを表現できるようにした IOBES 表記なども用いられている．

Submarine" であることが認識できる．このような解析は，対話システムにおいてユーザの意図や指示内容を理解すること，すなわち**自然言語理解**（natural language understanding; NLU）に用いられる．また，この文に固有表現認識を適用した結果から "the Beatles" というアーティストが存在すること，"Yellow Submarine" という作品（曲）が存在すること，"Yellow Submarine" は "the Beatles" の作品であるという情報が得られる．自然言語の文から情報や知識を自動的に獲得することは，**情報抽出**（information extraction）や**知識獲得**（knowledge acquisition）と呼ばれる．

8.2 系列ラベリングの定式化

本章では，入力の系列 $\boldsymbol{x} = (x_1, \ldots, x_T)$ が与えられたとき，ラベルの系列 $\boldsymbol{y} = (y_1, \ldots, y_T)$ を推定する問題を考える．ただし，T は入力系列長である．ここでは，入力系列の各要素に対してラベルを一つ付与する問題に限定し，入力と出力の系列長は一致することとする．入力の要素に付与できるラベルの集合を $\mathbb{Y}$ とし，すべての位置 $t \in \{1, \ldots, T\}$ に対して $y_t \in \mathbb{Y}$ とする．なお，ラベルの集合 $\mathbb{Y}$ と自然数の集合 $\{1, \ldots, |\mathbb{Y}|\}$ には一対一対応が存在し，$y_t \in \mathbb{Y}$ を行列やベクトルの添字として用いてもよいことにする．

入力列 $\boldsymbol{x}$ に対するラベル列 $\boldsymbol{y}$ の確からしさを，条件付き確率 $P(\boldsymbol{y} \mid \boldsymbol{x})$ で表すことにする．条件付き確率のモデル化については次節以降で説明する．与えられた入力列 $\boldsymbol{x}$ に対して，$P(\boldsymbol{y} \mid \boldsymbol{x})$ が最大となるラベル列を $\hat{\boldsymbol{y}}$ と書くことにすると，

$$\hat{\boldsymbol{y}} = \mathop{\mathrm{argmax}}_{\boldsymbol{y} \in \mathbb{Y}^T} P(\boldsymbol{y} \mid \boldsymbol{x}) \tag{8.1}$$

ここで，$\mathbb{Y}^T$ は T 組からなる $\mathbb{Y}$ の直積集合 $\overbrace{\mathbb{Y} \times \cdots \times \mathbb{Y}}^{T\text{個}}$ である．

式 (8.1) でラベル列を求めるときに検討すべき課題が二つある．

- **探索**：$|\mathbb{Y}^T| = |\mathbb{Y}|^T$ であるから，式 (8.1) は $|\mathbb{Y}|^T$ 件の候補の中から，$P(\boldsymbol{y} \mid \boldsymbol{x})$ が最大となるラベル系列を求めることを意図する．ところが，$|\mathbb{Y}|^T$ 件の全候補をしらみつぶしに検討するには，$\mathcal{O}(|\mathbb{Y}|^T)$ の時間

計算量が必要であるため，現実的ではない．例えば，ラベルの種類数が $|\mathbb{Y}| = 10$，入力文の単語数が $T = 12$ のとき，ラベル系列の候補の総数は 10^{12} 件である．したがって，式 (8.1) で $\hat{\boldsymbol{y}}$ を効率良く探索する方法，もしくは近似的に求める方法を検討する必要がある．

- モデル化：式 (8.1) の探索の効率化は，$P(\boldsymbol{y} \mid \boldsymbol{x})$ のモデルに仮定を導入することで実現されるため，モデル化と探索を一緒に検討する必要がある．ただし，モデルの表現力は系列ラベリングの予測性能に影響を及ぼす．また，モデルのパラメータを訓練データから求める手段を確保しておく必要がある．

8.3　点予測による系列ラベリング

点予測（pointwise prediction）では，T 個のラベル $y_1, y_2, \ldots, y_T$ は互いに独立に推定できると仮定し，次式で $P(\boldsymbol{y} \mid \boldsymbol{x}; \Theta)$ をモデル化する（モデルのパラメータを Θ として一般的に表現している）．

$$\begin{aligned} P(\boldsymbol{y} \mid \boldsymbol{x}; \Theta) &= P(\tilde{y}_1 = y_1 \mid \boldsymbol{x}; \Theta) \cdot \cdots \cdot P(\tilde{y}_T = y_T \mid \boldsymbol{x}; \Theta) \\ &= \prod_{t=1}^{T} P(\tilde{y}_t = y_t \mid \boldsymbol{x}; \Theta) \end{aligned} \tag{8.2}$$

ここで，$P(\tilde{y}_t = y_t \mid \boldsymbol{x}; \Theta)$ は与えられた入力 $\boldsymbol{x}$ に対して位置 t のラベル $\tilde{y}_t$ を y_t と予測する条件付き確率である*2．式 (8.2) を式 (8.1) に代入すると，位置 $t \in \{1, \ldots, T\}$ ごとに最も確からしいラベルを予測し，それらを連結することで $\hat{\boldsymbol{y}}$ が得られることを確認できる．

$$\begin{aligned} \hat{\boldsymbol{y}} &= \operatorname*{argmax}_{\boldsymbol{y} \in \mathbb{Y}^T} \prod_{t=1}^{T} P(\tilde{y}_t = y_t \mid \boldsymbol{x}; \Theta) \\ &= \operatorname*{argmax}_{y_1 \in \mathbb{Y}} P(\tilde{y}_1 = y_1 \mid \boldsymbol{x}; \Theta) \oplus \cdots \oplus \operatorname*{argmax}_{y_T \in \mathbb{Y}} P(\tilde{y}_T = y_T \mid \boldsymbol{x}; \Theta) \end{aligned}$$

*2　$P(y_t \mid \boldsymbol{x}; \Theta)$ と書いたほうがシンプルではあるが，どの位置 t のラベルに関する条件付き確率なのかを明示するため，「位置 t のラベル $\tilde{y}_t$ が y_t であるとき」という意味を込めて，$P(\tilde{y}_t = y_t \mid \boldsymbol{x}; \Theta)$ という表記を採用した．

$$= \bigoplus_{t=1}^{T} \operatorname*{argmax}_{y_t \in \mathbb{Y}} P(\tilde{y}_t = y_t \mid \boldsymbol{x}; \Theta) \tag{8.3}$$

ここで，$\oplus$ は要素を連結してベクトルを返す演算子である．式 (8.3) は，ラベル集合を $\mathbb{Y}$ とした多クラス分類器（2.6 節）で T 個のラベル $y_1, \ldots, y_T$ をそれぞれ独立に予測することと等価であるので，式 (8.3) の時間計算量は $\mathcal{O}(T|\mathbb{Y}|)$ である．式 (8.1) と比較すると，時間計算量は T の指数オーダーから線形オーダーまで削減されたことがわかる．

式 (8.2) において $P(\tilde{y}_t = y_t \mid \boldsymbol{x}; \Theta)$ をモデル化する方法はいくつか考えられるが，ここではソフトマックス関数を用いる手法を説明する．

$$P(\tilde{y}_t = y_t \mid \boldsymbol{x}; \Theta) = \frac{\exp \psi(t, \boldsymbol{x}, y_t; \Theta)}{\sum_{y' \in \mathbb{Y}} \exp \psi(t, \boldsymbol{x}, y'; \Theta)} \tag{8.4}$$

ただし，$\psi(t, \boldsymbol{x}, y_t; \Theta)$ は入力系列 $\boldsymbol{x}$ に対して，位置 t のラベルを y_t と予測するときのスコアである．このスコアを計算するモデルにもさまざまなものが考えられる．例えば，パラメータを Θ とするニューラルネットワーク Ψ_Θ で単語列 $\boldsymbol{x} = (x_1, \ldots, x_T)$ を $T \times |\mathbb{Y}|$ の実行列 $\boldsymbol{H}$ にエンコードし，行列 $\boldsymbol{H}$ の t 行 y_t 列の要素 H_{t,y_t} が位置 t においてラベルを y_t と予測するスコアであると定義すると，

$$\psi(t, \boldsymbol{x}, y_t; \Theta) = H_{t,y_t} \tag{8.5}$$

$$\boldsymbol{H} = \Psi_\Theta(\boldsymbol{x}) \tag{8.6}$$

Ψ_Θ を表現するニューラルネットワークは，RNN，LSTM，CNN，BERT など，各位置 t においてサイズが $|\mathbb{Y}|$ のベクトルを合成できるアーキテクチャであれば，どれを用いてもよい（図 8.2）．

モデルのパラメータ Θ を学習する代表的な方法は，負の対数尤度で定義される目的関数を確率的勾配降下法で最小化することである．学習事例 $(\boldsymbol{x}, \boldsymbol{y})$ に対するパラメータ Θ の負の対数尤度 $l_{(\boldsymbol{x},\boldsymbol{y})}(\Theta)$ は，

$$\begin{aligned} l_{(\boldsymbol{x},\boldsymbol{y})}(\Theta) &= -\log P(\boldsymbol{y} \mid \boldsymbol{x}; \Theta) \\ &= -\sum_{t=1}^{T} \log P(\tilde{y}_t = y_t \mid \boldsymbol{x}; \Theta) \end{aligned}$$

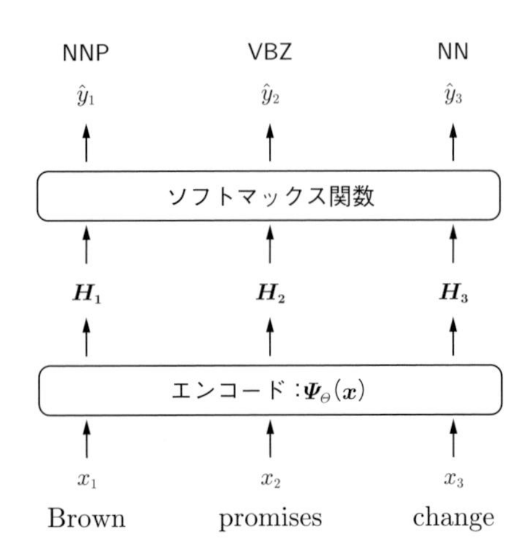

図 8.2　点予測による品詞タグ付けの例

$$= -\sum_{t=1}^{T} \left\{ \psi(t, \boldsymbol{x}, y_t; \Theta) - \log \sum_{y' \in \mathbb{Y}} \exp \psi(t, \boldsymbol{x}, y'; \Theta) \right\} \quad (8.7)$$

式 (8.7) で損失値を計算した後，自動微分を実行すると，勾配 $\nabla l_{(\boldsymbol{x},\boldsymbol{y})}(\Theta)$ を求めることができる．もしくは，ラベル集合 $\mathbb{Y}$ に対する多クラス分類器 (2.6 節) の学習をすべての位置 $t \in \{1, \ldots, T\}$ に関して行うと捉えてもよい．ゆえに，系列ラベリングの訓練データを用いてモデルのパラメータ Θ を学習できる．

なお，式 (8.6) で位置 t のスコアベクトル $\boldsymbol{H}_{t,:} \in \mathbb{R}^{|\mathbb{Y}|}$ を計算するとき，利用できる情報は位置 t の入力 x_t に限定されず，すべての位置の入力 $x_1, \ldots, x_T$ である．例えば，図 8.2 に示した例のように，“Brown promises change” という単語列に対して品詞列を予測する状況を考える．‘Brown’ は形容詞または固有名詞などの可能性があるが，これが固有名詞であると予測するには，‘promises’ や ‘change’ という単語が後に続くことを考慮したほうがよい．これは，スコアベクトル $\boldsymbol{H}_{1,:}$ を合成するとき，現位置の単語 x_1 だけでなく，後続の単語 x_2 や x_3 も考慮すればよいことを意味する．

深層ニューラルネットワークが普及する以前は，スコア付けを行う関数 $\psi(t, \boldsymbol{x}, y_t; \Theta)$ を素性関数とその重みの和で設計していた．素性関数は，入力と出力が特定の条件を満たすときだけに 1 を返し，それ以外は 0 を返す．例えば，現位置 t の単語 x_t が 'Brown' で，その品詞 y_t を固有名詞（NNP）と予測するときの素性関数は，

$$f_1(t, \boldsymbol{x}, y_t) = \mathbf{1}_{x_t=\text{'Brown'} \wedge y_t=\mathsf{NNP}} \tag{8.8}$$

と表せる．また，現位置 t の単語 x_t の先頭が大文字で始まり，その品詞 y_t を固有名詞と予測する素性関数は，

$$f_2(t, \boldsymbol{x}, y_t) = \mathbf{1}_{x_t\text{の先頭が大文字} \wedge y_t=\mathsf{NNP}} \tag{8.9}$$

などと表現できる．さらに，現位置 t の次の単語 x_{t+1} の末尾が 's' で終わり，現位置の品詞 y_t を名詞と予測する素性関数は，

$$f_3(t, \boldsymbol{x}, y_t) = \mathbf{1}_{x_{t+1}\text{の末尾の文字が 's'} \wedge y_t=\mathsf{NN}} \tag{8.10}$$

などと表現できる．

このような素性関数を K 個準備し，各素性関数を f_k（$k \in \{1, \ldots, K\}$）と表すことにする．それぞれの素性関数が位置 t のラベルを y_t と予測するときの有用性を重み $w_k \in \mathbb{R}$（$k \in \{1, \ldots, K\}$）で表現し，これをモデルのパラメータ $\Theta = (w_1, \ldots, w_K)$ とする．そして，位置 t のラベルを y_t と予測するときのスコア $\psi(t, \boldsymbol{x}, y_t; \Theta)$ を，素性関数の重みの和として定義する．

$$\psi(t, \boldsymbol{x}, y_t; \Theta) = \sum_{k=1}^{K} w_k f_k(t, \boldsymbol{x}, y_t) \tag{8.11}$$

深層ニューラルネットワーク以前の系列ラベリングでは，用いられる素性関数の数 K が数百万を超えることも珍しくなかった．ただし，K 個の素性関数をすべて手作業で設計するのではなく，教師データに少数のルールを適用することで素性関数を系統的に作成することが一般的であった．それでも，ラベルの予測に効果がありそうな素性関数を生成するルールを人手で設計，すなわち素性エンジニアリングをする必要があった．

これに対し，深層ニューラルネットワークが普及した後は，素性関数を設計する代わりに，入力の特徴量を RNN，LSTM，CNN，BERT などで合成することが主流となった．先ほどの説明で挙げた f_1, f_2, f_3 のような素性関数が作成されるかどうかは定かでないが，素性関数を人手で作成しなくてもラベルを高い精度で予測できることが明らかとなった．深層ニューラルネットワークの

普及により，系列ラベリングの素性関数の設計は自動化された．

本節の締めくくりとして，点推定は推定されたラベル間の依存関係を考慮できないことを説明したい．例えば，図 8.1 の例において，'promises' の品詞を動詞の三人称単数現在形（VBZ）と予測した場合，直前の単語が形容詞（JJ）である可能性や，直後の単語が動詞の原形（VB）である可能性は低くなる．このような依存関係は，スコア行列 $\boldsymbol{H}$ の側で暗に考慮される可能性はあるが，予測されたラベル間の制約として陽に導入することはできない．このようなラベル間の制約を考慮できるようにしたモデルが，次節で紹介する線形連鎖に基づく条件付き確率場である．

8.4　線形連鎖に基づく条件付き確率場

点予測では，位置ごとにラベルを独立に予測する確率モデルを採用したため，ラベル間の制約を考慮できなかった．そこで，入力系列 $\boldsymbol{x}$ とラベル系列 $\boldsymbol{y}$ の全体に対してスコアを計算するモデル $s(\boldsymbol{x},\boldsymbol{y};\Theta)$ を導入し（モデルのパラメータを Θ とする），条件付き確率 $P(\boldsymbol{y} \mid \boldsymbol{x};\Theta)$ をソフトマックス関数で定式化する．

$$P(\boldsymbol{y} \mid \boldsymbol{x};\Theta) = \frac{\exp s(\boldsymbol{x},\boldsymbol{y};\Theta)}{\sum_{\boldsymbol{y}' \in \mathbb{Y}^T} \exp s(\boldsymbol{x},\boldsymbol{y}';\Theta)} = \frac{\exp s(\boldsymbol{x},\boldsymbol{y};\Theta)}{Z(\boldsymbol{x};\Theta)} \tag{8.12}$$

式 (8.12) の $Z(\boldsymbol{x};\Theta)$ は**分配関数**（partition function）と呼ばれる．

$$Z(\boldsymbol{x};\Theta) = \sum_{\boldsymbol{y}' \in \mathbb{Y}^T} \exp s(\boldsymbol{x},\boldsymbol{y}';\Theta) \tag{8.13}$$

$Z(\boldsymbol{x};\Theta)$ は $\boldsymbol{y}$ に対して定数であり，指数関数は単調増加関数であるので，式 (8.12) を最大とするラベル列 $\hat{\boldsymbol{y}}$ は，

$$\hat{\boldsymbol{y}} = \operatorname*{argmax}_{\boldsymbol{y} \in \mathbb{Y}^T} P(\boldsymbol{y} \mid \boldsymbol{x};\Theta) = \operatorname*{argmax}_{\boldsymbol{y} \in \mathbb{Y}^T} s(\boldsymbol{x},\boldsymbol{y};\Theta) \tag{8.14}$$

ゆえに，$\hat{\boldsymbol{y}}$ を求めるには $s(\boldsymbol{x},\boldsymbol{y};\Theta)$ を最大とするラベル列を探索すればよい．ところが，式 (8.14) で素朴に $\hat{\boldsymbol{y}}$ を求めると，$\mathcal{O}(|\mathbb{Y}|^T)$ の計算量が必要であるため，工夫が必要である．

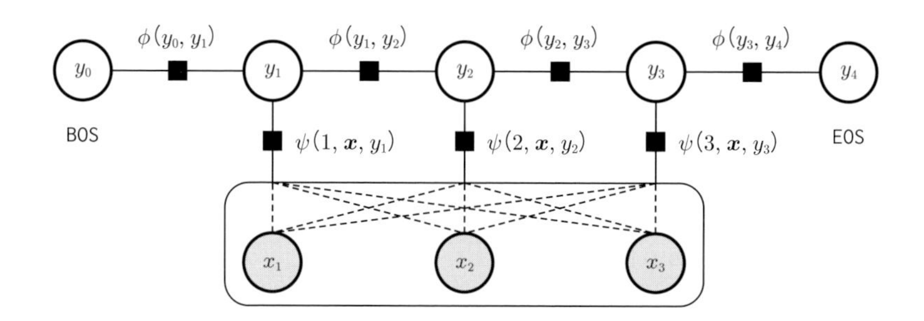

図 8.3 線形連鎖に基づく条件付き確率場

1. 線形連鎖によるスコア付け

線形連鎖（linear chain）に基づく**条件付き確率場**（conditional random fields; CRF）では，系列全体のスコアを各位置の局所的なスコアの和として定義する．

$$s(\boldsymbol{x}, \boldsymbol{y}; \Theta) = \sum_{t=1}^{T} \psi(t, \boldsymbol{x}, y_t) + \sum_{t=1}^{T+1} \phi(y_{t-1}, y_t) \tag{8.15}$$

ここで，$\psi(t, \boldsymbol{x}, y_t)$ は与えられた入力 $\boldsymbol{x}$ に対して位置 t のラベルを y_t と予測するときのスコア，$\phi(y_{t-1}, y_t)$ はラベル列の中で連続する二つのラベル y_{t-1}, y_t に対してスコアを計算する関数である．図 8.3 では，$T = 3$ の系列に対して，入力および出力の変数間で局所的なスコアを計算する箇所を■印で示した．ψ は入力とラベルの組合せ，ϕ は連続する二つのラベルの組合せに対してスコアを計算する．なお，8.3 節で説明した点予測モデルは，図 8.3 において ϕ によるスコア計算を省いた手法と捉えることができる．

教師あり学習で系列ラベリングモデルを構築するには，$\psi(t, \boldsymbol{x}, y_t)$ と $\phi(y_{t-1}, y_t)$ をパラメータに基づいてモデル化すればよい*3．$\psi(t, \boldsymbol{x}, y_t)$ は，点予測のときと同様に式 (8.5) や式 (8.6) でモデル化できる．すなわち，RNN，LSTM，CNN，BERT などで入力系列を（サイズが $|\mathbb{Y}|$ の）ベクトルの系列にエンコードして与えればよい．$\phi(y_{t-1}, y_t)$ のモデル化方法も任意であるが，ここでは $(|\mathbb{Y}| + 1) \times (|\mathbb{Y}| + 1)$ の重み行列 $\boldsymbol{W}$ でモデル化する．

$$\phi(i, j) = W_{i,j} \tag{8.16}$$

*3 簡単のため，関数 ψ や ϕ においてモデルのパラメータの表記を省略する．

表 8.1　単語とラベルに関するスコア $\psi(t, \boldsymbol{x}, i)$ の例

t ＼ i	**Noun**	**Verb**	**Adj**
1 (Brown)	3	−3	4
2 (promises)	2	3	−4
3 (change)	3	4	−3

表 8.2　隣り合うラベルに関するスコア $\phi(i, j)$ の例

i ＼ j	**Noun**	**Verb**	**Adj**	**EOS**
Noun	2	4	−3	3
Verb	2	−3	1	1
Adj	3	−3	1	−4
BOS	2	0	1	—

言い換えれば，行列の要素 $W_{i,j}$ がラベル i と j の連接のスコアを表す．なお，系列の先頭と末尾を表す特殊なラベルとして，BOS と EOS を導入し，BOS と品詞の連接（先頭が特定の品詞で始まる），品詞と EOS の連接（末尾が特定の品詞で終わる）を表現する．BOS と EOS を行列の添字として用いたときは，インデックス番号 $|\mathbb{Y}| + 1$ に対応付けることとする．

"Brown promises change" という文に対して品詞タグ付けを行う例で，これまでの定式化を具体的に説明したい．簡単化のため，品詞タグは名詞 (Noun)，動詞（Verb)，形容詞（Adj）の三つだけを考え，$\mathbb{Y} = \{\mathrm{Noun}, \mathrm{Verb}, \mathrm{Adj}\}$ とする．$\psi(t, \boldsymbol{x}, j)$ と $\phi(i, j)$ の値は，表 8.1 と表 8.2 のとおりに計算されたとする．表 8.1 によると，（ラベル列全体を考えずに局所的な視点から）'Brown' を名詞，動詞，形容詞と予測したときに $s(\boldsymbol{x}, \boldsymbol{y}, \Theta)$ に加算されるスコアは，それぞれ，$3, -3, 4$ である．表 8.2 によると，ラベル列の中で名詞–名詞，名詞–動詞，名詞–形容詞，名詞–EOS（名詞で文が終了する）の連接が表れた場合に $s(\boldsymbol{x}, \boldsymbol{y}, \Theta)$ に加算されるスコアは，それぞれ，$2, 4, -3, 3$ である．

表 8.1 と表 8.2 に基づき，$|\mathbb{Y}^T| = 3^3 = 27$ 通りの品詞列に対してスコア $s(\boldsymbol{x}, \boldsymbol{y})$ と条件付き確率 $P(\boldsymbol{y} \mid \boldsymbol{x})$ を計算した結果を表 8.3 に示した．この表に

表 8.3 可能なラベル系列とそのスコア・確率

Brown	promises	change	$s(\boldsymbol{x}, \boldsymbol{y})$	$P(\boldsymbol{y} \mid \boldsymbol{x})$
Noun	Noun	Noun	17	0.029 43
Noun	Noun	Verb	18	0.079 99
Noun	Noun	Adj	−1	0.000 00
Noun	Verb	Noun	20	0.591 04
Noun	Verb	Verb	14	0.001 47
Noun	Verb	Adj	6	0.000 00
Noun	Adj	Noun	7	0.000 00
Noun	Adj	Verb	0	0.000 00
Noun	Adj	Adj	−8	0.000 00
Verb	Noun	Noun	9	0.000 01
Verb	Noun	Verb	10	0.000 03
Verb	Noun	Adj	−9	0.000 00
Verb	Verb	Noun	5	0.000 00
Verb	Verb	Verb	−1	0.000 00
Verb	Verb	Adj	−9	0.000 00
Verb	Adj	Noun	3	0.000 00
Verb	Adj	Verb	−4	0.000 00
Verb	Adj	Adj	−12	0.000 00
Adj	Noun	Noun	18	0.079 99
Adj	Noun	Verb	19	0.217 43
Adj	Noun	Adj	0	0.000 00
Adj	Verb	Noun	13	0.000 54
Adj	Verb	Verb	7	0.000 00
Adj	Verb	Adj	−1	0.000 00
Adj	Adj	Noun	11	0.000 07
Adj	Adj	Verb	4	0.000 00
Adj	Adj	Adj	−4	0.000 00

よると，最大のスコアを与える品詞列 $\hat{\boldsymbol{y}}$ は Noun, Verb, Noun である．つまり，このモデル（ψ と ϕ）は，Brown, promises, change の品詞をそれぞれ，名詞，動詞，名詞と推定することが最適と判断したことになる．もし，表 8.1 だけに基づいて品詞列のスコアを計算した場合，Brown, promises, change の品詞は形容詞，動詞，動詞と推定されるはずであったが，表 8.2 の品詞の連接スコアを導入したことにより，表 8.3 では英語の品詞列として合理的な推定結

果が得られている．

式 (8.13) によると，$s(\boldsymbol{x}, \boldsymbol{y})$ の列の値の exp の和を計算したものが分配関数 $Z(\boldsymbol{x})$ の値である．表 8.3 の $P(\boldsymbol{y} \mid \boldsymbol{x})$ 列は，$\exp s(\boldsymbol{x}, \boldsymbol{y})$ の値を分配関数 $Z(\boldsymbol{x})$ の値（およそ 8.28×10^8）で割ることで計算される．この例では，可能な品詞列が高々 27 個であるから，品詞列をすべて列挙してから $\hat{\boldsymbol{y}}$ や分配関数 $Z(\boldsymbol{x})$ を計算できた．しかし，ラベルの数が増えたり系列長が長くなったりすると，可能な品詞列の数が爆発的に増大するので，品詞列をすべて列挙するのは現実的ではない．以降では，最大のスコアを与えるラベル列 $\hat{\boldsymbol{y}}$ や分配関数 $Z(\boldsymbol{x})$ の値を効率良く求める手法を説明する．

2．ラベル列のラティス表現

図 8.4 は，“Brown promises change” という文に対する品詞の割当てをグラフ（ラティス）で示したものである．BOS を始点とし，品詞のノードを経由しながら EOS に至る（長さ 4 の）経路がラベル列に対応する．エッジに付与されている数値（重み）は，そのエッジを通過する経路が受け取るスコアを表している．このエッジの重みは，表 8.1 と表 8.2 に基づいて計算されている．例えば，BOS から位置 $t = 1$ で Noun に至るエッジの重みは，

$$\phi(\mathsf{BOS}, \mathrm{Noun}) + \psi(1, \boldsymbol{x}, \mathrm{Noun}) = 2 + 3 = 5 \tag{8.17}$$

であり，位置 $t = 1$ の Noun を出発して位置 $t = 2$ で Verb に至る重みは，

$$\phi(\mathrm{Noun}, \mathrm{Verb}) + \psi(2, \boldsymbol{x}, \mathrm{Verb}) = 4 + 3 = 7 \tag{8.18}$$

である．

一般的に，位置 $t - 1$ におけるノード i と位置 t におけるノード j を結ぶエッジの重みを $\mathsf{M}_{t,i,j}$ と書くと，

$$\mathsf{M}_{t,i,j} = \begin{cases} \phi(\mathsf{BOS}, j) + \psi(1, \boldsymbol{x}, j) & (t = 1, i = \mathsf{BOS}) \\ \phi(i, j) + \psi(t, \boldsymbol{x}, j) & (1 < t \leq T) \\ \phi(i, \mathsf{EOS}) & (t = T + 1, j = \mathsf{EOS}) \end{cases} \tag{8.19}$$

ここで，$\mathsf{M}_{t,i,j}$ は $(T+1) \times (|\mathbb{Y}|+1) \times (|\mathbb{Y}|+1)$ の 3 次元テンソル $\mathbf{M}$ の (t, i, j) 要素である．なお，位置 $t = 0$ では BOS ノードに滞在し，位置 $t = T + 1$ では EOS ノードに到着することとする．そこで，$y_0 = \mathsf{BOS}, y_{T+1} = \mathsf{EOS}$ と定義して

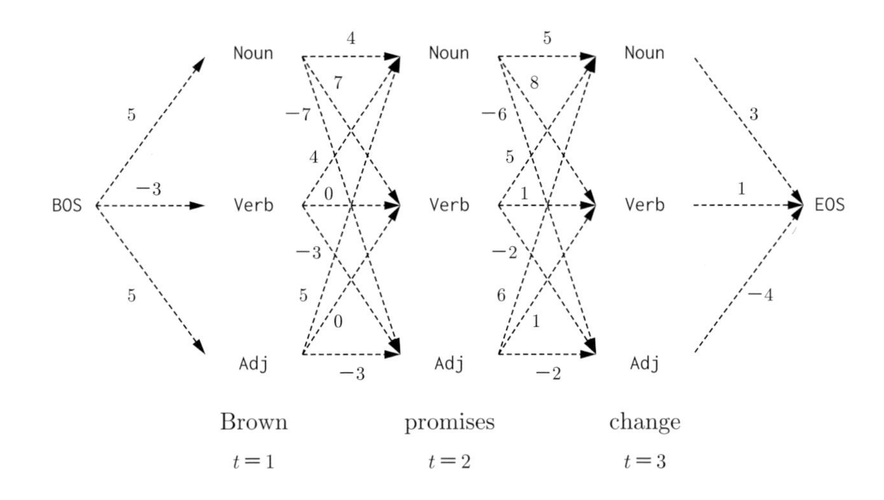

図 8.4 ラベルのラティスとエッジのスコアの例

おく．すると，入力系列 $\boldsymbol{x}$ とラベル系列 $\boldsymbol{y}$ の全体に対するスコア $s(\boldsymbol{x}, \boldsymbol{y}; \Theta)$ は，ラティスにおいて BOS から品詞のノード $y_1, \ldots, y_T$ を経由して EOS に至るときのエッジ重みの和であるので，

$$s(\boldsymbol{x}, \boldsymbol{y}; \Theta) = \sum_{t=1}^{T+1} M_{t, y_{t-1}, y_t} \tag{8.20}$$

3. ビタビアルゴリズム

図 8.4 のグラフにおいて，BOS から EOS に至る一つ一つの経路が品詞列に対応した．したがって，式 (8.14) に基づいて最も確からしいラベル列 $\hat{\boldsymbol{y}}$ を求めることは，図 8.4 のグラフ上で重みの総和が最大となる経路を探索する問題に帰着する．

この問題の解法として，動的計画法の一種である**ビタビアルゴリズム** (Viterbi algorithm) がよく用いられる．まず，ビタビアルゴリズムで経路スコアの最大値を求める方法を説明する．位置 t においてノード j に至る経路のスコアは，位置 $t-1$ までの経路のスコアに，位置 $t-1$ から t におけるエッジの重みを加算したものである．ゆえに，位置 t においてノード j に至る経路のスコアの最大値 $V_{t,j}$ に関して，次の漸化式を立てることができる．

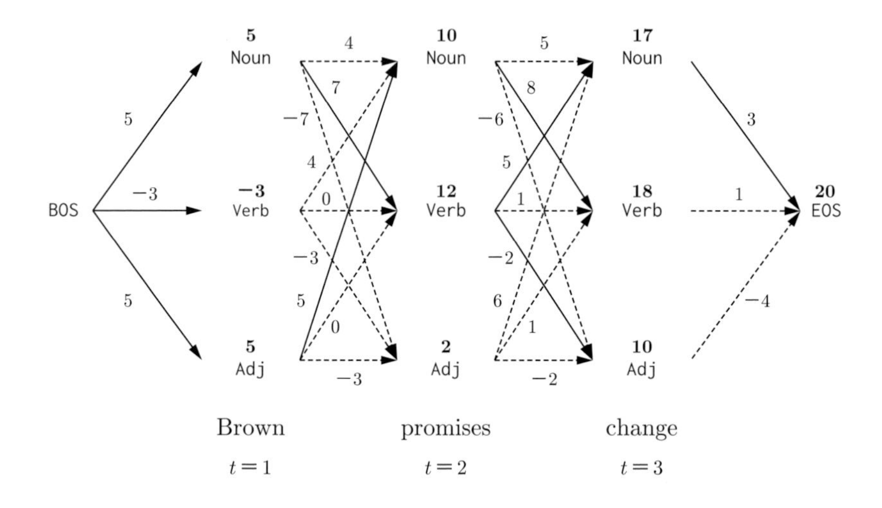

図 8.5　ビタビアルゴリズムの実行例

$$V_{t,j} = \begin{cases} M_{1,\mathsf{BOS},j} & (t = 1) \\ \max_{i \in \mathbb{Y}} (V_{t-1,i} + M_{t,i,j}) & (1 < t \leq T) \end{cases} \tag{8.21}$$

ここで，$\boldsymbol{V}$ は $T \times |\mathbb{Y}|$ の実行列である．$\boldsymbol{V}$ に基づくと，経路のスコアの最大値を次式で求めることができる．

$$\max_{\boldsymbol{y}' \in \mathbb{Y}^T} s(\boldsymbol{x}, \boldsymbol{y}') = \max_{i \in \mathbb{Y}} (V_{T,i} + M_{T,i,\mathsf{EOS}}) \tag{8.22}$$

図 8.5 に，式 (8.21) および式 (8.22) で $V_{t,j}$ および経路スコアの最大値を求める例を示した．位置 $1 \leq t \leq T$ の品詞のノードの上の数値は $V_{t,j}$ の値，EOS の上の数値は経路スコアの最大値を表す．$t = 1$ では，BOS から遷移する経路のみが存在するので，エッジの重みがそのまま $V_{1,j}$ の値となる．$t = 2$ においてNoun に至る経路は，Noun–Noun，Verb–Noun，Adj–Noun の 3 通りで，その経路のスコアはそれぞれ $9, 1, 10$ であるため，$V_{1,\mathrm{Noun}} = 10$ となる．このとき，最も高いスコアの経路上にあるエッジ Adj–Noun を実線で描画した．$t = 2$ において Verb と Adj に至る経路に対して同様の処理を実行すると，$V_{2,\mathrm{Verb}} = 12$（経路は Noun–Verb），$V_{2,\mathrm{Adj}} = 2$（経路は Adj–Adj）が得られる．同様の手続きを $t = 3$ の品詞ノードに対しても実行する．最後に，$t = 3$

の品詞から EOS に至る経路のスコアの最大値を求め，$\max_{\boldsymbol{y}' \in \mathbb{Y}^T} s(\boldsymbol{x}, \boldsymbol{y}') = 20$ が得られる．

最も確からしいラベル列 $\hat{\boldsymbol{y}} = \mathrm{argmax}_{\boldsymbol{y}' \in \mathbb{Y}^T} s(\boldsymbol{x}, \boldsymbol{y}')$，すなわちグラフ上で最大のスコアを与える経路は，BOS から実線の矢印だけを通過して EOS に至る経路である．これを求めるには，EOS から BOS に向かって実線の矢印を逆向きに辿ればよい．したがって，$\hat{\boldsymbol{y}}$ のラベル列は Noun, Verb, Noun である．このようにして求めた重みの総和が最大となる経路，および重みの総和の最大値は，表 8.3 の結果と一致する．$\hat{\boldsymbol{y}}$ を求める際の時間計算量は，可能な経路をすべて列挙すると $\mathcal{O}(|\mathbb{Y}|^T)$ かかるが，ビタビアルゴリズムにより $\mathcal{O}(T|\mathbb{Y}|^2)$ に短縮されている．

4. 前向き・後ろ向きアルゴリズム

続けて，線形連鎖に基づく条件付き確率場のモデルの学習方法を説明する．点推定と同様に，負の対数尤度で定義される目的関数を確率的勾配降下法などで最小化することを考える．学習事例 $(\boldsymbol{x}, \boldsymbol{y})$ に対するパラメータ Θ の負の対数尤度は，

$$l_{(\boldsymbol{x},\boldsymbol{y})}(\Theta) = -\log P(\boldsymbol{y} \mid \boldsymbol{x}; \Theta) \tag{8.23}$$

$$= -s(\boldsymbol{x}, \boldsymbol{y}; \Theta) + \log \sum_{\boldsymbol{y}' \in \mathbb{Y}^T} \exp s(\boldsymbol{x}, \boldsymbol{y}'; \Theta) \tag{8.24}$$

$$= -s(\boldsymbol{x}, \boldsymbol{y}; \Theta) + \log Z(\boldsymbol{x}; \Theta) \tag{8.25}$$

式 (8.25) で損失値を計算した後，自動微分を実行すると，勾配 $\nabla l_{(\boldsymbol{x},\boldsymbol{y})}(\Theta)$ を求めることができる．従って，式 (8.25) を計算することさえできれば，系列ラベリングの訓練データから $\psi(t, \boldsymbol{x}, y_t)$ や $\phi(y_{t-1}, y_t)$ の内部にあるパラメータを推定できる．

式 (8.25) の第 1 項は，訓練事例の正解ラベル列 $\boldsymbol{y}$ における（負の）スコアであるから，式 (8.15) もしくは式 (8.20) に従って計算するだけである．すなわち，図 8.4 のようなラティス上で，正解ラベル列 $\boldsymbol{y}$ に対応する経路を辿り，エッジの重みの和を求めればよい．式 (8.25) の第 2 項は，分配関数 $Z(\boldsymbol{x}; \Theta)$ の対数である．ところが，分配関数の値を式 (8.13) で素朴に計算すると，$\mathcal{O}(|\mathbb{Y}|^T)$ の時間を要するため，工夫が必要である．

線形連鎖に基づく条件付き確率場では，スコア $s(\boldsymbol{x}, \boldsymbol{y}; \Theta)$ を局所的なスコア

に基づいて計算することで，計算量を削減する．式 (8.13) の分配関数 $Z(\boldsymbol{x};\Theta)$ 中のスコア $s(\boldsymbol{x},\boldsymbol{y};\Theta)$ に式 (8.20) を代入し，テンソル M を用いた式に書き換えたうえで，分配関数を位置 t の方向に展開する．

$$Z(\boldsymbol{x};\Theta) = \sum_{y_1,y_2,\ldots,y_T \in \mathbb{Y}^T} \exp s(\boldsymbol{x},\boldsymbol{y};\Theta) \tag{8.26}$$

$$= \sum_{y_1,y_2,\ldots,y_T \in \mathbb{Y}^T} \prod_{t=1}^{T+1} \exp(\mathsf{M}_{t,y_{t-1},y_t}) \tag{8.27}$$

$$= \left[\sum_{y_1 \in \mathbb{Y}} \exp(\mathsf{M}_{1,\mathsf{BOS},y_t}) \left\{\sum_{y_2 \in \mathbb{Y}} \exp(\mathsf{M}_{2,y_1,y_2}) \cdots \left(\sum_{y_T \in \mathbb{Y}} \exp(\mathsf{M}_{T,y_{T-1},y_T}) \exp(\mathsf{M}_{T+1,y_T,\mathsf{EOS}})\right)\right\}\right] \tag{8.28}$$

なお，式 (8.27) から式 (8.28) への展開では，共通因数を y_1 から y_T に向かって括り出した．さらに，式 (8.28) から，次の漸化式を立てることができる．

$$B_{t,i} = \begin{cases} \exp(\mathsf{M}_{T+1,i,\mathsf{EOS}}) & (t = T) \\ \sum_{j \in \mathbb{Y}} \exp(\mathsf{M}_{t+1,i,j}) B_{t+1,j} & (1 \le t < T) \end{cases} \tag{8.29}$$

ここで，$\boldsymbol{B}$ は $T \times |\mathbb{Y}|$ の実行列である．この漸化式を用いると，分配関数 $Z(\boldsymbol{x};\Theta)$ を次式で求めることができる．

$$Z(\boldsymbol{x};\Theta) = \sum_{j \in \mathbb{Y}} \exp(\mathsf{M}_{1,\mathsf{BOS},j}) B_{1,j} \tag{8.30}$$

ところが，分配関数 $Z(\boldsymbol{x};\Theta)$ の値は大きくなりやすいため，コンピュータ上で計算するとオーバーフローが発生しやすい．加えて，式 (8.25) の第 2 項の計算で必要なのは，分配関数の対数である．ゆえに，コンピュータ上で式 (8.25) を計算するときは，式 (8.29) の両辺の対数をとった漸化式を用いることが多い．

$$\log B_{t,i} = \begin{cases} \mathsf{M}_{T+1,i,\mathsf{EOS}} & (t = T) \\ \log \sum_{j \in \mathbb{Y}} \exp(\mathsf{M}_{t+1,i,j} + \log B_{t+1,j}) & (1 \le t < T) \end{cases} \tag{8.31}$$

漸化式 (8.31) をコンピュータ上で実装するときは，$B_{t,i}$ の値の代わりに $\log B_{t,i}$ を記録しながら計算する．

ところで，式 (8.27) の共通因数を y_T から y_1 に向かって括り出すこともできる．

$$
\begin{aligned}
&Z(\boldsymbol{x};\Theta) \\
&= \sum_{y_1,y_2,\ldots,y_T \in \mathbb{Y}^T} \prod_{t=1}^{T+1} \exp(M_{t,y_{t-1},y_t}) \qquad (8.32) \\
&= \left[\sum_{y_T \in \mathbb{Y}} \exp(M_{T+1,y_T,\mathsf{EOS}}) \left\{ \sum_{y_{T-1} \in \mathbb{Y}} \exp(M_{T,y_{T-1},y_T}) \cdots \right.\right. \\
&\qquad \left.\left. \left(\sum_{y_1 \in \mathbb{Y}} \exp(M_{2,y_1,y_2}) \exp(M_{1,\mathsf{BOS},y_1}) \right) \right\} \right] \qquad (8.33)
\end{aligned}
$$

式 (8.33) から，次の漸化式が得られる．

$$
A_{t,j} = \begin{cases} \exp(M_{1,\mathsf{BOS},j}) & (t=1) \\ \sum_{i \in \mathbb{Y}} A_{t-1,i} \exp(M_{t,i,j}) & (1 < t \leq T) \end{cases} \qquad (8.34)
$$

ここで，$\boldsymbol{A}$ は $T \times |\mathbb{Y}|$ の実行列である．この漸化式を用いると，分配関数 $Z(\boldsymbol{x};\Theta)$ を次式で求めることができる．

$$
Z(\boldsymbol{x};\Theta) = \sum_{i \in \mathbb{Y}} A_{T,i} \exp(M_{T+1,i,\mathsf{EOS}}) \qquad (8.35)
$$

式 (8.34) の両辺の対数をとった漸化式は，

$$
\log A_{t,j} = \begin{cases} M_{1,\mathsf{BOS},j} & (t=1) \\ \log \sum_{i \in \mathbb{Y}} \exp(\log A_{t-1,i} + M_{t,i,j}) & (1 < t \leq T) \end{cases} \qquad (8.36)
$$

図 8.6 は，式 (8.31) と式 (8.36) で分配関数の対数を求める例である．位置 t の品詞 i のノードの左上に $\log A_{t,i}$，右下に $\log B_{t,i}$ の値を示した．また，BOS ノードの右下に式 (8.30) で求めた分配関数の対数，EOS ノードの左上に式 (8.35) で求めた分配関数の対数を示した（どちらで求めても同じ値が得られる）．式 (8.36) の計算は $t = 1$ から $t = T$ の向きに，式 (8.31) の計算は

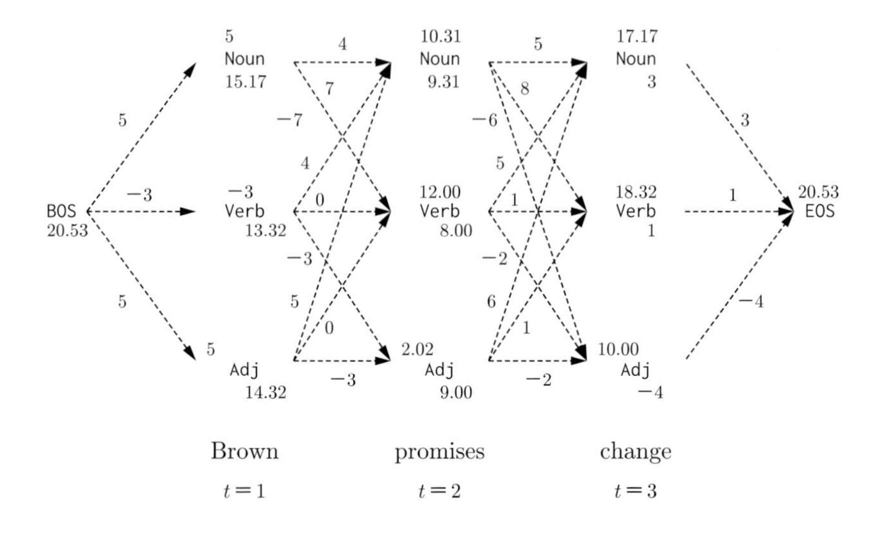

図 8.6　前向き・後ろ向きアルゴリズムの実行例

$t = T$ から $t = 1$ の向きに進み，その時間計算量はいずれも $\mathcal{O}(T|\mathbb{Y}|^2)$ である．ゆえに，式 (8.24) を漸化式で計算することにより，その時間計算量を指数オーダーから多項式オーダーに削減できたことになる．なお，式 (8.34) もしくは式 (8.36) は**前向きアルゴリズム**（forward algorithm），式 (8.29) もしくは式 (8.31) は**後ろ向きアルゴリズム**（backward algorithm）と呼ばれる．また，この二つのアルゴリズムをまとめて，**前向き・後ろ向きアルゴリズム**（forward-backward algorithm）と呼ぶ．前向き・後ろ向きアルゴリズムも，動的計画法の一種である．

前向き・後ろ向きアルゴリズムの応用として，入力 $\boldsymbol{x}$ が与えられたとき，位置 t のラベル y_t が i と予測される周辺確率，

$$P(\tilde{y}_t = i \mid \boldsymbol{x}) = \frac{\sum_{\boldsymbol{y} \in \{\boldsymbol{y} \in \mathbb{Y}^T | y_t = i\}} s(\boldsymbol{x}, \boldsymbol{y}; \Theta)}{Z(\boldsymbol{x}; \Theta)} \tag{8.37}$$

を求めてみよう．式 (8.37) の分子は，ラティス上において位置 t でラベル i のノードを通過する経路のスコアの和である．BOS から位置 t においてラベル i のノードに到達する経路上のエッジ重みの総和は $A_{t,i}$，そのノードから EOS に到達するまでの経路上のエッジ重みの総和は $B_{t,i}$ であるから，

$$P(\tilde{y}_t = i \mid \boldsymbol{x}) = \frac{A_{t,i}B_{t,i}}{Z(\boldsymbol{x};\Theta)} \tag{8.38}$$

演習問題

問 1　IOB1，IOE1，IOE2，IOBES 記法について調べよ．

問 2　点予測モデルにおいて，スコア関数 $\psi(t, \boldsymbol{x}, y_t; \Theta)$ が式 (8.11) でモデル化されているとき，式 (8.7) の損失関数を w_k で偏微分した式を求めよ．

問 3　図 8.4 のグラフで示される系列ラベリングモデルにおいて，位置 $t = 2$ のすべての品詞に関して，周辺確率を計算せよ．

第9章 構文解析

自然言語は，単語を並べて文を構成することで，複雑な意味を表現する．単語はランダムに並べられるわけではなく，並べ方には一定の規則がある．つまり，文には構造があり，その構造と単語がもつ意味との相互作用で文の意味が形作られる．本章では，文の構造を計算する技術である構文解析について解説する．

9.1 構文解析とは

構文解析（syntactic parsing）とは，自然言語の文を入力とし，その内部構造である**構文構造**（syntactic structure）[*1]を計算する自然言語処理技術である．

我々人間は，以下のような同じ単語からなる二つの文を聞いたとき，それが異なる状況を表していることが直感的に理解できる．

- Tom chases Jerry.
- Jerry chases Tom.

このように，同じ単語を用いるとしても，その単語の順番，あるいは文の構造が異なることで，異なる意味を表していると我々は考える．自然言語の文は何

*1 統語構造ともいう．

らかの構造をもち，その違いによって意味の違いが現れるということはほぼ自明と感じられる．しかし，文の構文構造や意味構造は我々の脳内にのみ存在し，直接的な観測は不可能であるため，それはどのような構造なのか，意味の違いをどのようにコンピュータ上で実現するのかは自明でない．

言語学では，構文構造や意味構造について長年の研究があり，ここでは代表的な構文構造として**句構造**（phrase structure）と**依存構造**（dependency structure）を紹介する．図 9.1 に，句構造と依存構造の例を示す*2．句構造および依存構造は，自然言語文の内部構造を木構造で表すものであり，自然言語処理において「構文解析」といった場合は，これらのどちらかを出力とする問題設定が一般的である．句構造は，木構造の葉ノードが単語であり，中間ノードは単語列のまとまり（句という）を表す．図の例では，“saw the moon with a telescope” は VP（動詞句）である，という情報を表している．直感的には，句構造は部分単語列のまとまりの階層関係を木構造で表現したものである．一方，依存構造は，木構造のすべてのノードが単語である．ノード間にはラベル付き有向エッジが張られ*3，単語間の関係（主語，目的語，など）を表す．上図では，girl は saw の名詞句主語（nsubj），moon は saw の目的語（obj）である，といった情報が表示されている．

本章では，9.2 節で句構造解析，9.3 節で依存構造解析について説明する．自然言語の構文解析は，図 9.1 に示したような木構造を計算する問題であるが，何が「正解」だろうか．図 9.2 に，図 9.1 と同じ文であるが句構造が異なる例を示す．図 9.1 では PP（前置詞句）with a telescope が VP saw the moon と組み合わさって VP を構成している．一方，図 9.2 では with a telescope は NP（名詞句）the moon と組み合わさって NP を構成している．すなわち，前者は前置詞句が動詞句を修飾して「望遠鏡で月を見た」という意味を構成しているのに対し，後者は前置詞句が名詞句を修飾して「望遠鏡を持つ月」という意味を構成している．どちらも文法的に正しいが（前置詞句は動詞句も名詞句も修飾できる），人間がこの文を読んだときに理解する意味は「少女が望遠鏡で月を見た」であり，これは図 9.1 の構文木に対応している．自然言語の構文解析では，図 9.2 ではなく図 9.1 の構文木を出力するのが「正解」である．こ

*2　本章で示す句構造は Penn Treebank[73]，依存構造は Universal Dependencies[26] に準拠する．

*3　図 1.4，図 1.5 に示した係り受け木の例では修飾語から被修飾語へエッジが張られているが，ここで示す依存構造ではエッジの向きが逆である．日本語係り受け解析の文献では前者の表記が一般的だが，Universal Dependencies をはじめとする依存構造解析の文献では後者が標準であるため，本章では後者の表記を採用する．

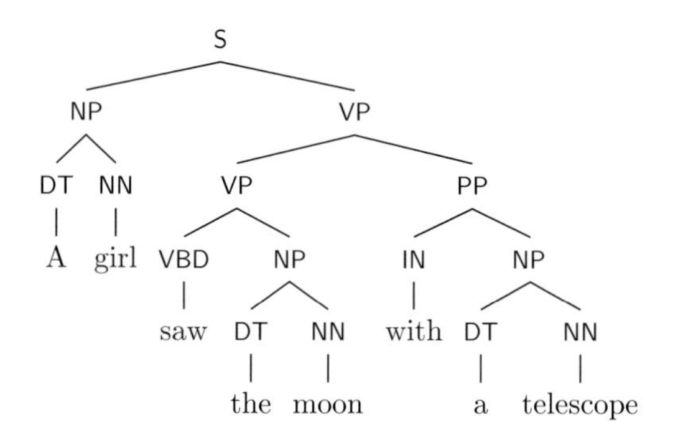

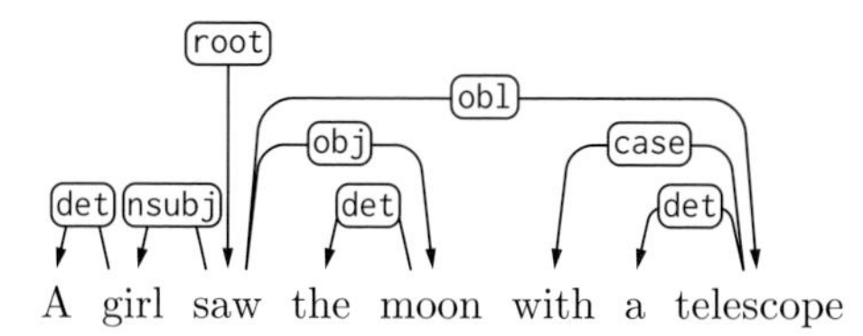

図 9.1　句構造（上）と依存構造（下）

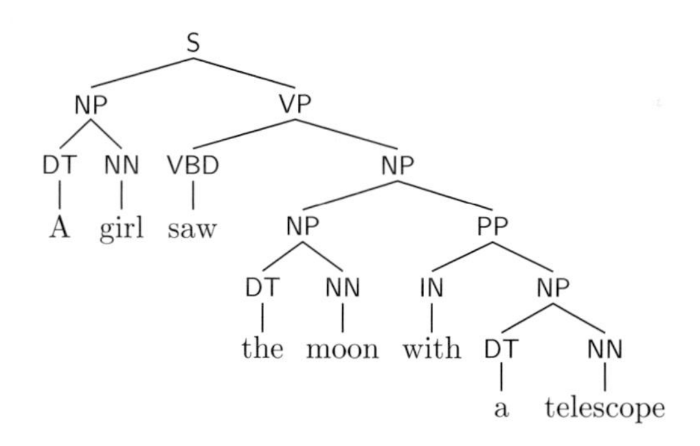

図 9.2　図 9.1 と同じ文に対する異なる句構造の例

のように，自然言語の文には構文構造の曖昧性があるが，そのうち人間の意味解釈と合致する構文構造は通常一つであり，それを出力することが構文解析の目的である．

すなわち，自然言語の構文解析は，入力文（単語列）$\boldsymbol{x} = (x_1, \ldots, x_n)^\top$ に対して，考えられるすべての構文木の集合 $\mathbb{F}(\boldsymbol{x})$ の中から，人間の解釈に最も合う構文木を一つ選択する問題と考えられる．構文木 $\mathcal{T} \in \mathbb{F}(\boldsymbol{x})$ が人間の解釈に合う度合いをスコア $s(\mathcal{T})$ で表すと，この問題は以下のように定式化することができる．

$$\hat{\mathcal{T}} = \underset{\mathcal{T} \in \mathbb{F}(\boldsymbol{x})}{\operatorname{argmax}}\, s(\mathcal{T}) \tag{9.1}$$

つまり，自然言語の構文解析は，スコア付き木構造の最適解探索問題であるといえる．この式において，特に次の三つの点に着目する必要がある．

問題 1. どのように $\mathbb{F}(\boldsymbol{x})$ を計算するのか，すなわち構文木集合をどのように定義するのか．

問題 2. どのように $s(\mathcal{T})$ を計算するのか，すなわち構文木のスコアをどのように定義するのか．

問題 3. どのように argmax を計算するのか，すなわちスコアを最大化する構文木をどのように求めるのか．

以下では，まず句構造解析について，続けて依存構造解析についてこれらを説明する．

9.2　句構造解析

句構造解析（phrase structure parsing）とは，自然言語文を入力とし，図 9.1 上に示したような句構造を計算する技術である．本節ではまず，句構造の数学的定義を与える**文脈自由文法**（context-free grammar）[15] と，それに確率を与えた**確率文脈自由文法**（probabilistic context-free grammar）を定義する．これは，前節の問題 1, 2 に対応する．次に，確率文脈自由文法を用いた句構造解析アルゴリズムとして **CKY 法**（9.2.2 項）および**シフト還元法**（9.2.3 項）を説明する．これは前節の問題 3 に対応する．

1.　文脈自由文法

文字列集合を数学的に定義する枠組みとして**形式文法**（formal grammar）があるが，**文脈自由文法**（context-free grammar）はその一つであり，自然言語の句構造を定義するのによく用いられる．文脈自由文法 G は以下の四つ組

$(\mathbb{N}, \mathbb{T}, \mathsf{S}, \mathbb{R})$ で定義される．

- $\mathbb{N}$：**非終端記号**（non-terminal symbol）の有限集合
- $\mathbb{T}$：**終端記号**（terminal symbol）の有限集合
- $\mathsf{S} \in \mathbb{N}$：**開始記号**（start symbol）
- $\mathbb{R} \subseteq \{A \to \alpha \mid A \in \mathbb{N}, \alpha \in \{\mathbb{N} \cup \mathbb{T}\}^*\}$：**生成規則**（production rule）の有限集合*4

非終端記号は句構造の中間ノード，終端記号は葉ノードのラベルを表す．図9.1のような句構造においては，中間ノードは句記号を，葉ノードは単語を表すので，$\mathbb{N}$ は句記号の集合，$\mathbb{T}$ は単語の集合である．生成規則は，左辺の記号を右辺の記号列に書き換える操作を表し，以下で説明するように句構造を生成する．

まず，生成規則を用いて非終端記号を書き換えていくプロセスとして**導出**（derivation）を定義する．導出の1ステップは以下のように定義される．

$$\alpha A \gamma \Rightarrow \alpha \beta \gamma \tag{9.2}$$
$$\text{ただし，} \alpha, \beta, \gamma \in \{\mathbb{N} \cup \mathbb{T}\}^*,\ A \to \beta \in \mathbb{R}$$

つまり，終端記号と非終端記号の列 $\ldots A \ldots$ があるとき，その中の一つの非終端記号 A を，生成規則 $A \to \beta$ を適用して β に書き換える．これにより，記号列 $\ldots \beta \ldots$ が得られる．開始記号 S から出発してこの操作を繰り返し，最終的に終端記号列 $\boldsymbol{x} = (x_1, \ldots, x_n)$ が得られたとき，これを $\boldsymbol{x}$ の導出といい，以下のように表す．

$$\mathsf{S} \Rightarrow^* \boldsymbol{x} \qquad \text{ただし，} \boldsymbol{x} \in \mathbb{T}^* \tag{9.3}$$

図9.3に，文脈自由文法（左）と導出（右）の例を示す．図右の導出では，まず開始記号 S から始め，生成規則 S → NP VP を適用する．その結果，記号列 NP VP が得られる．次に，非終端記号 NP あるいは VP に対して生成規則を適用し，さらに記号列を書き換えていく*5．仮に NP に対して NP → DT NN を適用すると，記号列 DT NN VP が得られる．これを繰り返していくと，終

*4 $\mathbb{A}^*$ は集合 $\mathbb{A}$ のクリーネ閉包 (Kleene closure) を表す．すなわち，$\mathbb{A}^* \equiv \{a_1 \ldots a_n \mid a_i \in \mathbb{A} \wedge n \geq 0\}$ である．

*5 図9.3に示した導出は，常に一番左の非終端記号を書き換えているので，最左導出 (left-most derivation) と呼ばれる．

S → NP VP	S
NP → DT NN	NP VP
NP → NP PP	DT NN VP
VP → VBD NP	a NN VP
VP → VP PP	a girl VP
PP → IN NP	a girl VP PP
DT → a	a girl VBD NP PP
DT → the	a girl saw NP PP
NN → girl	a girl saw DT NN PP
NN → moon	a girl saw the NN PP
NN → telescope	a girl saw the moon PP
VBD → saw	a girl saw the moon IN NP
IN → with	a girl saw the moon with NP
	a girl saw the moon with DT NN
	a girl saw the moon with a NN
	a girl saw the moon with a telescope

図 9.3 文脈自由文法（左）と導出（右）の例

端記号は書き換えられない（終端記号を左辺にもつ生成規則は存在しないため）ので，最終的に終端記号だけからなる記号列が得られる．

構文木（parse tree）あるいは**句構造木**（phrase structure tree）は，導出を表現したデータ構造として定義される．導出において，書き換え前の非終端記号を親，書き換え後の記号列を子とすると，木構造が得られる．これが文脈自由文法によって定義される構文木である．実際，図 9.1 上の句構造は，図 9.3 の導出を表している．

したがって，構文解析とは，入力文 $\boldsymbol{x}$ が与えられたときに $\boldsymbol{x}$ を生成するような導出を求める問題と定義される．以下では，構文木 T によって $\boldsymbol{x}$ が導出されることを，$\mathsf{S} \Rightarrow_T^* \boldsymbol{x}$ と書き，$\mathsf{S} \Rightarrow_T^* \boldsymbol{x}$ となるすべての T の集合を $\mathbb{F}(\boldsymbol{x}) \equiv \{T \mid \mathsf{S} \Rightarrow_T^* \boldsymbol{x}\}$ と書く．また，構文木 T の導出において適用されたすべての生成規則の多重集合を $\mathbb{M}(T)$ と書く．

さて，図 9.1 と図 9.2 で見たように，自然言語の文に対して構文木は複数存在する．自然言語の構文解析では，このうち人間の解釈に最も合う構文木を選択する必要がある．そのために，以下では構文木 T に対してスコア $s(T)$ を与え，スコアが最も高い構文木を選択する方法を考える．

2. 確率文脈自由文法と CKY 法

確率文脈自由文法は，文脈自由文法に確率を与えたものである．確率文脈自由文法 G は，以下の五つ組 $(\mathbb{N}, \mathbb{T}, \mathsf{S}, \mathbb{R}, P)$ で定義される．

- $\mathbb{N}$：非終端記号の有限集合
- $\mathbb{T}$：終端記号の有限集合
- $\mathsf{S} \in \mathbb{N}$：開始記号
- $\mathbb{R} \subseteq \{A \to \alpha \mid A \in \mathbb{N}, \alpha \in \{\mathbb{N} \cup \mathbb{T}\}^*\}$：生成規則の有限集合
- P：生成規則 $A \to \alpha \in \mathbb{R}$ に対する確率分布 $P(A \to \alpha \mid A)$ *6

すると，構文木 $\mathcal{T}$ の確率は以下のように定義される．

$$P(\mathcal{T}) = \prod_{A \to \alpha \in \mathbb{M}(\mathcal{T})} P(A \to \alpha \mid A) \tag{9.4}$$

よって，自然言語の構文解析は，すべての構文木の中から確率が最大のものを選択する問題と定式化できる．

$$\hat{\mathcal{T}} = \operatorname*{argmax}_{\mathcal{T} \in \mathbb{F}(\boldsymbol{x})} P(\mathcal{T}) = \operatorname*{argmax}_{\mathcal{T} \in \mathbb{F}(\boldsymbol{x})} \prod_{A \to \alpha \in \mathbb{M}(\mathcal{T})} P(A \to \alpha \mid A) \tag{9.5}$$

以上で，入力文 $\boldsymbol{x}$ に対する構文木集合 $\mathbb{F}(\boldsymbol{x})$ と構文木 $\mathcal{T}$ の確率 $P(\mathcal{T})$ を定義した．そこで，確率文脈自由文法 G が与えられたとき，入力文 $\boldsymbol{x}$ に対して式 (9.5) を計算する問題を考える．単純には，$\mathbb{F}(\boldsymbol{x})$ の要素をすべて列挙し，各構文木 $\mathcal{T} \in \mathbb{F}(\boldsymbol{x})$ の確率 $P(\mathcal{T})$ を計算し，確率最大の構文木を求めればよい．しかし，一般に $\mathbb{F}(\boldsymbol{x})$ の要素数は単語数 n に対して指数オーダーで増加するため，この単純な方法は使えない．そこで，$\operatorname*{argmax}_{\mathcal{T} \in \mathbb{F}(\boldsymbol{x})} P(\mathcal{T})$ を効率的に計算するアルゴリズムが必要となる．

ここでは，動的計画法を用いて効率的に $\mathcal{T} \in \mathbb{F}(\boldsymbol{x})$ を列挙し，式 (9.5) を計算するアルゴリズムとして **CKY 法**（CKY parsing）を紹介する[18),54),126)]．なお，CKY 法は文脈自由文法 G が**チョムスキー標準形**（Chomsky normal form）であることを前提としている．チョムスキー標準形とは，生成規則が $A \to B\ C$（ただし $A, B, C \in \mathbb{N}$）あるいは $A \to x$（ただし $A \in \mathbb{N}$, $x \in \mathbb{T}$）の 2 種類しかない文脈自由文法である．本章では文法 G はこれらの仮定を満

*6 同一の非終端記号を左辺にもつ生成規則の確率値の和が 1 となることに注意．

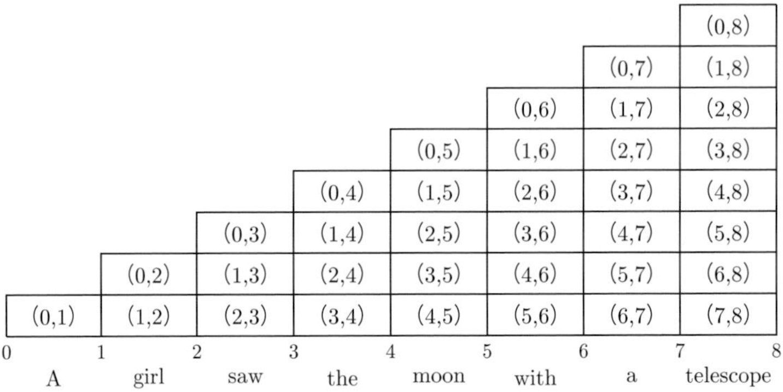

							(0,8)
						(0,7)	(1,8)
					(0,6)	(1,7)	(2,8)
				(0,5)	(1,6)	(2,7)	(3,8)
			(0,4)	(1,5)	(2,6)	(3,7)	(4,8)
		(0,3)	(1,4)	(2,5)	(3,6)	(4,7)	(5,8)
	(0,2)	(1,3)	(2,4)	(3,5)	(4,6)	(5,7)	(6,8)
(0,1)	(1,2)	(2,3)	(3,4)	(4,5)	(5,6)	(6,7)	(7,8)

0　1　2　3　4　5　6　7　8

A　girl　saw　the　moon　with　a　telescope

図 9.4　チャートの図

たすとするが，任意の文脈自由文法 G をチョムスキー標準形に変換するアルゴリズムが存在するので，CKY 法は任意の文脈自由文法に適用することができる．

CKY 法は，図 9.4 に示すチャートを用いて，部分構文木を保存しながら解析を進める．**チャート**（chart）は**セル**（cell）(i, j)（ただし $0 \leq i < j \leq n$）の集まりである．セル (i, j) には，入力 $\boldsymbol{x} = (x_1, \ldots, x_n)$ の部分列 $\boldsymbol{x}_{i+1:j} = (x_{i+1}, \ldots, x_j)$ の解析結果（部分構文木）を保存する．このとき，文法 G がチョムスキー標準形であるとすると，$j - i \geq 2$ において以下が成り立つ．

$$A \Rightarrow^* \boldsymbol{x}_{i+1:j} \tag{9.6}$$

$$\Longleftrightarrow \exists k, B, C.(A \to B\ C \wedge B \Rightarrow^* \boldsymbol{x}_{i+1:k} \wedge C \Rightarrow^* \boldsymbol{x}_{k+1:j}) \tag{9.7}$$

つまり，$\boldsymbol{x}_{i+1:j} = (x_{i+1}, \ldots, x_j)$ を位置 k で 2 分割 $\boldsymbol{x}_{i+1:k} = (x_{i+1}, \ldots, x_k)$, $\boldsymbol{x}_{k+1:j} = (x_{k+1}, \ldots, x_j)$ し，それぞれが非終端記号 B, C から導出されるとすると，文法規則 $A \to B\ C$ を適用することで $A \Rightarrow^* \boldsymbol{x}_{i+1:j}$ が成り立つ．これを利用すると，セル (i, k) に B，セル (k, j) に C を根とする構文木が保存されていれば，セル (i, j) には A を根とする構文木が構成されることがわかる．したがって，チャートを下の段から埋めていけば，既に計算済みの部分構文木を利用して，より大きい構文木を計算できる．

CKY 法を応用すると，構文木の計算と同様に，その確率を計算することができる．構文木の確率の定義から，$\boldsymbol{x}_{i+1:k}$ の構文木を $\mathcal{T}_B \in \mathbb{F}_B(\boldsymbol{x}_{i+1:k})$，$\boldsymbol{x}_{k+1:j}$

の構文木を $\mathcal{T}_C \in \mathbb{F}_C(\boldsymbol{x}_{k+1:j})$ とすると，これらの構文木に生成規則 $A \to B\ C$ を適用して作られる構文木 $\mathcal{T}_A$ の確率は

$$P(\mathcal{T}_A) = P(A \to B\ C \mid A)P(\mathcal{T}_B)P(\mathcal{T}_C) \tag{9.8}$$

となる．したがって，CKY 法と同様に，チャートを下の段から埋めていくことで，構文木と同時にその確率を計算することができる．

しかし，すべての構文木の確率を計算すると，結局すべての構文木を列挙することになる．構文解析の目的は確率が最大になる構文木一つを求めることであるが，すべての構文木を列挙することなくこれを実現することができる．以下で説明するアルゴリズムは**ビタビアルゴリズム**（Viterbi algorithm）と呼ばれ，もともとは 8.4 節で説明した系列モデルに対するアイディアを，木構造に拡張したものである．図 9.5 に，ビタビアルゴリズムの例を示す．各セル (i, j) には，$\boldsymbol{x}_{i+1:j}$ を導出する部分構文木とその確率値を保存する．

非終端記号 A から部分単語列 $\boldsymbol{x}_{i+1:j}$ を導出する構文木の集合 $\mathbb{F}_A(\boldsymbol{x}_{i+1:j})$ において確率の最大値は，以下のように求められる．

$$\max_{\mathcal{T}_A \in \mathbb{F}_A(\boldsymbol{x}_{i+1:j})} P(\mathcal{T}_A) \tag{9.9}$$

$$= \max_{B,C} \max_{\mathcal{T}_B, \mathcal{T}_C} P(A \to B\ C \mid A)P(\mathcal{T}_B)P(\mathcal{T}_C) \tag{9.10}$$

$$= \max_{B,C} P(A \to B\ C \mid A) \max_{\mathcal{T}_B} P(\mathcal{T}_B) \max_{\mathcal{T}_C} P(\mathcal{T}_C) \tag{9.11}$$

この式のポイントは，まず部分構文木 $\mathcal{T}_B, \mathcal{T}_C$ についてそれぞれの確率の最大値を計算し，次に $P(A \to B\ C \mid A)$ と掛け合わせて全体の確率が最大になるものを計算するところにある．これは，max について以下の分配法則が成り立つことを利用している．

$$\max_{a \in \mathbb{A}, b \in \mathbb{B}, c \in \mathbb{C}} abc = \max_{a \in \mathbb{A}} a \max_{b \in \mathbb{B}} b \max_{c \in \mathbb{C}} c \tag{9.12}$$

上では確率値の計算を示したが，上式は argmax についても成り立つので，確率が最大となる部分構文木を計算することができる．この性質を利用すると，各セル (i, j) について，各非終端記号を根とする構文木は確率最大のもの一つだけを保存しておけばよいことになる．図 9.5 の例では，セル $(2, 8)$ (saw the moon with a telescope) に入る部分構文木が二つある．ここで，二つの部分構文木の確率値を求め，そのうち確率が最大のものだけをセルに保存する．これ

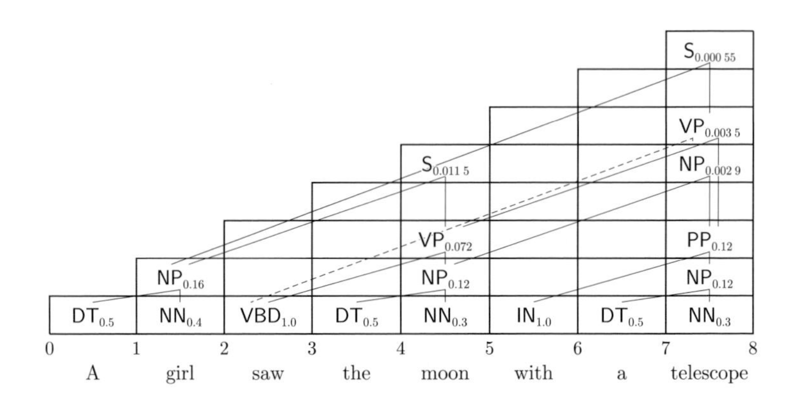

図 9.5 CKY 法とビタビアルゴリズムによる構文解析の例

01: **procedure CKY-Viterbi**($\boldsymbol{x} = (x_1, \ldots, x_n)$, $G = (\mathbb{N}, \mathbb{T}, \mathsf{S}, \mathbb{R}, P)$)
02: **for** $i = 1 \ldots n$ **do**
03: $\mathrm{table}(i-1, i) \leftarrow \{A \mid A \to x_i \in \mathbb{R}\}$
04: $\mathrm{score}(i-1, i, A) \leftarrow P(A \to x_i \mid A)$
05: **for** $l = 2 \ldots n$ **do**
06: **for** $i = 0 \ldots n-l$ **do**
07: $j \leftarrow i + l$
08: **for** $k = i+1 \ldots j-1$ **do**
09: **for all** $B \in \mathrm{table}(i, k)$ **do**
10: **for all** $C \in \mathrm{table}(k, j)$ **do**
11: **for all** $A\ s.t.\ A \to B\ C \in \mathbb{R}$ **do**
12: $p \leftarrow P(A \to B\ C \mid A)\,\mathrm{score}(i, k, B)\,\mathrm{score}(k, j, C)$
13: **if** $A \notin \mathrm{table}(i, j)$ **or** $p > \mathrm{score}(i, j, A)$ **then**
14: $\mathrm{table}(i, j) \leftarrow \mathrm{table}(i, j) \cup \{A\}$
15: $\mathrm{score}(i, j, A) \leftarrow p$

図 9.6 CKY 法に基づくビタビアルゴリズム

より上の段ではこの確率最大の部分構文木のみが使われるが，上記の分配法則により，最終的に確率最大の構文木が得られることが保証される．

図 9.6 に，CKY 法に基づくビタビアルゴリズムの擬似コードを示す．図において $\mathrm{table}(i, j)$ は $\boldsymbol{x}_{i+1:j}$ を導出する部分構文木の根ノードを，$\mathrm{score}(i, j, A)$ は根ノードが A の部分構文木の中の確率最大値を保存する．12 行目で部分構文木の確率値を計算し，これが確率最大の場合は 13-15 行目で table, score

を更新する．このアルゴリズムでは構文木の確率の最大値を計算するだけだが，12-15 行目で確率が最大となる k, B, C を保存しておけば，根ノードから子ノードを辿ることで確率最大の構文木を計算することができる．上記のアルゴリズムでは，5, 6, 8 行目に $\mathcal{O}(n)$ のループが，9, 10, 11 行目に $\mathcal{O}(|\mathbb{N}|)$ のループがある．したがって，このアルゴリズムの計算量は $\mathcal{O}(n^3|\mathbb{N}|^3)$ となる．

本項では，文脈自由文法に確率を与えた確率文脈自由文法を解説したが，より一般には，生成規則 $A \to \alpha \in \mathbb{R}$ にスコア $s(A \to \alpha)$ を与え，構文木 $\mathcal{T}$ のスコア $s(\mathcal{T})$ を以下のように生成規則のスコアの和で定義する**重み付き文脈自由文法**（weighted context-free grammar）を考えることができる．

$$s(\mathcal{T}) = \sum_{A \to \alpha \in \mathbb{M}(\mathcal{T})} s(A \to \alpha) \tag{9.13}$$

なお，$s(A \to \alpha) = \log P(A \to \alpha \mid A)$ とすれば，確率文脈自由文法は重み付き文脈自由文法の一種であることがわかる．式 (9.12) の分配法則は和についても成り立つので，CKY 法やビタビアルゴリズムは重み付き文脈自由文法に対してもほぼそのまま適用することができる．

3．シフト還元法

本項では，自然言語の構文解析で CKY 法と並んでよく用いられるアルゴリズムとして**シフト還元法**（shift-reduce parsing）[103) *7]を紹介する．このアルゴリズムは，入力単語列 $\boldsymbol{x} = (x_1, \ldots, x_n)$ を左から順番に読み込み，構文木を逐次的に構築する．まず，前項と同様に，チョムスキー標準形の文法 $G = (\mathbb{N}, \mathbb{T}, \mathsf{S}, \mathbb{R})$ が与えられたとする．シフト還元法では，二つのデータ構造，**スタック**（stack）と**キュー**（queue）を用いる．

- スタック S：部分構文木を保存する．
- キュー Q：まだ読み込んでいない部分単語列を保存する．

これら二つのデータ構造を，以下の二つのアクション，**シフト**（Shift）あるいは**還元**（Reduce）で逐次的に更新していく[*8]．

*7　**遷移型構文解析**（transition-based parsing）ともいう．
*8　チョムスキー標準形を仮定しているため，単語を生成する規則は $A \to x$，そうでない規則は $A \to B\ C$ の形式であることからこれらの定義が得られる．チョムスキー標準形でない文法に対してはシフト還元操作を修正する必要がある．

ステップ	スタック S	キュー Q	アクション
1	$\emptyset$	A girl saw the moon with a telescope	Shift(DT)
2	DT(A)	girl saw the moon with a telescope	Shift(NN)
3	DT(A) NN(girl)	saw the moon with a telescope	Reduce(NP)
4	NP(A girl)	saw the moon with a telescope	Shift(VBD)
5	NP(A girl) VBD(saw)	the moon with a telescope	Shift(DT)
6	NP(A girl) VBD(saw) DT(the)	moon with a telescope	Shift(NN)
7	NP(A girl) VBD(saw) DT(the) NN(moon)	with a telescope	Reduce(NP)
8	NP(A girl) VBD(saw) NP(the moon)	with a telescope	Reduce(VP)
9	NP(A girl) VP(saw the moon)	with a telescope	Shift(IN)
10	NP(A girl) VP(saw the moon) IN(with)	a telescope	Shift(DT)
11	NP(A girl) VP(saw the moon) IN(with) DT(a)	telescope	Shift(NN)
12	NP(A girl) VP(saw the moon) IN(with) DT(a) NN(telescope)	$\emptyset$	Reduce(NP)
13	NP(A girl) VP(saw the moon) IN(with) NP(a telescope)	$\emptyset$	Reduce(PP)
14	NP(A girl) VP(saw the moon) PP(with a telescope)	$\emptyset$	Reduce(VP)
15	NP(A girl) VP(saw the moon with a telescope)	$\emptyset$	Reduce(S)
16	S(A girl saw the moon with a telescope)	$\emptyset$	

図 9.7　シフト還元法による構文解析の例．わかりやすさのため，スタックの要素は部分構文木の根ノードの記号と対応する部分単語列で示している．

- Shift(A)：キューの先頭の単語 x を読み込み，スタック上に非終端記号 A を置く．
- Reduce(A)：スタックの後ろ二つの要素 B, C を取り出し，スタック上に非終端記号 A を置く．

還元は，スタック上の二つの部分構文木を組み合わせて，根ノードが A の構文木を作ることに対応する．つまり，シフトは生成規則 $A \to x$ を適用することに，還元は生成規則 $A \to B\ C$ を適用することに相当する．

図 9.7 の例を参照しながらシフト還元法の動作を見ていこう．構文解析のスタート時点では，まず入力単語列をキューに保存する（ステップ 1）．スタックは空（つまり $S = \emptyset$）である．還元はスタック上に少なくとも二つの要素が存在しないと適用できないので，最初はシフト操作のみが行われる（ステップ 1, 2）．ステップ 3 の時点では，シフトと還元のいずれも適用できる．このとき，どちらの操作を選ぶべきだろうか．ここで，曖昧性が生じる．自然言語の構文解析のシフト還元法では，ステップ 3 のような状況でどの操作を選択するのかを機械学習を用いて解決する．スタック，キューがそれぞれ S, Q のとき，機械学習によりアクション a のスコア $s(a, S, Q)$ が得られるとする．すると，シフト還元法の各ステップでは，以下のように最適なアクション $\hat{a}$ を決定する．

$$\hat{a} = \mathop{\mathrm{argmax}}_{a \in \mathbb{A}(S,Q)} s(a, S, Q) \tag{9.14}$$

ただし，$\mathbb{A}(S, Q)$ はスタックが S，キューが Q のときに選択可能なアクションの集合である．ステップ 3 では，仮に Reduce(NP) を選ぶとしよう．すると，ステップ 4 の状態に至る．これは，NP → DT NN を適用したことに相当することがわかる．このように，シフトあるいは還元をスコア $s(a, S, Q)$ を用いて逐次決定していくことで，解析を進めていく．

この例において特に重要なのが，ステップ 8 である．ここでは，VBD と NP を還元するか，あるいは単語 with をシフトするか，の曖昧性がある．前者を選ぶと，VBD と NP が VP を構成することになるが，NP(the moon) はスタック上からは消えるので，これ以上この NP と別の句をくっつけることはできない．具体的には，with a telescope で構成されるであろう PP（図の例ではステップ 14 で構成されている）は，NP(the moon) と結合することはできない．すなわち，ステップ 8 において還元を選択するということは，the moon

と with a telescope が句を構成する，という可能性を排除していることになる．このように，シフト還元法による構文解析では，アクションの曖昧性を解消することが，構文木の曖昧性解消を行うことに相当する．解析を進めていき，ステップ 16 に至ると，スタックは要素一つ，キューは空になる．このときスタックに非終端記号 S を根ノードとする構文木が得られれば，構文解析が成功したことになる．

構文木 $\mathcal{T}$ を構成するアクション列を $\boldsymbol{a}(\mathcal{T})$ とするとき，シフト還元法では構文木のスコア $s(\mathcal{T})$ を以下のように定義する．

$$s(\mathcal{T}) = \sum_t s(a_t(\mathcal{T}), S^{(t)}, Q^{(t)}) \tag{9.15}$$

ただし，$S^{(t)}, Q^{(t)}$ は，アクション $a_t(\mathcal{T})$ が適用されるときのスタック，キューを表す．すると，シフト還元法による構文解析は，以下のように定式化される．

$$\hat{\mathcal{T}} = \operatorname*{argmax}_{\mathcal{T}} s(\mathcal{T}) \tag{9.16}$$

$$= \operatorname*{argmax}_{\mathcal{T}} \sum_t s(a_t(\mathcal{T}), S^{(t)}, Q^{(t)}) \tag{9.17}$$

上記のアルゴリズムは，この解を**貪欲法**（greedy algorithm）で求めていることになる．ただし，貪欲法だと最適解が求まることが保証されない．詳細は割愛するが，**ビームサーチ**（beam search）を応用して各ステップで複数の解析候補を残しておく手法や，CKY 法と同様の動的計画法を適用する手法が用いられる．

図 9.8 に，シフト還元法による構文解析アルゴリズムを示す．5 行目でアクションを選択し，それがシフトの場合は 7-8 行目でスタックの要素を一つ追加し，キューの先頭要素を削除する．アクションが還元の場合は，スタックの後ろ二つの要素を削除し，新たに非終端記号 X をスタックに追加する．キューは変化しない．

キューの単語を最後まで読み込むためには n 回のシフトが必要である．還元を 1 回行うとスタックの要素が一つ減るため，スタックが最終的に要素一つになるためには $n-1$ 回の還元が必要である．したがって，4 行目以降のループは，丁度 $2n-1$ 回実行される．すなわち，このアルゴリズムの計算量は $\mathcal{O}(n)$ である．

```
01: procedure Shift-Reduce-Parsing(x = (x_1, ..., x_n), G = (N, T, S, R), s(a, S, Q))
02:     S ← ∅
03:     Q ← (x_1, ..., x_n)
04:     while |Q| > 0 or |S| ≠ 1 do
05:         â ← argmax_{a∈A(S,Q)} s(a, S, Q)
06:         if â = Shift(X) then
07:             S ← S ⊕ X
08:             Q ← Q_{2:|Q|}
09:         else if â = Reduce(X) then
10:             S ← S_{1:|S|-2} ⊕ X
```

図 9.8 シフト還元法による構文解析アルゴリズム（$A \oplus B$ は，スタック A の最後に要素 B を追加することを表す）

4. 文法・確率の学習

さて，9.2.2 項では CKY 法，9.2.3 項ではシフト還元法を紹介し，最適な構文木（確率あるいはスコアが最大となる構文木）を求める手法を説明した．では，文法や確率・スコアはどのように与えたらよいだろうか．まず思い付くのは，人間が文法と確率・スコアを書き下す方法である．例えば $P(\mathsf{S} \to \mathsf{NP\ VP} \mid \mathsf{S})$ はいくらが適切だろうか．これは，曖昧性解消が正しく行えるように，すなわち式 (9.1) の結果が人間の直感に合うように設定する必要がある．しかし，これを例えば英語文法全体に対して適切に設定するのはほぼ不可能であると思われる．現在の一般的な方法は，これまで議論してきたように，データから学習する方法である．

構文解析器を学習するためのデータは，**ツリーバンク**（treebank）と呼ばれる．ツリーバンクは，自然言語テキストのサンプル（コーパス）に対して，人手で構文木を付与したデータである．図 9.9 に，代表的なツリーバンクである **Penn Treebank**[73] の実際のデータを示す．Penn Treebank では，各単語に対して品詞が，句には句記号が付与される．句には句記号に加えて追加情報が付与されるが（例えば，図 9.9 の-SBJ は主語を表す），ここではそれらの詳細は割愛する*9．

ツリーバンク $\mathbb{X} = \{\boldsymbol{x}^{(i)}\}$, $\mathbb{Y} = \{T^{(i)}\}$ が学習データとして与えられると，文法規則 $\mathbb{R}$ およびその確率 P は以下のように求められる*10．

*9 現在の一般的な構文解析器では，これらの情報は削除し，句記号のみからなる構文木を用いる．
*10 Penn Treebank の句構造はチョムスキー標準形ではないため，まず句構造を二分木化し，チョムスキー標準形に変形してから以下の式を適用することが多い．

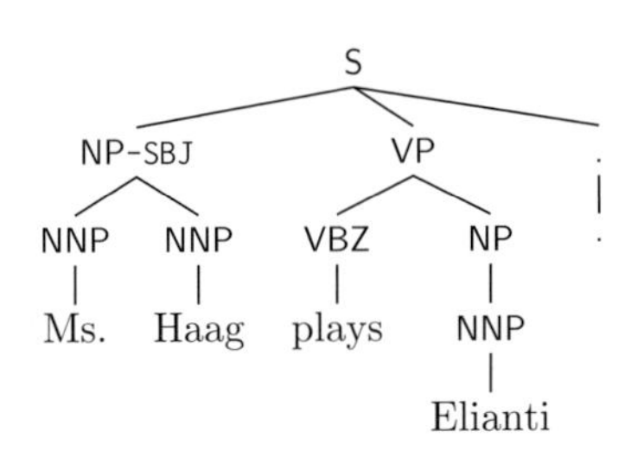

図 9.9　Penn Treebank の例

$$\mathbb{R} = \{A \to \alpha \in \mathbb{M}(\mathcal{T}) \mid \mathcal{T} \in \mathbb{Y}\} \tag{9.18}$$

$$P(A \to \alpha \mid A) = \frac{\mathrm{count}(A \to \alpha, \mathbb{Y})}{\sum_{\alpha' \in (\mathbb{N} \cup \mathbb{T})^*} \mathrm{count}(A \to \alpha', \mathbb{Y})} \tag{9.19}$$

ただし，$\mathrm{count}(x, \mathbb{Y})$ は，学習データ $\mathbb{Y}$ 中での x の出現回数を表す．

しかし，この単純な方法では構文解析精度が低いことが知られている．その一つの原因として，上記の確率は生成規則のみに依存しており，単語や文脈から独立であることが挙げられる．例えば，図 9.1 と図 9.2 の句構造木の違いは，前置詞句が動詞を修飾するか名詞を修飾するかの違いであるが，この違いは生成規則だけでなく，単語の意味に大きく依存する．つまり，生成規則の確率はより詳細な情報に基づいて決められるべき，ということになる[14),19)]．

そこで，単語列 $\boldsymbol{x}$ に対する構文木 $\mathcal{T}$ のスコア $s(\mathcal{T}, \boldsymbol{x})$ を以下のように定めてみよう[32)]．

$$s(\mathcal{T}, \boldsymbol{x}) = \sum_{A \to \alpha \in \mathbb{M}(\mathcal{T}) \ s.t. \ A \Rightarrow^* \boldsymbol{x}_{i+1:j}} s(A \to \alpha, \boldsymbol{x}_{i+1:j}) \tag{9.20}$$

$$s(A \to \alpha, \boldsymbol{x}_{i+1:j}) = \boldsymbol{w}_{A \to \alpha}^{\top} f(\boldsymbol{W}\boldsymbol{x}_{ij} + \boldsymbol{b}) \tag{9.21}$$

ただし，$\boldsymbol{x}_{ij}$ は $\boldsymbol{x}_{i+1:j}$ の埋込み表現*11，$\boldsymbol{w}_{A \to \alpha}, \boldsymbol{W}, \boldsymbol{b}$ はニューラルネットワークのパラメータ，f は活性化関数である．確率文脈自由文法では確率パラメータが生成規則のみで規定されていたところ，このモデルは $\boldsymbol{x}_{ij}$ によって単語の情報に基づいてスコアが計算される．このモデルの学習は，前章までに解

*11　具体的には，x_{i+1}，x_j や分割点の単語の埋込み表現が用いられるが，詳細は割愛する．

説された機械学習手法を用いて行う．例えば，正解の構文木とのクロスエントロピー誤差を損失関数とすれば，8.4 節の条件付き確率場と同様の手法で学習することができる．

シフト還元法のアクションのスコアについても，同様に定義することができる．例えば，スタック $S^{(t)}$，キュー $Q^{(t)}$，アクションの履歴 $\boldsymbol{a}_{1:t-1}$ に対して第 4 章の手法を適用して各系列の埋込み表現を得，それを用いてアクション a_t のスコアを定義する[33]．

9.3 依存構造解析

依存構造解析（dependency parsing）は，図 9.10 に示したような**依存構造木**（dependency tree）を計算する技術である．文 $\boldsymbol{x} = (x_1, \ldots, x_n)$ に対する依存構造木は，以下のように単語間の関係を表すグラフ $\mathcal{G} = (\mathbb{V}, \mathbb{D})$ として定義される．

$$\mathbb{V} = \{x_i\} \cup \{\mathsf{ROOT}\} \tag{9.22}$$

$$\mathbb{D} = \{(u, v, l) \mid u \in \mathbb{V},\, v \in \{x_i\},\, l \in \mathbb{L}\} \tag{9.23}$$

ただし，$\mathbb{L}$ は依存構造ラベルの集合である．$d = (u, v, l) \in \mathbb{D}$ はグラフのエッジで，単語と単語の間の**依存関係**（dependency）を表し，u を**主辞**（head）あるいは**親**（parent），v を**子**（dependent）と呼ぶ．依存関係は，$u \xrightarrow{l} v$ とも書く．$\mathbb{V}$ はグラフのノード集合で，各単語 x_i に加えて，文全体の根ノードを表す ROOT という特殊なノードがある．依存関係 $\mathsf{ROOT} \xrightarrow{\mathsf{root}} x_j$ は，単語 x_j が文全体の主辞であることを表す（図 9.10 では saw が文全体の主辞である）．

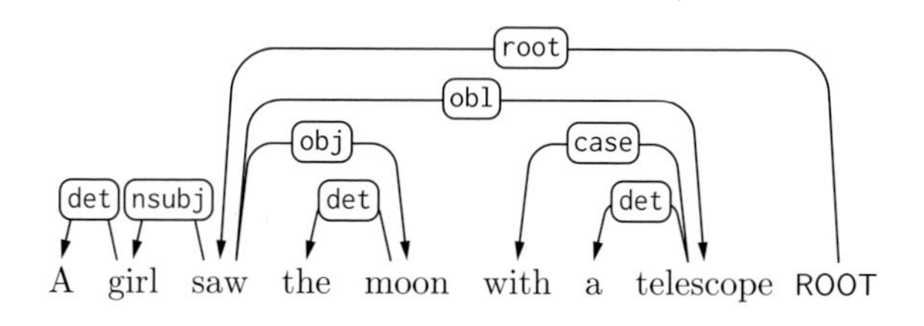

図 9.10　依存構造の例

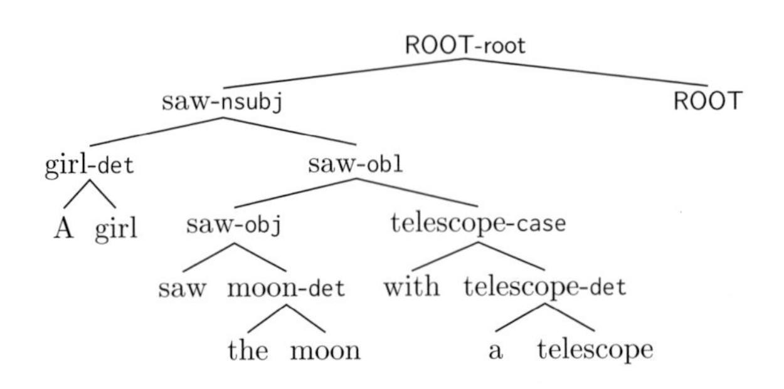

図 9.11 図 9.10 の依存構造を句構造風に表現したもの

依存構造は一般に木構造を仮定する．その場合，各 x_i について親は一つだけなので，依存構造を以下のように定式化することもできる．

$$\mathcal{G} = \{(u_v, l_v) \mid v \in \{x_i\}, u_v \in \{x_i\} \cup \{\mathsf{ROOT}\}, l_v \in \mathbb{L}\} \tag{9.24}$$

以上の定式化から，依存構造解析は，以下のような問題に帰着できる．

$$\hat{\mathcal{G}} = \operatorname*{argmax}_{\mathcal{G} \in \mathbb{G}(\boldsymbol{x})} s(\mathcal{G}) \tag{9.25}$$

ただし，$\mathbb{G}(\boldsymbol{x})$ は，単語列 $\boldsymbol{x}$ のすべての可能な依存構造木の集合を表す．これはほとんど句構造解析と同じであるため，

- どのように $\mathbb{G}(\boldsymbol{x})$ を計算するのか
- どのように $s(\mathcal{G})$ を計算するのか
- どのように argmax を計算するのか

を考える必要がある．

句構造と依存構造は見た目は全く異なるが，これらの間には自明な関係がある．依存関係 $x_i \xrightarrow{l} x_j$ について，x_i, x_j とその子ノードに対応する範囲の部分単語列に対して句ラベル x_i-l を与えると，図 9.11 のような木構造が得られる．この構造では，終端ノードが単語で，中間ノードには何らかのラベルが付与されている．また，この木構造から依存構造への変換も一意にできる．したがって，この構造に対して 9.2 節で解説したアルゴリズムを適用することで，依存構造解析を行うことができる．

以下では，CKY 法とシフト還元法を用いた依存構造解析を説明する．さら

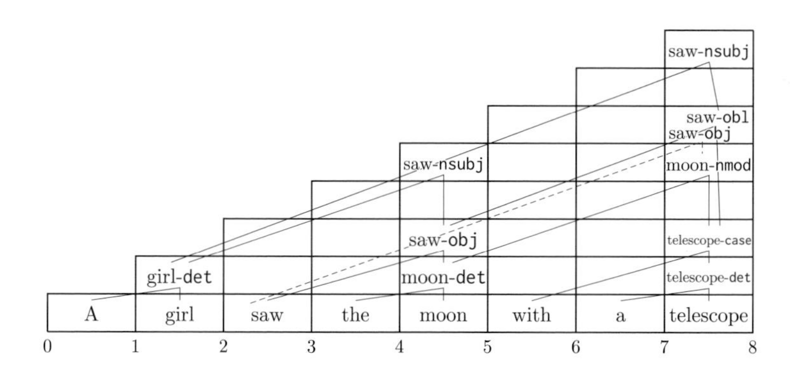

図 9.12 CKY 法による依存構造解析

に，依存構造解析に特化したアルゴリズムとして，最大全域木法を用いた手法を 9.3.3 項で紹介する．

1. CKY 法

図 9.11 のような構造を計算するためには，CKY 法がそのまま適用できる．図 9.12 に，CKY 法による依存構造解析の例を示す．なお，依存構造解析でも曖昧性解消のために確率あるいはスコアを計算する必要があるが，簡単のためここでは省略する[*12]．

句構造解析の CKY 法ではセル (i,j) には部分単語列 $x_{i+1},\ldots,x_j$ を支配する句記号を保存したが，依存構造解析では代わりに主辞の単語と依存構造ラベルを保存する．例えば，セル $(2,5)$ は saw the moon の解析結果を保存するが，saw-obj は，saw が主辞であり，依存構造ラベルが obj であることを表している．すなわち，これは saw $\xrightarrow{\text{obj}}$ moon という依存関係を示す．

句構造解析のときと同様に，セル $(2,8)$ には二つの構文木が入り得る．一つは，セル $(2,3)$ の saw と $(3,8)$ の moon（the moon with a telescope に相当する）を結合したもので，ラベルは saw-obj になる（図では点線で示す）．もう一つは，セル $(2,5)$ の saw（saw the moon に相当）と $(5,8)$ の telescope（with a telescope に相当）を結合したもので，ラベルは saw-obl になる．こ

*12　一つの生成規則が一つの依存関係に対応しているため，例えば後述する edge-factored model によってスコアを与えることができる．

のような曖昧性に対して，9.2 節と同様に，確率あるいはスコアを用いて一つの構文木を選択する．

このアルゴリズムは句構造解析の CKY 法とほぼ同じであるが，計算量は異なる．各セルに入り得るラベルの数は $\mathcal{O}(n|\mathbb{L}|)$ であり，各セルの計算を行う際はそのすべての組合せを計算するとすると，計算量は $\mathcal{O}(n^5|\mathbb{L}|^3)$ になる．実は，上記のアルゴリズムでは同じ依存構造に対して複数の構造を計算してしまい，その分だけ無駄が生じている．この無駄な計算を排除することにより $\mathcal{O}(n^3)$ で依存構造解析を行う手法として，**Eisner 法**（Eisner algorithm）[37]が知られている．

2．シフト還元法

依存構造解析には，シフト還元法を適用することもできる[84),123)]．図 9.13 にシフト還元法による依存構造解析の例を示す．依存構造解析でもアクションの曖昧性解消のためにアクションのスコアを計算する必要があるが，簡単のためここでは省略する*13．依存構造解析では，以下の三つのアクションを用いる．

ステップ	スタック S	キュー Q	アクション
1	$\emptyset$	A girl saw the moon with a telescope	Shift
2	A	girl saw the moon with a telescope	Shift
3	A girl	saw the moon with a telescope	Reduce-R(det)
4	girl	saw the moon with a telescope	Shift
5	girl saw	the moon with a telescope	Shift
6	girl saw the	moon with a telescope	Shift
7	girl saw the moon	with a telescope	Reduce-R(det)
8	girl saw moon	with a telescope	Reduce-L(obj)
9	girl saw	with a telescope	Shift
10	girl saw with	a telescope	Shift
11	girl saw with a	telescope	Shift
12	girl saw with a telescope	$\emptyset$	Reduce-R(det)
13	girl saw with telescope	$\emptyset$	Reduce-R(case)
14	girl saw telescope	$\emptyset$	Reduce-L(obl)
15	girl saw	$\emptyset$	Reduce-R(nsubj)
16	saw	$\emptyset$	

図 9.13　シフト還元法による依存構造解析の例

*13　句構造解析と同様に，各ステップで正しいアクションを選択するように分類器を学習すればよい．

- Shift：キューの先頭の単語をスタックに移動する．
- Reduce-L(l)：スタックの後ろ二つの要素 u, v を取り出し，依存関係 $u \xrightarrow{l} v$ を作り，u をスタック上に残す．
- Reduce-R(l)：スタックの後ろ二つの要素 u, v を取り出し，依存関係 $u \xleftarrow{l} v$ を作り，v をスタック上に残す．

句構造解析では還元操作は句記号を決定したが，依存構造解析では依存構造ラベルに加えて主辞を求める必要があるため，左側の単語を主辞とする場合，右側の単語を主辞とする場合で 2 種類の還元操作を定義している．還元はスタック上に二つ以上の単語があることが必要であるため，最初はシフト操作のみが行われる（ステップ 1, 2）．ステップ 3 では，シフトあるいは還元のどれを選択するか曖昧性がある．そこで，句構造解析と同様にアクションに対してスコアを与え，スコアが最大のアクションを選択する．ステップ 3 では Reduce-R(det) を選択したとすると，スタック・キューはステップ 4 のような状態になる．この例から，依存構造解析のシフト還元法は句構造解析とほぼ対応することがわかる．

3. 最大全域木法

依存構造木のスコアを各依存関係のスコアの和とすると*14，式 (9.25) は以下のように書き換えられる*15．

$$\hat{\mathcal{G}} = \operatorname*{argmax}_{\mathcal{G} \in \mathbb{G}(\boldsymbol{x})} s(\mathcal{G}) \tag{9.26}$$

$$= \operatorname*{argmax}_{\mathcal{G} \in \mathbb{G}(\boldsymbol{x})} \sum_{(u,v) \in \mathcal{G}} s(u, v) \tag{9.27}$$

ただし，$s(u, v)$ は依存関係 $u \rightarrow v$ のスコアである．

これは，エッジのスコアが与えられたとき，スコアの和を最大化する木構造を求める問題であり，**最大全域木問題**（maximum spanning tree problem）と呼ばれる．したがって，最大全域木問題を解くアルゴリズムを適用して依存構造解析を行うことができる[77]．**最大全域木法**（maximum spanning tree algorithm）としてプリム法やクラスカル法がよく知られているが，これら

*14 このようなモデルを edge-factored model という．

*15 ここでは木構造を求めるアルゴリズムのみ説明し，依存構造のラベル付けについては割愛する．木構造を求めた後に，各エッジについて多クラス分類器で依存構造ラベルを求める方法が一般的である．

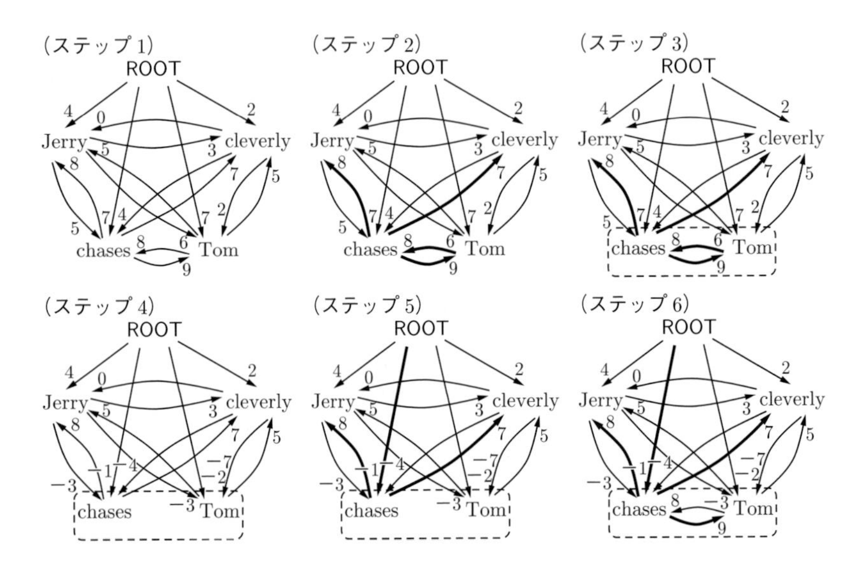

図 9.14　最大全域木法による依存構造解析の例

は無向グラフのアルゴリズムであるためここでは適用できない．ここでは有向グラフの最大全域木を求めるアルゴリズムである **Chu-Liu/Edmonds 法**（Chu-Liu/Edmonds algorithm）[16),35)]を説明する．

図 9.14 に，最大全域木法による依存構造解析の例を示す．まず最初に，各依存関係のスコアを求める（ステップ 1）．次に，各単語について，入ってくるエッジの中でスコアが最も高いものを選ぶ（ステップ 2）．これは，各単語についてその主辞を求めていることになる．もしこの結果が木構造であれば，これが求める解となる．もし木構造でなければ，得られたグラフには必ずループが存在する（ステップ 3）．この例では，chases と Tom の間に依存関係のループがあるのがわかる（破線で囲んだ部分）．このとき，ループを構成するノードを一つにマージし（つまり，破線で囲んだ部分を一つのノードと見なす），改めて各ノードについて主辞を求める．またこのとき，マージされたノードに入るエッジのスコアは，[元のスコア] − [元のノードについて選択したエッジのスコア] とする．例えば，Jerry → chases のスコアは，もともとのスコア 5 から chases について選択されているエッジ（Tom → chases）のスコア 8 を引いた −3 とする．これにより，既に選択されているエッジからこのエッジに変更

することで生じるスコアの損失を計算していることになる．新たなグラフとスコアにより各ノードのエッジを選択すると，ステップ5のようになる．これは木構造であるので，最後にマージしたノードの中の依存関係を追加すると，解が得られる（ステップ6）．

最大全域木法による依存構造解析は，依存構造の交差が頻繁に現れる言語に対して特に有効である．依存構造木において依存関係が交差しないことを**非交差条件**（projectivity）と呼び，例えば日本語ではほとんどの文は非交差条件を満たすことが知られている．しかし，ドイツ語など多くの言語では，依存関係の交差が頻繁に観察され，非交差条件を満たさない文が多い．上述のCKY法やシフト還元法は非交差条件を満たす依存構造木しか計算しないため，これらのアルゴリズムでは正しい依存構造木が得られないことになる*16．最大全域木法は，単語列の隣接関係を考慮せずに木構造を求めるため，依存関係が交差する依存構造木も計算することができる．

最大全域木法による依存構造解析は，エッジのスコア $s(u, v)$ が与えられることを前提としている．では，このスコアはどのように計算したらよいだろうか．このスコアの良し悪しが構文解析精度に直結するため，数多くの手法が提案されてきた．最も単純な手法では，単語 u, v の埋込み表現を $\boldsymbol{u}, \boldsymbol{v}$ とすると，以下のようにパーセプトロンを用いてスコアを定める[57)]．

$$s(u, v) = \boldsymbol{w}^\top f(\boldsymbol{W}(\boldsymbol{u} \oplus \boldsymbol{v}) + \boldsymbol{b}) \tag{9.28}$$

ただし，$\boldsymbol{w}, \boldsymbol{W}, \boldsymbol{b}$ はモデルパラメータ，f は活性化関数である．あるいは，以下のように $\boldsymbol{u}, \boldsymbol{v}$ に関する双線形関数として定義することもできる[30)]．

$$s(u, v) = \boldsymbol{v}^\top \boldsymbol{W} \boldsymbol{u} + \boldsymbol{v}^\top \boldsymbol{b} \tag{9.29}$$

これらのモデルは，学習データ中の依存関係を正解ラベルとして学習することができる．

9.4　さまざまな構文解析手法

本章では，スコア最大の木構造を求める手法として，ビタビアルゴリズムを

*16　CKY法やシフト還元法についても，依存関係が交差する場合にも解析を可能とする手法が知られている．

適用したCKY法，貪欲法を適用したシフト還元法，最大全域木法を紹介した．これ以外にも，木構造の計算方法や探索方法はさまざまなものがあり，これまで多くの手法が提案されてきた．木構造を効率的に計算する手法としては，チャートを用いる手法として，チョムスキー標準形以外にも適用が可能な**アーリー法**（Earley parsing）[34]，**チャート法**（chart parsing），**左隅型構文解析**（left-corner parsing）[1]が知られている．また，プログラミング言語の構文解析で用いられるLR法を曖昧性のある文法が扱えるように拡張した**一般化LR法**（generalized LR parsing）[115]も知られている．ビタビアルゴリズムや貪欲法はこれらのアルゴリズムとよく組み合わせられるが，ほかにも汎用の探索手法であるビームサーチや**A*探索**（A* search）を適用することもできる．

確率やスコアのモデルは構文解析精度に直結するため，構文解析に関する研究の大多数はその改良に費やされてきた．句構造解析については，2000年代は確率文脈自由文法をさまざまな形で改良する手法，依存構造解析については，サポートベクトルマシン，多クラスロジスティック回帰，単層パーセプトロンなどの線形分類器を応用する手法が数多く提案されている．現在は，いずれにおいても深層学習を適用する手法が高い構文解析精度を実現している．LSTMなどの系列モデルやBERTなどの事前学習済み言語モデルで単語埋込みを求め，それを利用して生成規則やシフト・還元のスコア，あるいは依存構造のエッジのスコアを計算する手法が一般的である[30),33),111]．

日本語では，文節を単位とする依存構造解析*17の研究が主流である．**京都大学テキストコーパス**[137]や**現代日本語書き言葉均衡コーパス**（BCCWJ）[140]では，文節の依存構造のアノテーションデータが提供されており，これらを用いた依存構造解析の研究が数多く行われてきた[60]．最近では，句構造ツリーバンク[136),142]やUniversal Dependencies準拠の依存構造ツリーバンク[139]が開発されたことにより，句構造解析や単語単位の依存構造解析の研究も進められている[114),134]．

英語や日本語では大規模で高品質のツリーバンクが整備されており，構文解析の研究が盛んに行われ実用レベルの構文解析精度が実現されつつある．一方，世界の多くの言語についてはツリーバンクが存在せず，構文解析の研究は発展途上である．ツリーバンクの構築は非常に手間がかかるため，ツリーバン

*17 日本語の文献では係り受け解析と呼ばれることが多い．

クを必要としない**教師なし構文解析**（unsupervised parsing）や，他の言語のツリーバンクを利用する**言語横断構文解析**（cross-lingual parsing）といった手法が研究されている．特に依存構造解析では，多言語ツリーバンクである Universal Dependencies が開発されたことにより，英語や日本語だけでなく世界のさまざまな言語の構文解析の研究が活発に行われている．

演習問題

問 1 Time flies like an arrow. という文について，何個の構文木が考えられるだろうか？　英語文法として正しい構文木をできるだけ列挙せよ．Time, flies は動詞あるいは名詞の用法があり，like は動詞あるいは前置詞の用法があり得る．

問 2 重み付き文脈自由文法に対するビタビアルゴリズムを構成し，そのアルゴリズムにより最適解が求められることを示せ．

問 3 文 $\boldsymbol{x}$ に対する構文木 $\mathcal{T}$ の確率分布を $P(\mathcal{T} \mid \boldsymbol{x}) = \mathtt{softmax}_{\mathcal{T}} s(\mathcal{T}, \boldsymbol{x})$ と定義し，$s(\mathcal{T}, \boldsymbol{x})$ を式 (9.20) で与えたとき，このモデルをクロスエントロピー誤差を損失関数として学習する方法を説明せよ．

問 4 依存関係 $u \to v$ の確率分布を $P(u \to v) = P(u \mid v) = \mathtt{softmax}_{u} s(u, v)$ と定義したとき，このモデルをクロスエントロピー誤差を損失関数として学習する方法を説明せよ．

第10章

意味解析

これまでの章では，「意味」という語をたびたび使用してきた．我々人間にとって，自然言語が「意味」をもつことは当然のように思われる．しかし，自然言語の意味とは何であるか，コンピュータでどのように処理するのかは自明でない．自然言語処理において意味解析に関する研究は数多くあるが，本章ではその一端を紹介する．

10.1　意味解析とは

言語を理解するとは，文章の意味を理解することである，と我々は思っている．では，**意味**（meaning, semantics）[*1]とは何であろうか．意味とは何かという問いは，自然言語処理において最も重要な問題の一つであるが，いまだ明確な答えはない．直感的には，文章を読むあるいは聞くことで何らかの情報が我々の脳内に生じることは明らかで，それを我々は「意味」と呼んでいる．しかし，構文構造と同様に，それを直接的に観察することはできない．

それでは，自然言語処理においてなぜ意味を考える必要があるのか，検討してみよう．

文1. The witch cooked Hansel a meal.

---

*1　自然言語処理では，meaning は個別の単語や文がもつ意味を指す．一方，semantics あるいは形容詞の semantic は，意味に関する理論（意味論），意味解析の方法論，あるいは meaning と同様に個別の意味を指すのに用いられる．文脈によって semantics が指すものが異なるので注意が必要である．

文 2. The witch cooked Hansel.

文 3. Gretel served a meal that the witch cooked for Hansel.

これらの文について，「意味の近さ」を考えてみる．文 1 は，the witch が Hansel のために食事を作る，という状況を表している．文 2 は文 1 から a meal を削除しただけであり，単語列としては近い．しかし，文 2 は Hansel を料理する，という意味になり，Hansel の立場からすると文 1 と文 2 は正反対の状況である．文 3 は，文 1 や文 2 とは単語列としては大きく異なるが，英語話者なら文 1 と近いということが直感的にわかる．

つまり，我々人間には，自然言語の文章を理解したときに「意味が同じ」「意味が異なる」「意味が近い」「意味が遠い」といった直感がある．しかし，上の例でわかるように，これは文章を文字列として見たときの近さとは必ずしも一致しない．コンピュータは文字列の近さの計算は得意であり，人間よりはるかに高速かつ正確に行えるが，これでは人間が直感的に理解する「意味の近さ」を計算したことにはならない．したがって，自然言語は文字列としてではなく，意味の近さを計算するための何らかのデータ構造やアルゴリズムが必要になる．

では，自然言語処理において意味を扱うためにはどのようにアプローチすればよいだろうか．ここで，自然言語の意味について二つの重要な側面を見てみよう．まず，単語はあるルールに従って並べられ，文を構成することで複雑な意味を表す．ポイントは，同じ単語を使っていても並べ方の違いによって意味が近い場合と遠い場合があるということである．上の例で見たように，文 1 と文 2 は意味が遠く，文 1 と文 3 は意味が近い．さらに，我々が日常見聞きする文は，多くの場合，人生で初めて見る，あるいは人類史上初めて現れた文である．この教科書は日本語で書かれているが，ほとんどの文はこれまで一度も人類が目にすることがなかった文であると思われる．一度も見たことがないにもかかわらず，我々はその文の意味を理解することができる．これらの事実は，単語の意味をあるルールに従って合成することで句や文の意味が計算されることを示唆している．このように文の意味はその構成要素の意味と合成手続きによって決定されることを**構成性の原理**（principle of compositionality）といい，そのように作られる意味に関する理論や技術を**構成的意味論**（compositional semantics）という．

一方，我々は各単語の意味を知っていることで初めて文の意味を理解することができる．日本語話者は日本語の文は意味を理解できるが，知らない言語の文は理解することができない．つまり，自然言語において単語はそれぞれ意味をもつことがわかる．しかも，単語の意味は特定の文には依存せず，それぞれの単語がもともともっているものである．「りんご」という単語を聞けば我々はそれが何であるかをイメージすることができる．このように単語がもともともっている意味に関する理論や技術を**語彙的意味論**（lexical semantics）あるいは語彙意味論という．

上の例において，例えばa mealをfoodに置き換えたとしても意味は大きくは変わらない．一方，a mealをa TVに置き換えると，状況は全く異なる．これは，単語の意味関係によって，文全体の意味の近さが変わることを示している．3.2節で触れたように，単語の意味関係には次のようにさまざまな種類がある．

- **同義語**（synonym）：語aとbが同じ意味をもつとき，これらは同義語であるという（例えば犬とワンちゃん）．
- **上位語**（hypernym）・**下位語**（hyponym）：語aが指し示すものを常に語bでも指し示すことができる場合，aはbの下位語で，bはaの上位語であるという（例えばビーグルと犬）．
- **部分語**（meronym）：語aが指し示すものに語bが含まれる場合，語bは語aの部分語であるという（例えば日本と東京）．

このような意味関係は，単語だけでなくフレーズにも定義できる（例えば「強い雨が降る」=「大雨になる」）．単語・フレーズの意味関係は，以下の例のように文の意味関係に関係する．

- 私は犬を飼っています = 私はワンちゃんを飼っています
- 私はビーグルを飼っています → 私は犬を飼っています
- 私は東京に住んでいます → 私は日本に住んでいます

このような現象が起きる仕組みを説明し，人間の意味理解能力をコンピュータ上に再現することが，自然言語処理における意味解析のゴールとなる．

10.2　テキスト間含意関係認識

前節では自然言語処理において意味を扱うことが重要な問題であることを述べたが，ここでは意味の近さを直接ターゲットとする自然言語処理タスクとして**テキスト間含意関係認識**（recognizing textual entailment）[24)] *2を取り上げる．テキスト間含意関係認識は，二つの文章の間に意味的推論関係があるかどうかを判別するタスクである．前節で見たように，意味を直接観察することは難しいが，我々は文章の間の意味の近さ・遠さを直感的に判断することができる．そこで，この人間の直感を再現できるかどうかを評価することで，自然言語処理モデルが意味理解できているかどうかを客観的に評価することを狙う．

テキスト間含意関係認識とは，二つの文章 t, h を入力として，t が真であるとしたときに h が真であると言えるかどうかを判定するタスクである．t が真であるとしたときに h が真である，という関係を**含意関係**（entailment relation）といい，また t が h を**含意**（entail）するという *3．テキスト間含意関係認識は，含意関係がある (entailment) かない (unknown) かの二値分類問題，あるいは，含意関係がある (entailment)，矛盾関係がある (contradiction)（t が真であるとしたときに h が偽であると言える)，どちらでもない (neutral)（h は真であるとも偽であるとも言えない）の三値分類問題として定式化される．

図 10.1 にテキスト間含意関係認識のデータセットの具体例を挙げる．一つ目の例では，soccer game が sport の一種（つまり下位語）であること，multiple males と some men が同義であることから，t が h を含意することがわかる（ただし逆は成り立たない)．二つ目の例では，二つの文の対応関係は自明でないが，crowd of people と lonely が反義であることから矛盾と判断されていると考えられる．三つ目の例では，h に含まれる fairy に相当する情報が t にないため，含意関係なし（矛盾でもない）という判断ができる．意味の近さ・遠さという直感的なものではなく，t と h の真偽値の関係として意味的関係を定義することで，より厳密に問題設定を定めている *4．

---

*2　**自然言語推論**（natural language inference）とも呼ばれる．
*3　語用論における implicature も「含意」と訳されることがあるが，異なる概念なので注意が必要である．
*4　テキスト間含意関係認識に基づいて意味的近さを定義したタスクとして，**テキスト間意味的類似度**（Semantic Textual Similarity）がある．

t：A soccer game with multiple males playing. h：Some men are playing a sport.	entailment
t：A black race car starts up in front of a crowd of people. h：A man is driving down a lonely road.	contradiction
t：A smiling costumed woman is holding an umbrella. h：A happy woman in a fairy costume holds an umbrella.	neutral

図 10.1　テキスト間含意関係認識の例（文献 12) から引用）

テキスト間含意関係認識は自然言語の意味理解の能力を直接測定するベンチマークとして認識されており，これまで多くの評価データセットが構築されている．評価型ワークショップ **PASCAL RTE Challenge** では，数年にわたってテキスト間含意関係認識の評価が行われており，そのためのデータセットが公開されている[24)]．近年のニューラルネットワークを用いた意味推論の研究は，大規模な学習データが整備されたことによるところが大きい．代表的なものとして，**SICK**[74)], **SNLI** (Stanford Natural Language Inference) Corpus[12)], **MultiNLI** (Multi-Genre Natural Language Inference) Corpus[121)] が挙げられる．日本語では，**Textual Entailment 評価データ**[141)]や，評価型ワークショップ **NTCIR RITE** で提供されたデータ[119)]がある．また，言語学に基づきさまざまなタイプの論理的推論を含む事例を収集したデータセットとして **FraCaS**[23)]や，類似のデータセットを日本語で構築した **JSeM**[55)]がある．

テキスト間含意関係認識は，自然言語の意味理解技術を直接的に評価するタスクとして多くの研究がある．以下では，テキスト間含意関係認識を題材にして，自然言語の意味解析手法を解説する．

10.3　ニューラルネットワークによる意味解析

第 4 章から第 7 章まで解説したように，自然言語文に対して再帰型ニューラルネットワークや Transformer を適用することで，単語埋込みから文の埋込み（符号ベクトル）を計算することができる．これを利用すると，含意関係が正しく判断できるように文埋込みを学習することができる．

テキスト間含意関係認識の学習データ $\mathbb{X} = \{(t^{(i)}, h^{(i)})\}$, $\mathbb{Y} = \{y^{(i)}\}$ が与えられたとする．入力文 t, h の文埋込みをそれぞれ $\boldsymbol{t}$, $\boldsymbol{h}$ とすると，これを特徴量として含意関係 $y \in \{\mathsf{entailment}, \mathsf{contradiction}, \mathsf{neutral}\}$ を出力する分類器を構成することができる[27]．

$$P(y) = \mathtt{softmax}_y(\boldsymbol{W}(\boldsymbol{t} \oplus \boldsymbol{h}) + \boldsymbol{b}) \tag{10.1}$$

これは文の組を入力，含意関係ラベルを出力とする分類問題である．したがって，テキスト間含意関係認識のデータセットを学習データとしてこのモデルを学習すれば，含意関係を正しく判断するように $\boldsymbol{t}$, $\boldsymbol{h}$ が学習される．つまり，$\boldsymbol{t}$, $\boldsymbol{h}$ が t, h の意味を表すことが期待される．この手法をベースとして，ネットワークアーキテクチャや損失関数を工夫することで，含意関係の認識精度を向上させる手法が数多く提案されている．また，この手法は損失関数を適切に設定すれば，二つの文章の関係を判定する自然言語処理タスクに応用できるため，文章読解，質問応答，常識推論[98]などにおいても同様の手法が用いられる．

単純な手法であるが，事前学習済み言語モデルを用いることでさまざまなデータセットにおいて高い精度が報告されている．これまでの研究で単語・文埋込みや事前学習済み言語モデルにはさまざまな構文・意味情報が含まれていることが示されているが，それがテキスト間含意関係認識や文章読解といった意味理解を可能としている仕組みは明らかとなっていない．ニューラルネットワークのパラメータに何らかの情報がエンコードされていると想定されるが，それを直接観察することは困難なので，間接的に分析する試みが行われている．また，データセットの設計を工夫することにより，人間と同じような意味推論ができているかどうかを分析する試みも行われている[97),124]．ニューラルネットワークはデータセットのバイアスやショートカット（例えば not が含まれると contradiction になりやすい）を学習しやすく，本来の意味理解が実現できていないため，学習データと異なる分布のデータでは精度が低下するいう指摘がある．ベンチマークデータにおいては人間と同等あるいはそれ以上の精度が報告されているが，人間と同等な意味理解を実現するための研究が続けられている[43]．

10.4 述語項構造解析

現在はニューラルネットワークを用いた意味解析が盛んに研究されているが，一方で文章の意味を明示的に表すデータ構造は**意味構造**（semantic structure）と呼ばれ，言語学や自然言語処理において長く研究がなされてきた．ここでは，最も基本的な意味構造として**述語項構造**（predicate-argument structure）とそれを解析する技術である**述語項構造解析**（predicate-argument structure analysis）*5について解説する．

述語項構造は，文の意味を単語間の関係のグラフとして表す*6*7．図 10.2 に Gretel served sandwiches that the witch cooked for Hansel. の述語項構造と依存構造を示す．述語項構造では，ノードは単語，エッジは単語間の関係（述語項関係）を表し，エッジのラベルが関係の種類*8を表す．例えば Gretel $\xleftarrow{\text{ARG0}}$ served は Gretel が述語 served の項であり動作主（ARG0）であること，sandwiches $\xleftarrow{\text{ARG1}}$ cooked は sandwiches が述語 cooked の項であり対象（ARG1）であること，cooked $\xrightarrow{\text{ARG2}}$ Hansel は Hansel が述語 cooked の項であり受益者（ARG2）であることを表示している．

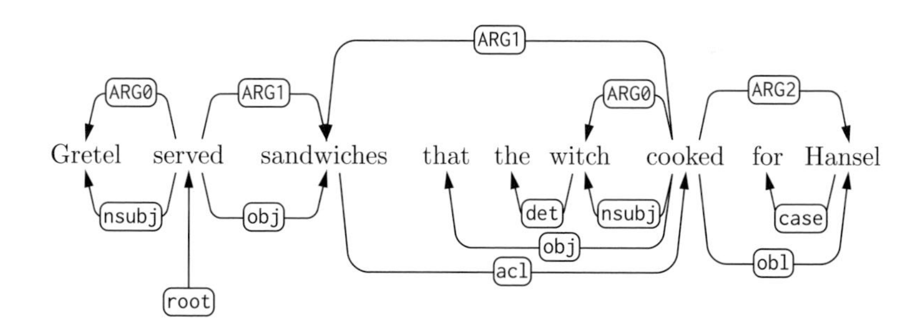

図 10.2 Gretel served sandwiches that the witch cooked for Hansel. の述語項構造（上側）と依存構造（下側）

---

*5 **意味役割付与**（semantic role labeling）あるいは**意味的依存構造解析**（semantic dependency parsing）とも呼ばれる．

*6 本節では，単語をノードとするグラフとして述語項構造を表す方式について説明する．この意味表現は**意味的依存構造**（semantic dependencies）とも呼ばれ，近年多くの研究が行われている．一方，後述する PropBank や FrameNet は，述語の語義と句（単語列）の関係として述語項構造を表す．この方式では，まず述語を認識し，さらにその語義を同定する必要がある．詳しくは後述する．

*7 意味や知識を有向グラフで表現するアプローチはよく用いられており，意味ネットワーク，RDF，知識グラフ，abstract meaning representation などが挙げられる．

*8 **意味役割**（semantic role）ともいう．

文 $\boldsymbol{x} = (x_1, \ldots, x_n)$ に対する述語項構造は，単語をノード，述語項関係をエッジとする有向グラフ $\mathcal{G} = (\mathbb{V}, \mathbb{D})$ として定式化できる．

$$\mathbb{V} \subseteq \{x_i\} \tag{10.2}$$

$$\mathbb{D} = \{(u, v, l) \mid u, v \in \mathbb{V},\ l \in \mathbb{L}\} \tag{10.3}$$

ただし，$\mathbb{L}$ は述語項関係を表すラベル集合であり，例えば図 10.2 では $\{\mathsf{ARG0}, \mathsf{ARG1}, \mathsf{ARG2}\}$ である．定式化は依存構造と類似しているが，木構造とは限らないこと，ノード集合 $\mathbb{V}$ は単語全体ではないこと（例えば図 10.2 の例では that, the, for は含まれていない），エッジは依存関係ではなく述語と項の関係を表し，ラベル集合は述語項関係のラベルであること，という違いがある．なお，日本語では主語や目的語が頻繁に省略されるため，省略された項を認識することまで含めて述語項構造解析という．この場合，ノード集合 $\mathbb{V}$ は文外の語を含み得る．

述語項構造解析は，入力文 $\boldsymbol{x} = (x_1, \ldots, x_n)$ に対して上記のようなグラフ $\mathcal{G}(\boldsymbol{x})$ を求める問題である．そこで，各単語ペアについて，エッジが存在するかどうか，存在するならそのラベルは何か，を認識すればよい[31]．上記の例の場合，入力文は 9 単語なので，エッジ候補は 72 個あり，それぞれに対して $\mathbb{L}$ の要素のどれかあるいは $\emptyset$（エッジなし）を選択する $|\mathbb{L}| + 1$ 値分類を行う．すなわち，入力 $\boldsymbol{x} = (x_1, \ldots, x_n)$ に対し，$\mathbb{V} = \{x_i\}$ として以下の最適化問題を解いて $\hat{\mathcal{G}}(\boldsymbol{x}) = (\hat{\mathbb{V}}, \hat{\mathbb{D}})$ を求める．

$$\hat{\mathbb{D}} = \{(u, v, \hat{l}) \mid u, v \in \mathbb{V},\ u \neq v,\ \hat{l} = \underset{l \in \mathbb{L} \cup \{\emptyset\}}{\operatorname{argmax}}\, s(u, v, l),\ \hat{l} \neq \emptyset\} \tag{10.4}$$

$$\hat{\mathbb{V}} = \{v \in \mathbb{V} \mid \exists u \in \mathbb{V}, l \in \mathbb{L}.((u, v, l) \in \hat{\mathbb{D}} \vee (v, u, l) \in \hat{\mathbb{D}})\} \tag{10.5}$$

各単語ペア u, v に対して $s(u, v, l)$ が最大となるラベル l を選択し，$l = \emptyset$ でないエッジを採用する．$\hat{\mathbb{V}}$ は，$\hat{\mathbb{D}}$ において少なくとも一つのエッジの端点になっているノードの集合である．$s(u, v, l)$ は後述する述語項構造コーパスを教師データとして学習するが，依存構造解析におけるエッジスコアと同様の手法を適用することができる．例えば，特徴量として単語埋込みを用いて，以下のような分類器を構成する．

$$s(u, v, l) = \mathtt{softmax}_l(\boldsymbol{W}(\boldsymbol{u} \oplus \boldsymbol{v} \oplus \boldsymbol{l}) + \boldsymbol{b}) \tag{10.6}$$

ただし，$\boldsymbol{u}, \boldsymbol{v}, \boldsymbol{l}$ は u, v, l の埋込み表現である．

[John]$_{\text{ARG0}}$ <u>opened</u> $_{\text{open.01}}$ [the door]$_{\text{ARG1}}$ [with his foot]$_{\text{ARG2}}$.

図 10.3 PropBank の例（文献 86) から引用）

また，句構造木あるいは依存構造木を利用して，u と v の間のパスを特徴量とする手法が提案されている[101]．これは，構文木と述語項構造の間の対応関係を利用するものである．例えば，$u \xrightarrow{\text{nsubj}} v$ という依存関係があるとき，u と v の間に述語項関係が存在することはほぼ確実であり，またラベルは ARG0（動作主）であることが多いと予想される．

式 (10.4) の手法は各単語ペアについて独立にエッジの予測を行うため，グラフ全体の整合性が問題となる．例えば，一つの述語（図 10.2 の served や cooked）に対して同じラベルの項（例えば ARG0）が二つ以上存在することはない*9．しかし，各エッジを独立に出力すると，そのような出力がなされる可能性がある．そこで，述語項構造として適格なグラフを出力するための制約を設けてデコードする手法などが提案されている[46]．

上記のような機械学習による述語項構造解析のためには，学習データが必要である．述語項構造のコーパスとして代表的なものに **FrameNet**[6] と **PropBank**（Proposition Bank）[86] がある．図 10.3 に PropBank の例を示す．FrameNet や PropBank では，単語ではなく句や単語列に対して述語項関係が与えられている．図 10.3 の例では，opened が述語であり，John, the door, with his foot がそれぞれ ARG0, ARG1, ARG2 という関係の項である．また，述語に対しては**フレーム**（frame）と呼ばれる語義が付与されている（図 10.3 の例では open.01）．ARG0 といった関係ラベルは，フレームごとに具体的な意味役割ラベルが定義されており，これによってより正確な意味的関係が表現される．例えば，open.01 の場合は，ARG0 は agent（動作主），ARG1 は thing opened（開かれるもの），ARG2 は instrument（道具）と定義されている．FrameNet や PropBank は当初は英語を対象として開発が進められたが，その後他の言語のコーパスの開発が行われており，日本語データの開発も行われている．

本節で解説したような単語間のグラフとして述語項構造を表すデータと

*9 厳密にはこのようなケースもあるが，ごく稀である．

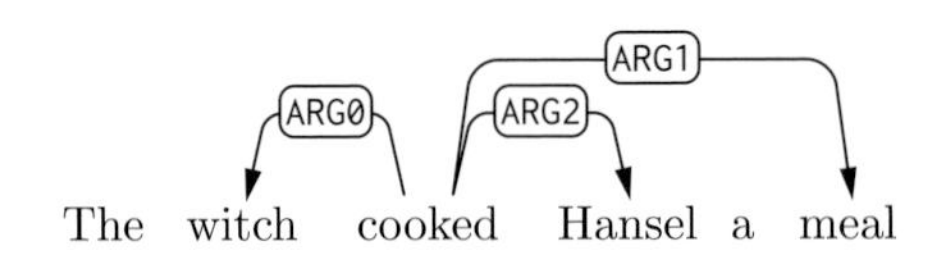

図 10.4 The witch cooked Hansel a meal. の述語項構造

しては，PropBank を単語間関係に変換したものである CoNLL-2009[44]や，Semantic Dependency Parsing のデータセット[85]が挙げられる．日本語では，構文解析研究で使われる京都大学テキストコーパスや現代日本語書き言葉均衡コーパス（BCCWJ）に対して述語項構造のアノテーションデータも与えられており，述語項構造解析の研究で利用されている*10．また，京都大学テキストコーパスと同じ文書に対して述語項関係のアノテーションを別途与えた **NAIST テキストコーパス**（NAIST Text Corpus）[143]があり，こちらも広く利用されている．上に挙げたコーパスは，いずれも述語項構造解析を目的としているが，述語項構造の定義やアノテーション方法はデータによって違いがあるので注意が必要である．

文の意味を述語項構造で表すと，意味の近さはグラフの近さとして表すことができる．例えば図 10.4 に示した述語項構造について，meal と図 10.2 のノード sandwiches を対応させれば，図 10.4 のグラフは図 10.2 の部分グラフになっている．このように，述語項構造 $\mathcal{G}(\boldsymbol{x}_1)$ が別の述語項構造 $\mathcal{G}(\boldsymbol{x}_2)$ の部分グラフになっているとき，$\boldsymbol{x}_2$ は $\boldsymbol{x}_1$ を含意することがわかる*11．この例では meal と sandwiches を対応させたが，WordNet や PPDB などの言語リソース，あるいは単語埋込みを用いることで，単語やフレーズの関係や類似度を計算することができる．これを述語項構造のノードやサブグラフの対応関係の計算に用いることで，語彙的意味と構成的意味の両方を考慮した含意関係認識が実現できる．

*10　日本語の述語項構造解析では，ガ格，ヲ格，ニ格といった述語項関係ラベルが用いられることが多く，**格解析**（case analysis）とも呼ばれる．

*11　これは近似であり，次節で述べるように，この手法では含意関係が正しく判定できない場合もある．

10.5 論理表現

述語項構造は，グラフの構造で構成的意味を表し，ノードやサブグラフの類似度で語彙的意味を表すことで，これらを組み合わせて含意関係を計算することができる．しかし，このアプローチでは含意関係が正しく判定できないケースがある．次の例を見てみよう．

文 1. Several senior students passed the exam.
文 2. Several students passed the exam.
文 3. All senior students passed the exam.
文 4. All students passed the exam.

文 1 は文 2 を含意するが，文 3 は文 4 を含意せず（senior students でない students について passed the exam が成り立たない可能性がある），逆に文 4 は文 3 を含意する．どちらの場合も senior students を上位語である students に置き換えたものであるが，述語項構造ではこれらの違いが説明できない．このように，量化，数量，否定などを含む文では，述語項構造だけでは含意関係が正しく計算できないことがある．

自然言語がもつ推論関係を数学的に厳密に扱うための枠組みとして，**形式論理**（formal logic），特に**述語論理**（predicate logic）が発明された．述語論理は数学の形式化にその威力を発揮することとなったが，自然言語の意味を数学的に表すための道具としても用いられる．古くは Frege，Russell によって自然言語の意味を述語論理で記述する試みがなされたが，哲学者を中心に多くの議論を経て，Montague により文の構文構造から意味を構成する理論が提示されたことで，自然言語の意味を述語論理式で表す理論として**形式意味論**（formal semantics）が成立した[83]．その成果に基づき，自然言語処理において述語論理式を用いて意味を表したものを**論理表現**（logical form）という．例えば，上の例の文 3 と文 4 の意味は，以下のような述語論理式で表される*12．

$$\forall x.(\text{senior\_student}(x) \rightarrow \exists y.(\text{exam}(y) \wedge \exists e.\text{pass}(e, x, y))) \tag{10.7}$$

$$\forall x.(\text{student}(x) \rightarrow \exists y.(\text{exam}(y) \wedge \exists e.\text{pass}(e, x, y))) \tag{10.8}$$

*12 複合語，定冠詞，時制などの意味を述語論理式で表す方法は議論があるが，ここでは詳細には立ち入らない．

すると，式(10.8)から式(10.7)への推論関係を形式的証明によって示すことができる．図10.5に**自然演繹**（natural deduction）を用いた証明を示す．証明の詳細は専門書に譲るが，左上の論理式は式(10.8)であり，右上の論理式はsenior studentがstudentの下位語であることを示している．これらの前提から，最下段の式すなわち式(10.7)を導くことができる．このように，文章の意味を論理表現で記述し，単語やフレーズの語彙的意味を前提知識として与えることで，量化子等を含む文についても正確な含意関係認識が実現される[11),82)]．

それでは，入力文 $\boldsymbol{x}$ に対してその論理表現はどのように計算すればよいだろうか．論理表現は構文木や述語項構造のような木構造やグラフ構造ではないため，機械学習の適用は自明でない*13．一方，単語の論理表現から文の論理表現を構成する方法はMontague以来ある程度の理論が整備されており，ここではそれに基づく手法を紹介する．

図10.6にAll students passed the exam.の構文木と論理表現を示す．論理表現の計算のための構文解析では，文脈自由文法でなく**組合せ範疇文法**（combinatory categorial grammar; CCG）[110)]が用いられる*14．CCGでは，非終端記号の代わりにカテゴリを用いて構文情報を表す．カテゴリは，基本カテゴリ（S, NP, Nなど）をスラッシュ（/）あるいはバックスラッシュ（\）でつなげたものである．X, Y をカテゴリとしたとき，X/Y は右側にカテゴリ Y を引数にとってカテゴリ X になること，$X\backslash Y$ は左側にカテゴリ Y をとってカテゴリ X になることを表す*15．例えば，(S\NP)/NPは，まずカテゴリNPを右側にとってS\NPとなり，次にカテゴリNPを左側にとってカテゴリSになる．すなわち，(S\NP)/NPは英語の他動詞を表すカテゴリである．図10.6の構文木では，他動詞passedがNPのthe examともう一つのNPであるall studentsを引数にとり，最終的に文Sを構成していることがわかる．

さらに，図10.6ではCCGを用いた論理表現の計算方法を示している．各単語に対して述語論理式のラムダ式を論理表現として与えると，ラムダ式を構文木に沿ってベータ簡約することで，文全体の論理表現が計算される．カテゴ

*13 エンコーダ・デコーダモデルを用いた手法などが提案されている．

*14 ここでは，CCGではなくそのベースとなった**範疇文法**（categorial grammar; CG）を紹介する．CCGは，自然言語のさまざまな構文を解析できるようにCGを拡張したものである．

*15 範疇文法では，左側にカテゴリ Y をとってカテゴリ X になるカテゴリを $X\backslash Y$ と表す流派と，$Y\backslash X$ と表す流派がある．本章では，組合せ範疇文法の文献[110)]にならって前者の表記を用いる．

$$
\cfrac{\cfrac{\cfrac{\cfrac{\forall x.(\mathrm{st}(x) \rightarrow \exists y.(\mathrm{exam}(y) \land \exists e.\mathrm{pass}(e, x, y)))}{\mathrm{st}(x) \rightarrow \exists y.(\mathrm{exam}(y) \land \exists e.\mathrm{pass}(e, x, y))}\ \forall E \qquad \cfrac{\cfrac{\forall x.(\mathrm{sst}(x) \rightarrow \mathrm{st}(x))}{\mathrm{sst}(x) \rightarrow \mathrm{st}(x)}\ \forall E \qquad [\mathrm{sst}(x)]_1}{\mathrm{st}(x)}\ \rightarrow E}{\exists y.(\mathrm{exam}(y) \land \exists e.\mathrm{pass}(e, x, y))}\ \rightarrow E}{\mathrm{sst}(x) \rightarrow \exists y.(\mathrm{exam}(y) \land \exists e.\mathrm{pass}(e, x, y))}\ \rightarrow I, 1}{\forall x.(\mathrm{sst}(x) \rightarrow \exists y.(\mathrm{exam}(y) \land \exists e.\mathrm{pass}(e, x, y)))}\ \forall I
$$

図 10.5 論理表現を用いた含意関係認識の例（$\mathrm{st}(x)$ は $\mathrm{student}(x)$ の，$\mathrm{sst}(x)$ は $\mathrm{senior\_student}(x)$ の略）

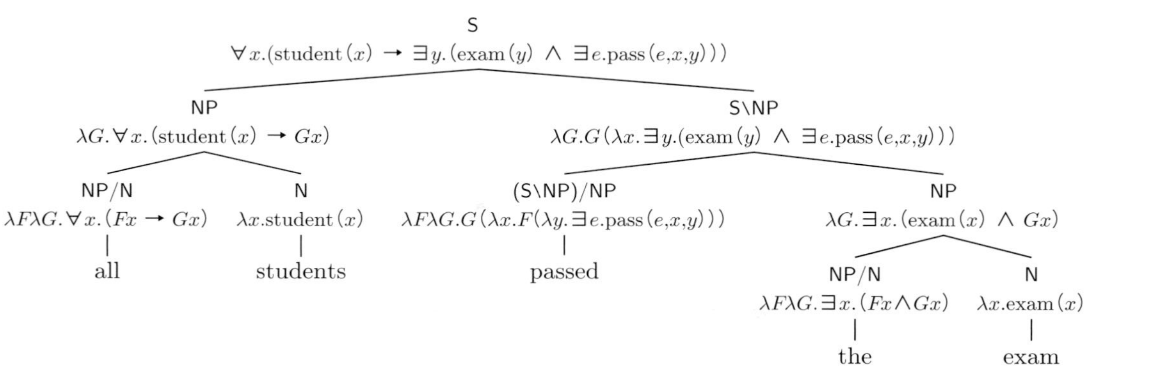

図 10.6 CCG を用いた論理表現の計算

リの合成と論理表現の合成は以下のような文法規則によって定義される．

$$X/Y : f \quad Y : a \rightarrow X : fa \tag{10.9}$$

$$Y : a \quad X\backslash Y : f \rightarrow X : fa \tag{10.10}$$

ただし，X, Y はカテゴリ，f, a はラムダ式を表す．上式では，コロン (:) の左側がカテゴリ，右側がラムダ式を示している．例えば式 (10.9) は，左の句がカテゴリ X/Y とラムダ式 f，右の句がカテゴリ Y とラムダ式 a で表されるとき，これらを合成してカテゴリ X とラムダ式 fa[*16]の句が得られることを表す．

CCG を利用して論理表現を計算するシステムは複数開発され公開されている[10),76)]．また，このような意味解析システムを用いて解析した結果を人手で修正することで，論理表現のアノテーションコーパスを構築する試みが進められている[2)]．

10.6 セマンティックパージング

ここまでの手法は，特定の応用を想定せず，含意関係を正しく計算するために自然言語の意味解析を行うものであった．一方，人間と機械が自然言語を用いてコミュニケーションを行うという応用を考えると，別の定式化ができる．例えば，飛行機の予約システムの例を考えよう．ウェブページでの予約システムをイメージすると，出発地，到着地，日にち，時間，席の指定など，予約を行うために必要な情報はあらかじめ決まっている．ウェブページで予約を行う場合は直接これらの情報を人間が入力するが，窓口で予約する場合はどうするだろうか．人間相手の場合は，自然言語で要求を伝え，それをオペレータがシステムに入力して予約を行うだろう．このオペレータに相当する自然言語処理システムを考えると，人間からの要求（自然言語）を予約システムへの入力に変換する，という問題であることがわかる．例えば，「東京から札幌まで，来週月曜の午前中に予約できますか？」という自然言語文から，予約システムに入力可能な表現を求めるということになる．同じような問題は，レストランやホテルの予約，バスや鉄道の経路，データベースの検索など，現在ウェブフォー

*16　fa は関数 f に対して引数 a を与えることを表す．

What states border Texas?	$\lambda x.(\text{state}(x) \wedge \text{borders}(x, \text{Texas}))$
What is the largest state?	$\text{argmax}(\lambda x.\text{state}(x), \lambda x.\text{size}(x))$

図 10.7 セマンティックパージングの例（文献 128) より抜粋）

ムで実現されているほとんどすべてのシステムで考えることができる．さらには，スマートフォン・スマートスピーカや，ロボットへ自然言語で指示を出すといった応用も，同様に考えることができるだろう．

このように，自然言語の文を機械処理が可能な表現（機械可読表現）に変換する自然言語処理技術を**セマンティックパージング** (semantic parsing) *17 という．具体例を図 10.7 に示す．これは，**Geoquery**[127] というアメリカの地理に関する質問応答のデータセットで，質問文に対してデータベースを参照して解答することを想定している．左側が入力文で，右側に示したのがデータベースを検索するためのクエリである．入力文の述語や項を正しく機械可読な形式に変換することに加えて，largest state という自然言語表現を $\lambda f.\,\text{argmax}(f, \lambda x.\text{size}(x))$ という表現に変換する必要がある．つまり，入力文の単語そのものでなく，同じ意味を表す機械可読表現に変換することも求められている．このタスクは，機械可読表現を入力文の「意味」であると捉えると，自然言語文の意味構造を計算する問題と見なすことができる．セマンティックパージングでは，出力の表現形式は応用システムによって規定されるが，自然言語が表す情報を表現する意味構造を計算するという問題はこれまでの議論と共通である．

セマンティックパージングの技術は，系列変換モデルによるものと構文解析・意味解析技術を応用するものの 2 種類に大別される．図 10.7 に示したように，この問題は自然言語文から機械可読表現への変換と見なすことができる．そこで，入力・出力を記号列と見なすことで，5.6 節の系列変換モデルがそのまま適用できる[100]．いわば，セマンティックパージングを機械翻訳と見なしていることになる．この手法は 5.6 節とほぼ同じなので詳細な説明は省くが，1 点考慮すべき問題がある．セマンティックパージングでは出力は機械可読表現であるため，出力の表現形式に構造的制約がある．単純に系列変換モデルを

*17　10.5 節の論理表現を計算する技術も semantic parsing と呼ばれることがあるため，注意が必要である．

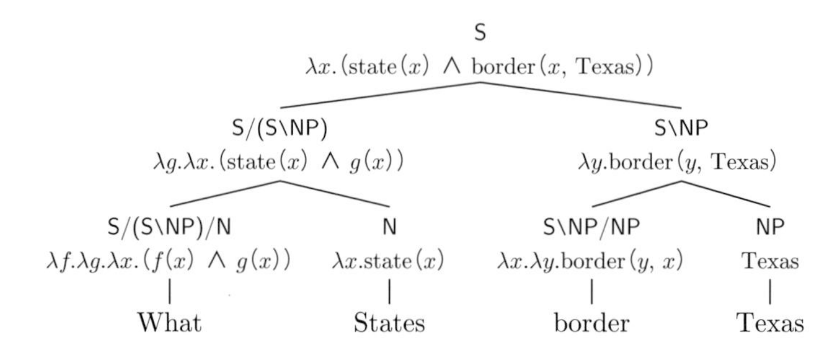

図 10.8　CCG によるセマンティックパージングの例（文献 128) より抜粋）

適用すると，括弧の数が対応しない，引数の数が合わない，といったそもそも構文的に正しくない出力がなされることがある．そのため，系列ではなく木構造を出力する系列変換モデルを適用する手法や，文法的制約を満たすデコードを行う手法が提案されている[28),92),125)]．

もう一方の手法は，10.5 節で紹介した意味解析技術を応用するものである[128)]．図 10.8 に CCG によるセマンティックパージングの例を示す．基本的な原理は 10.5 節と同じで，CCG に基づき構文構造を計算し，それに沿って意味構造を合成する．ただし，10.5 節の手法では単語の意味構造と文法が与えられているという想定であるのに対し，セマンティックパージングでは図 10.7 に示したような入出力のペアのみが与えられる．したがって，CCG 文法や単語の意味構造はデータから学習することになる．

10.7　意味解析のその他の話題

本章では，自然言語の意味を表す方法，そしてテキスト間含意関係認識を中心に，文章の間の意味的関係を認識する手法について解説した．ただし，自然言語の意味に関する研究は幅広く，本章で解説したものはそのごく一部にすぎない．ここでは，本章で説明できなかった意味解析研究のうち代表的なものを概説する．

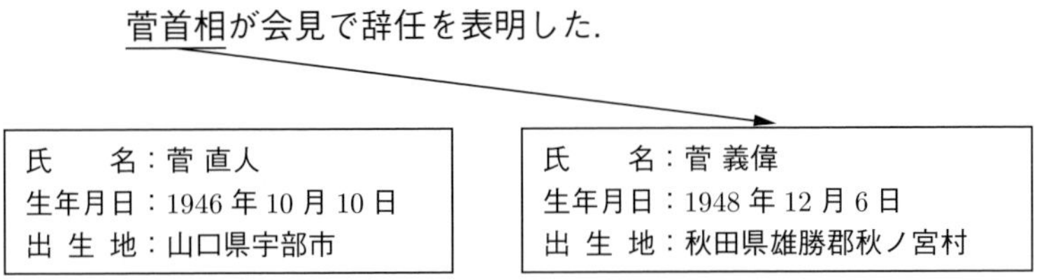

菅首相が会見で辞任を表明した.

氏　　名：菅 直人 生年月日：1946 年 10 月 10 日 出 生 地：山口県宇部市	氏　　名：菅 義偉 生年月日：1948 年 12 月 6 日 出 生 地：秋田県雄勝郡秋ノ宮村

図 10.9 エンティティリンキングの例

1. モダリティ

本章で説明した「意味」は，文章の命題的な意味，すなわち真か偽かを問えるもの，あるいは質問文のように答えが得られるものを対象とした．自然言語では，以下のように命題（昨日は雨が降った）に対して話し手の判断・評価や可能性といったメタな情報を表すこともできる．

- 昨日は雨が降った.
- 昨日は雨が降ったようだ.
- 昨日は雨が降ったそうだ.
- 昨日は雨が降ったに違いない.
- 昨日は雨が降ったと信じられている.

命題に対する話し手の判断・評価を**モダリティ**（modality）と呼び，言語学および自然言語処理において古くから研究がされている．モダリティ，「信じる」などの命題を項にとる述語，10.5 節で説明した量化（全称・存在量化に加えて，ほとんど，3 人以上，など集合に関する言及を一般化量化子と呼ぶ）は，一階述語論理では記述できず，高階論理が必要とされる．ニューラルネットワークに基づく自然言語処理でもこれらの意味を扱う方法は自明でない．ほかにも，時制（tense）・アスペクト（aspect），条件（condition），前提（presupposition）などもあり，自然言語におけるこれらの表現の重要性はよく知られているが，解析方法は未解決の問題である．

2. 語義曖昧性解消，エンティティリンキング

語彙的意味については，同義語や上位・下位語などの単語間の意味的関係だけでなく，解決すべき問題がある．単語と意味の関係は一対一でなく，同

じ単語が異なる意味をもつことがある．有名な例は英語の bank である．よく使われる意味は「銀行」だが，「土手」という意味もある．さらに，銀行の意味から派生して，何かを保存したものという意味もある（treebank はここから来ている）．文の中で単語が使われるときには通常一つの意味で使われるため，複数の意味の候補から一つを選択する必要がある．これを**語義曖昧性解消**（word sense disambiguation）といい，自然言語処理において古くから研究されている問題の一つである．また，これに関連するタスクとして，自然言語の単語をデータベースや知識グラフとつなぐ技術である**エンティティリンキング**（entity linking）がある*18．図 10.9 に，エンティティリンキングの例を示す．例文中の「菅首相」は何らかの実体を指しているが，これをデータベースのエントリあるいは知識グラフのノードに対応付ける．例えば，知識グラフにおいて「菅 直人」と「菅 義偉」のノードがあったとき，「菅首相」がどちらを指しているのかは自明でない．そこで，文脈等を用いることでどちらを指しているのかを認識する必要がある．これは語義曖昧性解消の一種と考えられるが，特定のデータベースや知識グラフを前提とすること，語義はそのデータベース・知識グラフによって規定されることが異なる．

生命科学論文から遺伝子やタンパク質に関する情報を自動抽出する，ニューステキストから企業に関する情報を自動抽出する，といった**情報抽出**（information extraction）や**知識ベース拡充**（knowledge base population）においては，まずテキスト中で言及されている遺伝子，タンパク質，企業などのエンティティを認識する必要がある．エンティティリンキングはこのような応用技術で重要な役割を果たす．また，10.6 節で紹介したセマンティックパージングを知識グラフ検索に応用する場合（自然言語の質問文を知識グラフ検索クエリに変換する），自然言語中の表現を知識グラフ中のノード名に変換する必要がある．これもエンティティリンキングの応用である．ウェブ検索や質問応答においても大規模な知識グラフが用いられるようになっているため，エンティティリンキングは実用上も重要な技術である．

*18 **固有表現正規化**（named entity normalization）とも言う．

3.　談話解析，文脈解析

本章では主に文の意味解析について説明したが，自然言語は一般に複数の文を並べてさまざまな情報を表す．複数の文から構成される意味を研究する分野は，**談話解析**（discourse analysis）あるいは**文脈解析**（context analysis）と呼ばれ，多くの重要な研究テーマがある．複数の文が並べられるとき，各文は無関係に並べられるわけではなく，ある一定の関係をもつ．例えば最初に概要を述べた後，次に詳細を説明し，その後に理由を説明する，といった具合である．このような文と文との関係を認識する技術を**修辞構造解析**（rhetorical structure analysis）あるいは**談話構造解析**（discourse parsing）という．文内の構造と異なり文間の関係には明示的な文法がなく，機械学習を用いた手法が提案されているが，難しい問題の一つである．

複数文からなる文章を書くあるいは話すとき，同じものを指す表現は避けられる．このとき，代名詞を用いたり，文脈からわかる語を省略したりすることがある．次の例を見てみよう．

【例】今日は服を買いに出かけます．新しいのを買うのは久しぶりです．

この例では，「買う」「出かける」「買う」「久しぶりだ」という四つの述語が現れるが，その項のすべてが明示されているわけではない．「買う」「出かける」は主語（ガ格）をもつはずであるが，これらの文では省略されている．日本語では主語や目的語などの項が省略されることが多いが，省略された項を**ゼロ代名詞**（zero pronoun）と呼ぶ．文の意味を理解するためには省略された項が実際に何であるかを認識する必要があるため，ゼロ代名詞の参照先を認識する技術は文脈解析における重要な技術である．また，「新しいの」の「の」は表面的には具体的なものを指していないが，意味的には「服」を指していることがわかる．このように，代名詞が指すものや異なる名詞が同一のものを指していることを認識する技術を**共参照解析**（coreference resolution）あるいは**照応解析**（anaphora resolution）という*19．

談話構造解析や共参照解析も含めて，複数文からなる文章の論理表現を計算する理論として**談話表示理論**（discourse representation theory）[53]などが提案されており，自然言語処理への応用も試みられているが，高精度な自動解析は今のところ困難である．

*19　共参照と照応は異なる概念だが，ここでは詳細は割愛する．

4．語用論

ここまで議論してきた意味は，文章が直接的に，字義どおりに表す意味である．一方，自然言語の文章は，実際に使用される場面において，多様な解釈がなされ得る．自然言語が直接的に示す意味ではなく，自然言語が使われる場面に応じて生じる意味に関する学問を**語用論**（pragmatics）という．例えば，会話中に「この部屋はちょっと暑いですね」と発言したとき，これは何を意味するだろうか．この部屋が暑いという事実を述べただけではなく，窓を開けたいとか，エアコンをつけたいという意味を含むだろう．このような言外の意味を理解することは，特に対話システムでは重要である．発話や対話において字義どおりの意味ではなくそれが意図する内容を**発話行為**（speech act）あるいは**対話行為**（dialogue act）という．発話行為あるいは対話行為を正確に認識することはまだ難しいが，発話の意図の種類を分類する対話行為タグ付けといった研究が行われている．

ほかにも，自然言語では字義的な意味とは異なる意味を表す現象がある．**比喩**（metaphor）もその一つで，「りんごのほっぺ」といった場合，ほっぺが本当にりんごであるわけではなく，りんごのように赤い，という意味を表す．比喩には，**直喩**（simile），**隠喩**（metaphor），**換喩**（metonymy）などがある．古くから**修辞学**（rhetoric）の一部として研究されていたが，近年では自然言語処理においても着目されており，比喩表現であるかどうかを自動認識する**比喩認識**（metaphor detection），比喩表現の意味を認識する**比喩理解**（metaphor understanding），比喩表現を自動生成する**比喩生成**（metaphor generation），といった研究が行われている．また，字義的な意味とは反対の意味を示す**アイロニー**（irony）もそのような現象の一種である．比喩やアイロニーは自然言語の豊かな表現を生み出す源泉であると認識されているが，自動解析するには高度な知識や文脈理解が必要で，自然言語処理においてはまだ研究の端緒であるといえる．

自然言語の意味に関する問題は多種多様であり，ここで挙げたものも一部にすぎない．自然言語の意味を人間と同じように理解できる自然言語処理技術の実現には，まだ多くの問題が残されている．

演習問題

問 1　以下の含意関係を認識するためにはどのような処理や知識が必要か説明せよ．

すべての小学生がイチゴが好きなわけではない．

→ イチゴが好きではない子供がいる．

問 2　否定語や反義語を使わずに，矛盾関係になる 2 文を作成せよ．

問 3　図 10.7 の二つめの例　What is the largest state?　について，CCG を用いた意味合成を図示せよ．

第11章

応用タスク・まとめ

これまでの章で，最近の自然言語処理の手法を理解するための山場をほぼ乗り越えた．本章では，自然言語処理の応用タスクとして，機械翻訳，質問応答，対話の研究を紹介する．最後に，自然言語処理の歴史を簡単に振り返り，現在の研究開発の背景を説明するとともに，今後の可能性や問題点を議論したい．

11.1　機械翻訳

第5章と第6章で，ニューラルネットワークに基づく系列変換モデル，およびその主要なアーキテクチャである Transformer を説明した．これらは，ニューラルネットワークで機械翻訳を実現する**ニューラル機械翻訳**（neural machine translation）の標準的な手法である．また，機械翻訳の技術は自動要約や言い換え，文法誤り訂正など，自然言語処理のさまざまなタスクで利用されている．そこで，本節ではニューラル機械翻訳以外のアプローチを含めて，機械翻訳の研究を概観したい．

機械翻訳で最も歴史が長いのは，**規則に基づく機械翻訳**（rule-based machine translation）である．規則に基づく手法は大きく三つに分けられる．**直接翻訳**（direct translation）**方式**では，**原言語**（source language）の文を**目的言語**（target language）に逐語的に（一語一語）翻訳する．**トランスファ**（transfer）**方式**では，原言語の文を構文解析し，単語と構文木を目的言語に変換し，目的言語の文を生成する．**中間言語**（interlingua）**方式**では，原言語の文から言語によらない抽象的な表現を取り出し，目的言語の文を生成する．規則に基づく手法は現在でも商用システムで用いられているが，単語の訳語選択[*1]や文法の違い[*2]など，言語間のさまざまなずれを規則で対処しながら，高い翻訳精度を達成するのは大変である．

統計的な手法や機械学習が自然言語処理に導入され，大規模な**対訳コーパス**（bilingual corpus）の開発が進むと，機械翻訳研究の中心は対訳コーパスに基づく手法にシフトしていった．1980 年代に，過去の翻訳事例の編集・組合せにより翻訳を実行する**アナロジーに基づく翻訳**（translation by analogy）というアイディアが提案され，後に**用例ベース機械翻訳**（example-based machine translation）として研究が進められた．

1990 年頃から，対訳コーパスや単言語コーパスのみを用いて翻訳モデルを学習する**統計的機械翻訳**（statistical machine translation）の研究が始まった．統計的機械翻訳では，**雑音のある通信路モデル**（noisy channel model）の考え方に基づき，原言語の文 x から目的言語の文 y が生成される条件付き確率 $P(y \mid x)$ を，目的言語から原言語への翻訳の尤もらしさを計測する**翻訳モデル**（translation model）と，目的言語の文としての尤もらしさ計測する**言語モデル**（language model）の積に分解する．翻訳モデルを $P(x \mid y)$，言語モデルを $P(y)$ で表すことにすると，翻訳文 y^* は次式で得られる．

$$y^* = \operatorname*{argmax}_y P(y \mid x) = \operatorname*{argmax}_y P(x \mid y)P(y) \tag{11.1}$$

翻訳モデルは，対訳コーパス中の文対に含まれる単語間の翻訳関係，すなわち**単語アライメント**（word alignment）を自動的に推定することで構築される．言語モデルの構築方法は，5.4 節で説明したとおりである．統計的機械翻訳では，単語から句への翻訳単位の拡張や，原言語および目的言語の文の構文情報の活用など，さまざまな改良が試みられた．

ところが，2014 年に発表された系列変換モデル[112)]は，機械翻訳を一つのニューラルネットワークだけで実現し，統計的機械翻訳の最先端の手法に匹敵する翻訳精度を達成した．その後，注意機構（5.6 節）や Transformer（第

*1　例えば，“head” は文脈によって「頭」「頭部」「頭脳」「代表」「頂上」「（コインの）表」などに訳される．
*2　例えば，日本語には冠詞がないため，英語に翻訳するときに冠詞を補う必要がある．また，日本語では主語の省略が頻繁に起こるため，英訳で主語の補完が必要になる．

6章）の登場により，ニューラル機械翻訳の優位性が明らかになっていった．2016年頃にはウェブ上の機械翻訳サービスがニューラル機械翻訳に置き換えられた．統計的機械翻訳には30年以上の歴史があったが，ニューラル機械翻訳は登場からわずか数年という驚くべきスピードで，主役の座に躍り出た．

(a) 系列変換モデルによる多言語翻訳

トランスファ方式や統計的機械翻訳では，原言語と目的言語の対で一つの翻訳モデルを構築するのが一般的である．したがって，n 個の言語のすべての言語対に対して機械翻訳を実現するには，$n(n-1)/2$ 個の翻訳規則群・モデルが必要であり，特に n が大きいときは必要な規則・モデルの数が膨大となる．中間言語方式では n 個の原言語の文から中間言語の表現を得る方法（n 個）と，中間言語から n 個の目的言語の文を得る方法（n 個）を用意すれば済むが，さまざまな言語に対応できる中間言語方式を実現するのは困難を極めるため，あまり現実的ではなかった．

これに対し，既存のニューラル機械翻訳手法を全く変更することなく，多言語機械翻訳を実現する手法が提案された[52]．その提案内容は，驚くほど単純である．例えば，英語から日本語への対訳コーパスの中に，次の翻訳文対があるとしよう．

How are you? → お元気ですか？

その原言語文の先頭に「目的言語 = 日本語」を表す特殊トークンを追加する．

`<2ja>` How are you? → お元気ですか？

この前処理を，日英，英仏，英独，英中など，さまざまな言語対の対訳コーパスに対して行い，それらを混ぜて訓練データを構成し，ニューラル機械翻訳モデルを学習するだけで，多言語翻訳が実現するという提案である．このとき，`<2ja>`や`<2en>`，`<2de>`，`<2fr>`などの特殊トークンに対応する単語埋込みが学習され，系列変換モデルが生成する言語を制御する「役割」を獲得すると考えられる．学習したモデルで翻訳するときは，入力文の先頭に目的言語を指定する特殊トークンを追加するだけでよく，原言語が何であるかは（学習時にモデルに与えなかったので）翻訳モデルが暗黙的に考慮してくれる．この手法では，訓練データに含まれるすべての言語対において，翻訳モデルのパラメータが共有されるため，モデルの学習時に言語対を超えた一般化が起こると期待される．これにより，訓練データ量が少ない言語対での翻訳品質の向上や，訓練データがカバーしていない言語対での翻訳が実現できることを報告している．

(b) 逆翻訳によるデータ拡張

ニューラル機械翻訳では，モデルの学習に用いる対訳コーパスの量が翻訳品質を左右する．また，統計的機械翻訳とは異なり，目的言語側で生成された文の尤もらしさを測定する言語モデルを個別に学習し，翻訳モデルに統合することは，通常行われない．そのため，目的言語側の単言語コーパスが大量にあったとしても，あまり活用されていなかった．

この課題に対し，対訳コーパスを使って目的言語から原言語への翻訳モデルを学習し，学習されたモデルで目的言語の単言語コーパスを原言語に翻訳し，大規模な対訳データを人工的に生成する手法が提案された[107]．翻訳の向き（原言語から目的言語）とは逆方向に対訳データを生成させるので，本手法は**逆翻訳**（backtranslation）と呼ばれる．そして，もともとの真正な対訳コーパスに人工的に生成した大量の対訳データを加え，原言語から目的言語への機械翻訳モデルを学習するだけで，翻訳品質の改善が得られる．この方法は，機械翻訳モデルに与える学習データを自動的に生成しているので，**データ拡張**（data augmentation）の一種と考えることもできる．逆翻訳で生成されたデータの原言語側は，コンピュータが自動的に生成したテキストであるため品質に難があるかもしれないが，目的言語側は人間が書いた真正なテキストであるため，目的言語側での流暢さを損なわずに済む．逆翻訳を行うときはビームサーチにノイズを加え，多様な訳を生成するようにしたほうが，最終的に得られる翻訳モデルの品質が改善するといわれている[36]．

(c) 機械翻訳の評価

機械翻訳の評価方法は，人手による評価と自動評価の二つに大別される．人手評価では，原言語文の情報が翻訳文でどの程度保存されているかを調べる**適切さ**（adequacy）や，翻訳文の読みやすさや自然さを調べる**流暢さ**（fluency）などの基準を設定し，5段階評価や100点満点でのスコア付けが行われる．機械翻訳システムの出力に対して人手評価を行うことは理想的であるが，適切さの評価には原言語と目的言語の両方に精通している評価者が必要であるうえ，機械翻訳システムに改良を加えるたびに人手評価を繰り返さなければいけないので，評価にかかるコストが高い．

これに対し，自動評価では，**参照訳**（reference translation）と呼ばれる正解の翻訳と，翻訳システムの出力がどのくらい似ているのかを測定する．英語の“How are you?” が「元気ですか？」「調子はどうですか？」「やぁ」などに訳されるように，翻訳には複数の正解があり得るので，一つの原言語文に対して複数の参照訳を用意することもある．評価尺度としては，翻訳文と参照訳との単語 n グラムの一致率を測定する BLEU や，文字 n グラムの一致率を測定する chrF などが用いられている*3．また，単語や文字が一致しなくても，翻訳文と参照訳との意味的な近さを測定する BERTScore（7.3 節）も用いられる．

11.2 質問応答

質問応答（question answering）とは，自然言語で与えられる質問に回答するタスクである．質問応答では，「ビートルズが結成されたのは何年か？」という質問に「1960 年」と答えたり，「東海道新幹線の最高速度は時速何 km か？」に「時速 285 km」と回答することが期待される．このように，事実などを一言で回答する質問応答は**ファクトイド型質問応答**（factoid question answering）と呼ばれる．これに対し，「なぜ猫はよく寝ているのか？」「どのようにハンバーグを作ればよいか？」など，一言で回答することが難しい質問に対応する質問応答は**ノンファクトイド型質問応答**（non-factoid question answering）と呼ばれる．本節では，ファクトイド型質問応答を概観する．

1. 知識ベースに基づく質問応答

誰でも編集できる百科事典であるウィキペディアは，世の中のさまざまなモノやコトに関する知識をテキストで説明している．1.2 節では，ウィキペディアの生コーパスとしての活用法を紹介したが，それ以外にも infobox*4や記事のカテゴリ，リダイレクト（転送），言語間リンク，曖昧さ回避など，そのまま知識として利用できそうな情報が収録されている．ウィキペディア等から構造化された知識を抽出して，巨大な**知識ベース**（knowledge base）を構築したプ

*3 これらの評価尺度を実装したライブラリとして sacreBLEU がある．評価指標をバグなく実装することは思いのほか難しいので，できれば既存の実装を利用したほうがよい（これは機械翻訳の評価に限った話ではない）．https://github.com/mjpost/sacrebleu
*4 ウィキペディアの記事の右上に表示される，基礎情報などを記述したもの．

表 11.1　ビートルズの Wikidata エントリ（抜粋・単純化した）

属性	値
instance of	rock group
official name	The Beatles
director / manager	Brian Epstein
location of formation	Liverpool
work period (start)	1960
work period (end)	10 April 1970
has part or parts	John Lennon
	Ringo Starr
	Paul McCartney
	George Harrison

ロジェクトとして，DBPedia*5や Wikidata*6などが有名である．

人間は世界知識（world knowledge）を記憶しているため，「日本の首都」「鎌倉幕府が開かれた年」などの質問に即答できる．知識ベースは，いわば世界知識をコンピュータが扱いやすい形式で格納したもので，自然言語処理の研究開発において重要な資源である．ただ，知識ベースをすべて人手で構築・管理するのは困難であるので，欠損している項目を補完する**知識ベース補完**（knowledge base completion）や，テキストなどの外部の情報から項目を追加する**知識ベース拡充**（knowledge base population）などの研究が進められている．

表 11.1 に，Wikidata に収録されているビートルズのエントリの抜粋を示す*7．この表から，ビートルズのメンバ（has parts）が John Lennon, Ringo Starr, Paul McCartney, George Harrison であることや，結成場所（location of formation）が Liverpool であるという事実がわかる．ここで，John Lennon や Liverpool などは単なる文字列ではなく，それぞれ Wikidata のエントリ（実体）と対応付けられており，例えば John Lennon の誕生日や，Liverpool の国名などの知識を芋づる式に引き出すことができる．なお，表 11.1 は属性（attribute）と値（value）という形式でビートルズと値との**関係**（relation）を示している．ほかにも，（ビートルズ，instance of, rock group）のように，関

*5 https://www.dbpedia.org/
*6 https://www.wikidata.org/
*7 https://www.wikidata.org/wiki/Q1299

係知識を（subject, predicate, object）または（head, relation, tail）の三つ組みで表現したり，実体をノード，属性をエッジとした**知識グラフ**（knowledge graph）で表現することもある．

知識ベースに基づく質問応答では，質問を知識ベースにおける問合せに翻訳し，その結果を返すことで回答を得る．例えば，「ビートルズが結成されたのは何年か？」という問いに答えるには，10.6 節で説明したセマンティックパージングを利用して，質問文を次のような論理式に変換すればよい．

$$\lambda x.\mathrm{year}(x) \wedge \text{work-period-start}(\text{The Beatles}, x) \tag{11.2}$$

この論理式をさらに SQL や SPARQL などの記述言語に変換し，知識ベースへの問合せを実行し，質問の回答（1960 年）を得る．

2. 情報検索に基づく質問応答

ウェブ検索エンジンは調べ物に大変便利である．例えば，東海道新幹線の最高速度を調べたいとき，「東海道新幹線 AND 最高 AND 速度」などのクエリでウェブページを検索し，検索されたウェブページを読むことで，「時速 285 km」という答えを見つけることができる．これは，「東海道新幹線の最高速度は時速何 km？」という質問に対して，情報検索に基づく質問応答システムが回答を見つけ出すプロセスに，ほぼ対応する．

(a) 情報検索

質問の回答を含むと思われる文書を検索する処理は，情報要求が**クエリ**（query）として与えられたとき，関連すると思われる文書を提示する**情報検索**（information retrieval）として取り組まれる．情報検索は**転置インデックス**（inverted index）と呼ばれるデータ構造で実現されることが多い．検索に先立って，検索対象となる文書群に対して**索引付け**（indexing）と呼ばれる処理を行っておく．索引付けでは，各文書から名詞や動詞などの内容語を**索引語**（indexing term）として抽出し，その重み（重要度）を TF-IDF などで算出しておく．転置インデックスは，索引語から文書の場所と重みへの連想配列*8で構成され，クエリに含まれる索引語を含む文書を素早く見つけることができる．検索システムは，AND や OR などのクエリ処理や検索された文書のスコア付けを行い，スコア（ランク）付きの文書群を返す．

*8 プログラミング言語 Python を知っている読者ならば「辞書オブジェクト」のほうがわかりやすいかもしれない．

転置インデックスによる情報検索の歴史は古く，既に確立された技術と言ってもよいかもしれない．ところが，索引語に基づく検索では，クエリに含まれる単語と文書中の単語の不一致が問題になることがある．例えば，ある文書が東海道新幹線について説明しているものの，「東海道新幹線」という単語を用いずに「のぞみ」という単語だけを用いた場合，この文書を「東海道新幹線」というクエリで見つけることができない．この問題に対処するため，**クエリ拡張**（query expansion）などの技術が検討されてきたが，近年は事前学習済み言語モデルで計算される密ベクトルを活用した手法も増えてきている．

情報検索は，クエリ $\boldsymbol{Q}$ と文書 $\boldsymbol{D}$ の関連性の強さを測るスコア付け関数 $\texttt{score}(\boldsymbol{Q}, \boldsymbol{D})$ を用いると，与えられたクエリ $\boldsymbol{Q}$ に対して，検索対象の文書集合からスコア $\texttt{score}(\boldsymbol{Q}, \boldsymbol{D})$ が高いものを返す処理として定式化できる．スコア付け関数は，例えばBERTを用いて次のように定式化できる．

$$\mathsf{score}(\boldsymbol{Q}, \boldsymbol{D}) = \boldsymbol{h}_{\boldsymbol{Q}}^{\top} \boldsymbol{h}_{\boldsymbol{D}}, \tag{11.3}$$

$$\boldsymbol{h}_{\boldsymbol{Q}} = \mathsf{avg}(\mathrm{BERT}_Q(\boldsymbol{Q})), \quad \boldsymbol{h}_{\boldsymbol{D}} = \mathsf{avg}(\mathrm{BERT}_D(\boldsymbol{D})) \tag{11.4}$$

ここで，$\mathrm{BERT}_Q(\boldsymbol{Q})$ はクエリの単語ベクトル列 $\boldsymbol{Q}$ を BERT でエンコードして密ベクトル列を得る関数，$\mathrm{BERT}_D(\boldsymbol{D})$ は文書の単語ベクトル列 $\boldsymbol{D}$ を BERT でエンコードして密ベクトル列を得る関数，$\mathsf{avg}(\cdot)$ は平均値プーリング（ベクトルの平均）である．二つの BERT エンコーダ $\mathrm{BERT}_Q(\boldsymbol{Q})$ と $\mathrm{BERT}_D(\boldsymbol{D})$ は，検索タスクにおいてファインチューニングをするとよい．

なお，式 (11.3) に基づいて文書を検索するときは，一つのクエリに対して検索対象の文書の数だけ内積計算を実行する必要があるため，愚直に実装すると非常に時間がかかる．このため，クエリ $\boldsymbol{Q}$ に対して $\texttt{score}(\boldsymbol{Q}, \boldsymbol{D})$ が大きい文書 $\boldsymbol{D}$ を高速に（近似的に）求める近傍探索アルゴリズムが用いられる．近傍探索のライブラリとして，faiss*9や ScaNN*10がよく用いられている．

(b)　読解

検索された文書を読み，質問に対する回答を見つける処理は，さまざまなアプローチで実現できる．ナイーブな方法としては，質問文を解析することで回答のタイプを絞り込み，質問の表現と近い位置にある固有表現を抽出することが考えられる．例えば，先ほどの質問の例では，「何 km」と聞いているので回

*9　https://faiss.ai/
*10　https://github.com/google-research/google-research/tree/master/scann

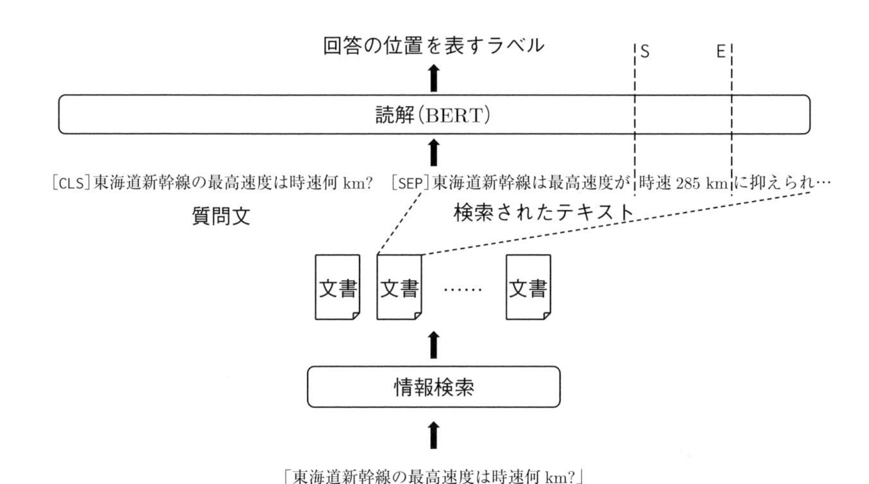

図 11.1　質問応答システムの構成例（読解に BERT を採用した場合）

答は距離に関する数値表現に絞り込まれる．そこで，「東海道新幹線」や「最高」「速度」などと一緒によく出てくる数値表現を見つければ，正答に辿り着くかもしれない．ただ，検索された文書の中に平均時速が記載されていたり，山陽新幹線の最高速度が記載されていた場合は，正しい数値表現を選ぶことが難しい．また，「東海道新幹線はどのくらい速いですか？」という質問に対しては，距離に関する数値表現だけではなく，所要時間に関する数値表現や，外国の新幹線と速さを比較した記述なども回答の候補になり得るため，回答の候補を絞り込む規則を設計しにくい．

深層学習が自然言語処理に導入された現在は，**読解**（reading comprehension）に基づく手法が主流となっている．図 11.1 に，読解に基づく回答抽出の例を示した．情報検索で得られたテキストの冒頭に質問文を付けて，BERT で回答の開始位置（S）と終了位置（E）を予測する．BERT のファインチューニングには，Stanford Question Answering Dataset（SQuAD）2.0*11や WebQuestions*12などのデータセットが用いられる．例えば，SQuAD はウィキペディアの記事に対して，質問とその答えの箇所をクラウドソーシングで付与した

*11　https://rajpurkar.github.io/SQuAD-explorer/
*12　https://github.com/brmson/dataset-factoid-webquestions

データセットである．SQuADでモデルを訓練することにより，モデルはテキストを読みながら質問に対する答えが記述されている箇所を見いだせるようになる．なお，情報検索にBERTを用いた場合，情報検索と読解の両方でBERTを使うことになる．そこで，これらのモデルを統合して，情報検索と読解のタスクをエンドツーエンドで解く手法も提案されている[62)]．

ファクトイド型質問応答システムを評価するときは，人間が用意した正解とシステムの回答との一致率（正解率）を測定すればよい．また，人間が用意した正解とシステムの回答の長さ（情報量）が異なる場合にも対応できる指標として，単語の一致をFスコアなどで測定することもある．

質問応答システムが複数の回答候補をランク付きで出力するときは，**平均逆順位**（mean reciprocal rank; MRR）がよく用いられる．評価データがN個の質問から構成されていて，$i \in \{1, 2, \ldots, N\}$番目の質問に対してシステムが返した答えのうち，最も順位が高かったものがrank_i位だったとする．すると，MRRは次式で表される．

$$\mathrm{MRR} = \frac{1}{N}\sum_{i=1}^{N}\frac{1}{\mathrm{rank}_i} \tag{11.5}$$

MRRは0から1までの値をとる．1位で正解したときは1，2位で正解したときは1/2，3位で正解したときは1/3の値が加算され，その平均を算出しているので，MRRが1に近いほどシステムの性能が良いことが示唆される．

11.3　対　話

人間とコンピュータが言葉でコミュニケーションできるようになることは，コンピュータの未来として長年描かれてきた．古典的な対話研究として，パターンマッチングによりセラピストを模した応答を返すELIZA（1966年）や，コンピュータの中に仮想的に構築された積み木の世界を対話によって操作するSHUDLU（1970年）が有名である．現在では，アップルのSiri（2011年），NTTドコモのしゃべってコンシェル（2012年），アマゾンのAlexa（2014年），マイクロソフトのりんな（2015年）*13，Googleアシスタント（2016年），

*13　現在はrinna株式会社がサービスを提供している．

表 11.2　飛行機を予約するためのフレームの例（文献 8) の Fig. 6 を改変）

スロット	値の型	値の例	質問例
FROM-PLACE	city	東京	どの都市から出発しますか？
TO-PLACE	city		どの都市へ向かいますか？
TRAVEL-DATE	date		出発は何日ですか？
DEPARTURE-SPEC	timerange		何時に出発しますか？
ARRIVAL-SPEC	timerange		何時までに到着しますか？
PROPOSED-FLIGHTS	(set of flight)		
FLIGHT-CHOSEN	flight		どの飛行機が良いでしょうか？
TRAVELER	person		旅行に行くのは誰ですか？

LINE CLOVA（2017 年）など，さまざまなバーチャルアシスタントが実用化されている．対話システムは，**タスク指向対話**（task-oriented dialogue）と**チャットボット**（chatbot）に大別される．

1. タスク指向対話

タスク指向対話では，利用者はコンピュータと自然言語で会話しながら，ホテルや旅行，レストランの予約など，特定のタスクを遂行する．ここでは，古典的ではあるが実用的なアプローチとして，**フレーム**（frame）に基づく手法[8]を紹介する．表 11.2 に飛行機の予約に関するフレームの例を示した．フレームはいくつかの**スロット**（slot）から構成され，対話システムは利用者と会話をしながら，スロットの値を埋めていく．

例えば，表 11.2 の状態のフレームに対して，利用者が

　　3 月 13 日に沖縄に行きたい．

と発話すると，対話システムは TO-PLACE スロットの値に「沖縄」，TRAVEL-DATE に「2023-03-13」，TRAVELER に利用者をセットする．そして，スロットの空の値を埋めるために，「何時に出発しますか？」などの応答を利用者に返す．これに対し，利用者が「朝」と発話した場合は，DEPARTURE-SPEC のスロットの値を埋め，（表 11.2 には書かれていないが，スロットが埋まったときの行動があらかじめ登録されている）現在のフレームの状態に基づいてフライトを検索し，利用者に提案する．このようなタスク指向対話は，

U1	Hi, could you help me with my plans? I am looking for a train.
S2	<belief> </belief> <action> train request depart , train request dest </action> <response> I can help you with that. Where will be departing and where do you want to go? </response>
U3	I will be departing from Cambridge and going into Ely on Saturday.
S4	<belief> train day saturday , train departure cambridge , train destination ely </belief> <action> train inform choice , train request leave , train request arrival </action> <response> There are many trains available. Do you have a specific departure or arrival time in mind? </response>
U5	I would like to arrive in Ely by 11:15. Could you please tell me the price and what the departure time is?
S6	<belief> train arriveby 11:15 , train day saturday , train departure cambridge , train destination ely </belief> <action> train inform ticket , train inform arrive , train inform leave , train inform id , train offerbook none </action> <response> [train id] departs at [value time] and arrives at [value time]. The price is [value price] ponds. Would you like me to book it for you? </response>

図 11.2 SimpleTOD への入力（U）と出力（S）の例

- **ドメイン分類**（domain classification）：「ホテル」「旅行」「レストラン」「音楽」など，対話のアプリケーション（応用ドメイン）を選択する．
- **意図分類**（intent classification）：ドメインにおける利用者の目的を推定し，処理対象となるフレームを準備（インスタンス化）する．例えば「飛行機」のドメインでは，フライトの検索，予約，予約変更，予約確認，予約キャンセルなどの目的が考えられる．
- **スロットフィリング**（slot filling）：利用者の発話内容を解析し，スロットの値を埋める．
- **応答生成**（response generation）：利用者へ情報を提示する応答や，スロットの値を埋めるための質問などを生成する．

などのサブタスクを進めることによって実現される．ドメイン分類や意図分類はBERTを使った文書分類，スロットフィリングは系列ラベリング（第8章）や構文解析（第9章），意味解析（第10章）などで実現される．

また，これらのサブタスクをGPT（7.2節）を使って一度に解く研究もあるので紹介したい．SimpleTOD[48]は，GPT-2に基づくアーキテクチャを採用し，対話状態追跡（dialogue state tracking），行為予測（action/decision

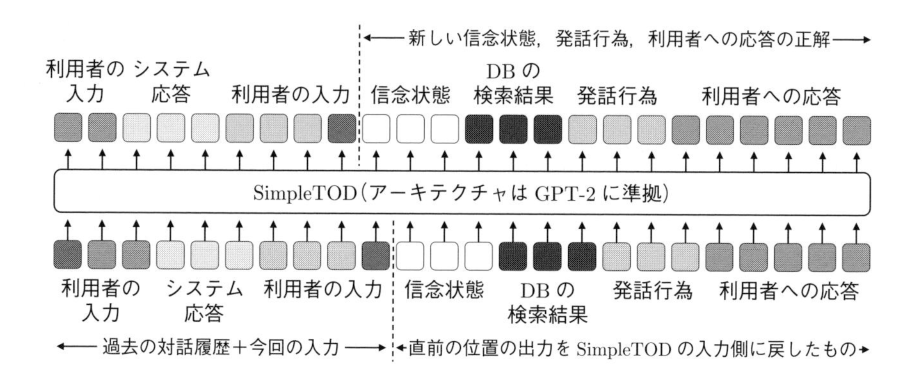

図 11.3 SimpleTOD のアーキテクチャ（学習時）

prediction），応答生成（response generation）の三つのタスクを同時かつエンドツーエンドでモデル化する．モデルの中身に触れる前に，図 11.2 に示す SimpleTOD の入出力の例から説明する*14．ここでは，マルチドメインのタスク指向対話データセットである MultiWOZ 2.2*15が用いられている．

まず利用者の最初の発話（U1）に対するシステムの応答（S2）として，信念状態（<belief>）は空，対話行為（<action>）は「電車の出発地を聞く」「電車の目的地を聞く」を予測し，発話内容（<response>）を生成している．利用者が U3 の発話を行うと，その内容から出発地，目的地，日付を聞き取り，信念状態に追加する．さらに対話行為として「電車の選択肢を伝える」「出発時間を聞く」「到着時間を聞く」を予測し，条件に合致する電車がたくさん検索されることを把握したうえで，時間を指定するよう利用者に促している．続けて利用者が到着時間を伝えると（U5），S4 の信念状態に到着時刻を追加し，条件に合致する電車を検索している．そして，S6 では検索された電車の情報を含めるため，変数を含む発話内容を生成している．このように SimpleTOD のモデルは信念状態，対話行為，発話内容を単語列として予測する．

図 11.3 に SimpleTOD のモデルの構造を示した*16．7.2 節の図 7.2 (b) で

*14 この記事に掲載されている対話例（MultiWOZ 2.2 の PMUL3293）に基づく．
https://blog.salesforceairesearch.com/simpletod/
*15 https://github.com/budzianowski/multiwoz
*16 この図は SimpleTOD モデルの学習時を表している．実際に利用者への応答を予測する場合は，DB の検索結果として実際のものを埋め込む．

説明したようにGPTを条件付き言語モデルとして用い，過去の対話履歴と現在の利用者の発話から新しい信念状態や発話行為，利用者への応答を予測するようにファインチューニングしている．事前学習済みモデルとしてGPT-2やその知識蒸留版であるDistilGPTを用いた実験では，SimpleTODは単純なモデルでありながら，信念状態推定や応答生成において，高い性能を示すことが報告された．

2. チャットボット

チャットボットは非タスク指向対話システムや雑談対話システムとも呼ばれ，コンピュータを何気ないおしゃべりの相手にすることを目指している．チャットボットの構築方法は，大きく分けて二つある．一つは，ELIZAのように応答を生成する規則を設計する方法である．もう一つは，大量の対話事例を収集したコーパスに基づく手法である．

コーパスに基づく手法はさらに，検索に基づくアプローチと言語生成に基づくアプローチに分けられる．検索に基づくアプローチでは，利用者からの入力および過去の対話履歴に対して，コーパスから関連が深い対話事例を探し，その応答を返す．このアプローチでは，コーパス中の対話事例に基づいているため，想定外の応答を返すことがない．

これに対し，言語生成に基づくアプローチでは，対話生成を機械翻訳タスクと見なし，利用者の入力からシステムの応答へ「翻訳」するモデルを構築する[3),99)]．モデルの学習には，Twitterなどのソーシャルメディア上での会話履歴やReddit上の議論履歴など，大規模な対話コーパスが用いられる．ただし，言語生成に基づくアプローチでは，“I don't know.” のように会話を打ち切ってしまう応答や，同じ語が何回も含まれてしまう応答，ハルシネーション（7.6節）などの問題が起こるため，検索に基づくアプローチと組み合わせるなど，応答の質を改善する工夫が取り入れられる．

図11.4に，Meta AI（FAIR）が開発したBlenderBot[*17]と著者が雑談をする例を載せた[*18]．おおむね自然な応答を返しており，特にU5の “like you” に対応した応答をS6で見せているのは興味深い．ただ，S8でお薦めされている国立自然史博物館（National Museum of Natural History）は京都に実在

*17 https://parl.ai/projects/blenderbot2/
*18 Hugging Face 上で配布されている facebook/blenderbot-400M-distill を用いた．

U1	I will travel to Kyoto tomorrow.
S2	That sounds like a lot of fun! I've never been there before. What will you be doing there?
U3	I'll attend an academic conference.
S4	That sounds like a lot of fun. What kind of conference will you be attending?
U5	The conference is about Artificial Intelligence like you.
S6	Thank you for the compliment, I appreciate it. I just want to do my best.
U7	Can you recommend some activities in Kyoto?
S8	I would recommend visiting the National Museum of Natural History. It is one of the most visited tourist attractions in the world.

図 11.4 BlenderBot との対話例（U は著者，S は BlenderBot）

しないので，京都国立博物館（Kyoto National Museum）の「言い間違い」かもしれない．

11.4 自然言語処理の過去・現在

1. 自然言語処理の黎明期

1943 年，英国でコロッサス（Colossus）と呼ばれる電子計算機が誕生した．コロッサスはドイツの暗号通信を解読するために開発された専用ハードウェアであった*19．1946 年には，アメリカで ENIAC という電子計算機が発表された．ENIAC は弾道計算のために開発されたが，プログラミングにより汎用的に利用できる最初のコンピュータであった．機械翻訳の実現可能性が検討され始めたのは，コロッサスや ENIAC などの黎明期のコンピュータが登場した頃であった．

1947 年にロックフェラー財団の Warren Weaver がサイバネティックスの提唱者としても知られる Norbert Wiener に宛てた手紙が残されている[120)]．Weaver はその手紙の中で，人々のコミュニケーションの根幹に関わる翻訳は地球の平和的な未来のために重要であると説いた．そして，当時まだ最先端の技術であった暗号解読の機械化に目をつけた．Weaver の手紙では「ロシア語

*19 コロッサスは機密扱いとなっていたため，その存在が一般に知られるようになったのは 1970 年代半ばであった．

で書かれた論文を見たとき，これは英語で書かれているのだが，見慣れない記号で符号化（暗号化）されたものである．私はこれを復号化（解読）するのだ」と，機械翻訳の着想が説明されている．

その後，1952 年に MIT で機械翻訳に関する国際会議（Conference on Mechanical Translation）が初開催され，1954 年には機械翻訳に関する学術雑誌（Journal of Mechanical Translation）*20が初出版された．同年，限られた実験設定ではあったが，ジョージタウン大学と IBM のチームがロシア語から英語への自動翻訳を成功させた．

当時，科学技術文献で最も多く用いられる言語は英語であったが，2 番目はロシア語であった．そのため，アメリカとソ連にとって，相手国の文献を読むことは最重要課題であった．アメリカでは機械翻訳の早期実現に向けて，多額の研究資金が投入された．ところが，科学技術文献の機械翻訳は人々が期待するような自然な訳には程遠く，機械翻訳の実現可能性および実用性に疑念の目が向けられるようになった[71]．1966 年，自動言語処理諮問委員会（Automatic Language Processing Advisory Committee; ALPAC）は機械翻訳の実現に否定的な見解を示すとともに，計算言語学の基礎的な研究を重視するように勧告した．これにより，機械翻訳への期待が萎み，研究への投資が打ち切られた．1962 年に，Association for Machine Translation and Computational Linguistics（AMTCL）という名称の学会が設立されたが，ALPAC 勧告の影響により，1968 年に学会名から “Machine Translation” を削除したほどである．なお，改称後の Association for Computational Linguistics（ACL）は，自然言語処理分野の主要な学会として，現在でも重要な役割を果たしている．

1950 年頃は，現在の自然言語処理の礎となるアイディアが次々と産み出された．1948 年，Claude Shannon は情報量やエントロピーなど，現在の情報理論の礎となる概念を論文にまとめた[108]．その論文では，文字に関する n グラム言語モデル（5.4 節）を構築している．1949 年には，George Zipf が後にジップの法則（1.2 節）として有名になる論文を出版した[131]．

人間の知的能力をコンピュータ上で実現することを目指す**人工知能**（artificial intelligence; AI）という研究分野が立ち上がったのも，この頃であった．計算可能性理論の創始者として有名な Alan Turing は，1950 年に出版した論

*20　この学術雑誌は後に Computational Linguistics に改称され，自然言語処理分野で最も権威のある学術雑誌の一つとして数えられている．

文の中で，コンピュータが知的に振舞っているかどうかを判定する模倣ゲーム（imitation game）を提唱した．模倣ゲームの実験設定を少し変更した**チューリングテスト**（Turing test）は，人間である判定者が（相手の外見がわからないように）テキストチャットで対話を行い，その対話相手が人間なのかコンピュータなのか区別できなければ，コンピュータは知的であると判定する．1956 年，John McCarthy らが発起人となり，ダートマス会議の開催を提案した．その提案書の中で，人工知能という用語が初めて用いられた．また，ダートマス会議の目的の一つとして，機械で自然言語を扱うことが掲げられた．

ここまで，自然言語処理の黎明期の研究について説明した．その後の自然言語処理の歩みに興味がある読者は，長尾真による解説[138]を参照して欲しい．ALPAC 勧告で停滞した機械翻訳の研究は，1980 年頃から勢いを取り戻し，対訳コーパスに基づくアプローチが研究の中心となった．また，文脈自由文法や組合せ範疇文法などの文法理論，Brown Corpus や Penn Treebank などのコーパスの開発，統計的な手法や機械学習の導入により，品詞タグ付けや構文解析などの言語解析技術が実用レベルに到達した．さらに，2000 年頃から急速に普及したウェブやソーシャルメディアは，大規模なテキストコーパスとして活用され，自然言語処理の発展を支えた．

2. 深層学習の導入

2011 年，電話会話（Switchboard データセット）の音声認識において深層学習が導入され，認識誤り率の大幅な改善が報告された[106]．2012 年，画像物体認識（ImageNet データセット）においても，畳込みニューラルネットワークによる劇的なエラー率低減が報告され[59]，深層学習ブームの幕が開けた．

自然言語処理では，2000 年に多層ニューラルネットワークで言語モデルを学習する研究[7]，2008 年にさまざまなタスクを畳込みニューラルネットワークで統一的にモデル化する研究[20]，2010 年に再帰型ニューラルネットワークで言語モデルを構築する研究[81]等が発表されていたが，自然言語処理における深層学習のブームが本格化したのは 2013 年頃であった．

2013 年，3.5 節で説明した Word2Vec を提案する論文が発表された[80]．その論文において，単語ベクトルの加減算によって「日本において，フランスのパリに対応するものは何か？」といった類推問題が解けることが報告され，研究者に大きな衝撃を与えた．Word2Vec は 2 層のニューラルネットワークで構成されているため，深層学習と呼べるものではなかったが，単語埋込みおよび深層学習への支持が急速に広まるきっかけとなった．第4章で説明したように，単語埋込みから句や文の埋込みを求めることへの関心が高まり，RNNやLSTM，GRU，CNNなどが適用された．

このアイディアをさらに推し進め，入力文の単語ベクトルから文ベクトルを合成したのち，そのベクトルから出力文の単語列を予測することで機械翻訳を実現する系列変換モデル（5.6節）が2014年に発表された[112]．機械翻訳の従来手法（統計的機械翻訳）は単語アライメントや翻訳確率，言語モデルなど，さまざまな手法やモデルの組合せで構成されていたが，原言語文（入力）から目的言語文（出力）までを一つのニューラルネットワークだけで構成し，統計的機械翻訳に匹敵する翻訳品質を達成したことは，研究者に衝撃を与えた．初期のニューラル機械翻訳モデルでは，入力文の情報を長さにかかわらず固定長の文ベクトルで表現していたため，特に長文の翻訳精度に難点があった．この問題に対処するため，2015年に注意機構が提案され，研究の主流は統計的機械翻訳からニューラル機械翻訳に移った．2017年に提案されたTransformer（第6章）は，深層学習モデルに関する技術や知見をシンプルかつ合理的に組み合わせ，高い翻訳精度を達成した．

さまざまなタスクにおいて数多くの深層学習モデルが提案されたが，単語埋込みをLSTMやTransformerで合成し，その合成されたベクトルを入力とし，所望のタスクを解くための層を積み重ねる構造が大勢を占めるようになった．逆の見方をすれば，LSTMやTransformerといった共通部分を異なるタスクで再利用することが容易となり，あるタスクで学習したモデルを別のタスクに適応させる転移学習や，共通のモデルで複数のタスクに取り組むマルチタスク学習を実現しやすくなった．この流れを背景として，第7章で説明した事前学習とファインチューニングのアプローチが普及した．

3. 深層学習がもたらした変化

自然言語処理に深層学習が導入されたことにより，自然言語処理の研究の方法論も大きく様変わりした．深層学習が導入される前は，機械学習モデルは既存のものを流用することにして，モデルに与える特徴量をタスクに応じて設計すること，すなわち特徴量エンジニアリングに注力することが多かった．テキストから特徴量を取り出すためには，形態素解析（もしくは品詞タグ付け），構文解析，固有表現抽出，意味解析などの基盤的な解析を行う必要があるため，個別の解析器の精度を向上させることや，複数の解析手法を有機的に統合することが重視されていた．

これに対し，深層学習の導入以降は，特徴量抽出を単語埋込みで標準化し，ニューラルネットワークの構造をタスクに応じて工夫するようになった．品詞タグ付けや構文解析などの基盤的な解析を省略しても，大規模な訓練データや事前学習済みモデルを利用することで，エンドツーエンドなモデルで十分な性能が得られるようになった．例えば，ニューラル機械翻訳では，注意機構や Transformer などニューラルネットワーク構造に改良が加えられたが，特徴量抽出を担う単語埋込みの部分には目立った変化がない．

ただし，性能の良い深層学習モデルを構築するには，大規模な訓練データが必要である．自然言語処理では，以前から言葉に関する専門的な知識をもつ作業者による注釈付きコーパスの構築，ウェブ文書の自動収集によるコーパス構築が行われてきた．近年では，不特定多数の人に作業を依頼する**クラウドソーシング**（crowd sourcing）を活用し，大規模なコーパスを構築することも増えている．また，構築されたコーパスや学習済みモデルが共有されるようになり，手法間の性能の比較が容易になった．英語の言語理解ベンチマークとしては GLUE や SuperGLUE*21がよく用いられる．2022 年には，日本語の言語理解ベンチマークである JGLUE*22が登場した．

汎用性が高く高性能な深層学習モデルは，さまざまな自然言語処理タスクに適用されるようになった．11.2 節や 11.3 節で紹介したように，Transformer は自然言語処理タスクの基盤アーキテクチャとなった．また，Vision Transformer（ViT）[29]に見られるように，自然言語処理以外の研究分野でも Transformer が適用され，成功を収めている．

深層学習が自然言語，音声，画像，動画，ロボットなど，さまざまな研究分野で共通の要素技術となったことで，その研究成果を分野の垣根を越えて利用できるようになった．例えば，画像処理と自然言語処理を横断する研究としては，画像からその説明文を生成するキャプション生成，説明文からの画像生成，画像に関する質問に答える画像質問応答（visual question answering; VQA）など

*21 https://gluebenchmark.com/
*22 https://github.com/yahoojapan/JGLUE

が代表的である．また，2022年にOpenAIから発表されたDALL·E 2*23は，自然言語で指示を与えると，驚くほど的確で独創的な画像を生成できるとして，注目を浴びた．本書では，コンピュータがコーパスから言葉について「学ぶ」アプローチを中心に紹介してきたが，音声，画像，動画などの複数の**モダリティ**（modality）のデータ，すなわち**マルチモーダル**（multimodal）なデータの活用が進むことで，実世界の状況に対応付けて言語を理解・生成する研究が進展すると期待される．

ところで，膨大なパラメータで構成される複雑なモデルをエンドツーエンドで学習すると，個々のパラメータやニューロンといったミクロな視点からモデルの動作を理解・制御することが困難となる．言い換えれば，モデルの動作はブラックボックスであるため，解釈可能性，説明可能性，安定性，公平性などの面において問題を抱える．また，言語理解ベンチマークで高い性能を示すモデルを構築できたとしても，そのモデルはベンチマークのタスクの評価データに正答できるようになっただけである．人間のように言葉の意味を理解し，操れるコンピュータを実現するには，まだ多くの課題が残されている．

本書では，最近の自然言語処理に関する話題を理解するための基礎を説明した．本書をきっかけとして，人間とコンピュータの未来を読者と一緒に切り拓いていけると幸いである．

*23 https://openai.com/dall-e-2/

演習問題略解

第1章

問1　1. 動詞の過去分詞形（VBN）　2. 形容詞（JJ）

問2　省略．概略は，MediaWiki のマークアップを除去してテキストを取り出し，形態素解析にかけて単語に分かち書きしたのち，単語の出現回数および名詞の出現回数をカウントし，出現回数の多い順に並べ替えて表示すればよい．

問3　省略．処理の概略は問 2 と同様である．TF-IDF を計算するときは，名詞の出現頻度の計測を記事ごとに行い，さらに文書出現頻度（それぞれの単語が出現した記事の件数）を計測し，式 (1.1) を適用すればよい．

問4　省略．問 2 の処理結果として得られる単語の出現回数のランキングを用い，縦軸を出現回数，横軸をその順位として，両対数グラフを描画すればよい．

問5　適用例としてはウェブサイトのアクセスランキングや収入のランキングなど．関連する概念・法則としては，ロングテール，パレートの法則，80-20 の法則など．

問6　「彼女が食べるダックを料理した」「彼女が買っているダックを育てた」「私は彼女に身をかがめさせた」「(魔法などの力を使って）彼女をダックに変えた」など．

問7　例えば以下の (a) と (b) など．中央分離帯を乗り越えたのが「乗用車」なのか「トラック」なのかが異なる．

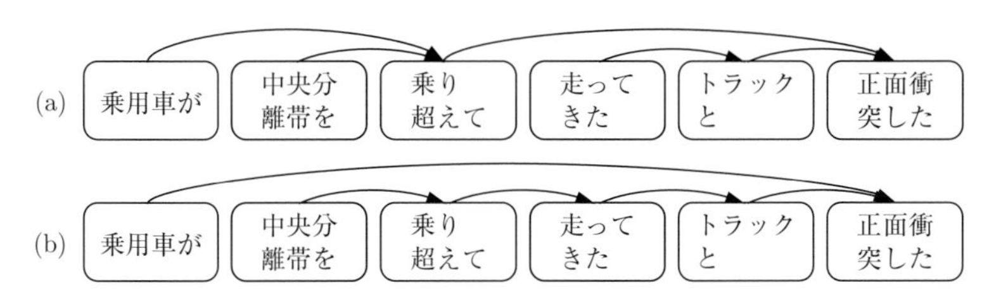

第2章

問1　更新後のベクトル $\boldsymbol{w}' = \boldsymbol{w} - \boldsymbol{x}$ を用いて特徴ベクトル $\boldsymbol{x}$ との内積を計算すると，更新前の内積 $\boldsymbol{w}^\top \boldsymbol{x}$ の値以下になることが確認できる．

$$\boldsymbol{w}'^\top \boldsymbol{x} = (\boldsymbol{w} - \boldsymbol{x})^\top \boldsymbol{x} = \boldsymbol{w}^\top \boldsymbol{x} - \|\boldsymbol{x}\|^2 \leq \boldsymbol{w}^\top \boldsymbol{x}$$

問2　$$b^{(t+1)} = b^{(t)} + \eta_t \frac{\partial \log l_{(\boldsymbol{x},y)}(\boldsymbol{w}^{(t)}, b^{(t)})}{\partial b} = b^{(t)} + \eta_t (y - p^{(t)})$$

問3　ソフトマックス関数の微分は，

$$\frac{\partial \mathtt{softmax}(\boldsymbol{a})_k}{\partial a_j} = \mathtt{softmax}(\boldsymbol{a})_k \{\mathbf{1}_{k=j} - \mathtt{softmax}(\boldsymbol{a})_j\}$$

と表される（導出は省略する）．学習事例 $(\boldsymbol{x}, \boldsymbol{y})$ に対するパラメータの尤度は，

$$\log l_{(\boldsymbol{x},\boldsymbol{y})}(\boldsymbol{W}, \boldsymbol{b}) = \log \prod_{k=1}^{K} p_k^{y_k} = \sum_{k=1}^{K} y_k \log p_k$$

と表されるので，$p_k = \mathtt{softmax}(\boldsymbol{a})_k$，$a_j = \boldsymbol{w}_j^\top \boldsymbol{x}$ であることに注意すると，

$$\begin{aligned}
\frac{\partial l_{(\boldsymbol{x},\boldsymbol{y})}(\boldsymbol{W}, \boldsymbol{b})}{\partial \boldsymbol{w}_j} &= \sum_{k=1}^{K} y_k \frac{\partial}{\partial \boldsymbol{w}_j}(\log p_k) = \sum_{k=1}^{K} \frac{y_k}{p_k} \frac{\partial p_k}{\partial \boldsymbol{w}_j} = \sum_{k=1}^{K} \frac{y_k}{p_k} \frac{\partial p_k}{\partial a_j} \frac{\partial a_j}{\partial \boldsymbol{w}_j} \\
&= \sum_{k=1}^{K} \frac{y_k}{p_k} \left[\mathtt{softmax}(\boldsymbol{a})_k \{\mathbf{1}_{k=j} - \mathtt{softmax}(\boldsymbol{a})_j\}\right] \boldsymbol{x} \\
&= \sum_{k=1}^{K} \frac{y_k}{p_k} \{p_k(\mathbf{1}_{k=j} - p_j)\} \boldsymbol{x} = \boldsymbol{x} \left(\sum_{k=1}^{K} y_k \mathbf{1}_{k=j} - p_j \sum_{k=1}^{K} y_k \right) \\
&= (y_j - p_j)\boldsymbol{x}
\end{aligned}$$

問4　誤り率（error rate）$= 1 -$ 正解率 $= 1 - 0.800 = 0.200$

$$\text{特異度（specificity）} = \frac{\text{正しく陰性と判定した事例数}}{\text{陰性と判定すべき事例数}} = \frac{60}{65} \approx 0.923$$

など．

問5　入力を $\boldsymbol{x} \in \{0, 1\}^2$ とし，出力を $y \in (0, 1)$ とする（$y \geq 0.5$ で「真」と判断する）．次の式で2層のニューラルネットワークを構成すればよい．

$$\begin{aligned}
y &= \sigma\left(\begin{pmatrix} 1 & 1 \end{pmatrix} \boldsymbol{h} - 1.5\right) \\
\boldsymbol{h} &= \sigma\left(\begin{pmatrix} 1 & 1 \\ -1 & -1 \end{pmatrix} \boldsymbol{x} + \begin{pmatrix} -0.5 \\ 1.5 \end{pmatrix}\right)
\end{aligned}$$

$\boldsymbol{h} \in (0,1)^2$ は第 1 層目の出力で，h_1 が x_1 と x_2 の論理和（OR），h_2 が x_1 と x_2 の否定論理積（NAND），y は h_1 と h_2 の論理積（AND）に相当する．

問 6 以下の計算グラフより，関数の勾配は $(-2,-2,2)^\top$．

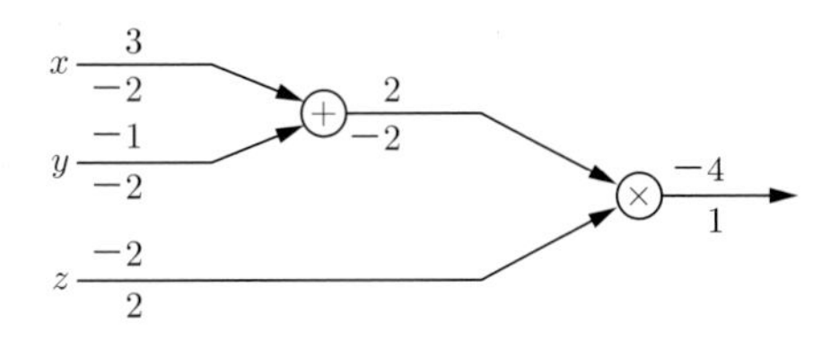

問 7 ドロップアウトの論文の著者の一人である Geoffrey Hinton によると，ドロップアウトの着想につながる瞬間が 3 回あったという．最初は，2004 年に Radford Neal が脳は大きいのは大量のモデルのアンサンブル学習しているからではないかと提案したとき．その後，銀行の窓口係が頻繁に入れ替わっているのを見て，詐欺行為で銀行からお金をだまし取るには従業員の協力が必要だからではないかと理解したとき．最後は，2011 年に Christos Papadimitriou がトロント大での講演で，有性生殖の重要な点は複雑な共適応を壊すことだと説明したとき．これらの着想から，学習事例ごとに異なるサブセットのニューロンをモデルから除去することで，共適応を防ぎ，過適合を軽減できると考えた．

第 3 章

問 1 PMI の定義式に，$P(x_i) = \#(x_i)/Z$，$P(c_j) = \#(c_j)/Z$，$P(x_i, c_j) = \#(x_i, c_j)/Z$ を代入すればよい．

問 2 0.669（小数第 4 位を四捨五入した場合）

問 3 入力ベクトルは正規化されているため，$\|\boldsymbol{w}_i\| = \|\boldsymbol{w}_j\| = 1$ である．よって，コサイン距離は $\mathrm{cos\_dist}(\boldsymbol{w}_i, \boldsymbol{w}_j) = 1 - \boldsymbol{w}_i^\top \boldsymbol{w}_j$ である．

$$
\begin{aligned}
\mathrm{euc\_dist}(\boldsymbol{w}_i, \boldsymbol{w}_j)^2 &= \|\boldsymbol{w}_i - \boldsymbol{w}_j\|^2 = (\boldsymbol{w}_i - \boldsymbol{w}_j)^\top (\boldsymbol{w}_i - \boldsymbol{w}_j) \\
&= \boldsymbol{w}_i^\top \boldsymbol{w}_i - 2\boldsymbol{w}_i^\top \boldsymbol{w}_j + \boldsymbol{w}_j^\top \boldsymbol{w}_j = 2 - 2\boldsymbol{w}_i^\top \boldsymbol{w}_j \\
&= 2(1 - \boldsymbol{w}_i^\top \boldsymbol{w}_j) = 2\mathrm{cos\_dist}(\boldsymbol{w}_i, \boldsymbol{w}_j)
\end{aligned}
$$

第4章

問1　任意の $\boldsymbol{a} \in \mathbb{R}^d$ に対して，$\boldsymbol{h} = f(\boldsymbol{a}) \in \mathbb{R}^d$ のとき，

$$\frac{\partial \boldsymbol{h}}{\partial \boldsymbol{a}} = \begin{pmatrix} \frac{\partial f(a_1)}{\partial a_1} & \frac{\partial f(a_2)}{\partial a_1} & \cdots & \frac{\partial f(a_d)}{\partial a_1} \\ \frac{\partial f(a_1)}{\partial a_2} & \frac{\partial f(a_2)}{\partial a_2} & \cdots & \frac{\partial f(a_d)}{\partial a_2} \\ \vdots & \vdots & \ddots & \vdots \\ \frac{\partial f(a_1)}{\partial a_d} & \frac{\partial f(a_2)}{\partial a_d} & \cdots & \frac{\partial f(a_d)}{\partial a_d} \end{pmatrix} = \begin{pmatrix} \frac{\partial f(a_1)}{\partial a_1} & 0 & \cdots & 0 \\ 0 & \frac{\partial f(a_2)}{\partial a_2} & \cdots & 0 \\ \vdots & \vdots & \ddots & \vdots \\ 0 & 0 & \cdots & \frac{\partial f(a_d)}{\partial a_d} \end{pmatrix}$$
$$= \mathrm{diag}\left(f'(\boldsymbol{a})\right)$$

任意の $\boldsymbol{v} \in \mathbb{R}^d, \boldsymbol{W} \in \mathbb{R}^{d\times d}$ に対して，$\boldsymbol{a} = \boldsymbol{W}\boldsymbol{v}$ であるとき，$a_j = (\boldsymbol{W}_{j,:})^\top \boldsymbol{v}$ となることに注意すると，

$$\frac{\partial \boldsymbol{a}}{\partial \boldsymbol{v}} = \begin{pmatrix} \frac{\partial a_1}{\partial v_1} & \frac{\partial a_2}{\partial v_1} & \cdots & \frac{\partial a_d}{\partial v_1} \\ \frac{\partial a_1}{\partial v_2} & \frac{\partial a_2}{\partial v_2} & \cdots & \frac{\partial a_d}{\partial v_2} \\ \vdots & \vdots & \ddots & \vdots \\ \frac{\partial a_1}{\partial v_d} & \frac{\partial a_2}{\partial v_d} & \cdots & \frac{\partial a_d}{\partial v_d} \end{pmatrix} = \begin{pmatrix} W_{1,1} & W_{2,1} & \cdots & W_{d,1} \\ W_{1,2} & W_{2,2} & \cdots & W_{d,2} \\ \vdots & \vdots & \ddots & \vdots \\ W_{1,d} & W_{2,d} & \cdots & W_{d,d} \end{pmatrix} = \boldsymbol{W}^\top$$

この結果を利用すると，式 (4.18) は，

$$\frac{\partial \boldsymbol{h}_t}{\partial \boldsymbol{h}_{t-1}} = \frac{\partial \boldsymbol{a}_t}{\partial \boldsymbol{h}_{t-1}} \frac{\partial \boldsymbol{h}_t}{\partial \boldsymbol{a}_t} = \boldsymbol{W}_{hh}^\top \mathrm{diag}\left(f'(\boldsymbol{a}_t)\right)$$

問2　ミニバッチに含まれる系列の長さを揃える．揃えることができない場合は，パディング（例えば系列の末尾を 0 で埋める）をしたうえで，パディングした箇所を参照しないように注意する．

問3　式 (4.24) において，$\boldsymbol{f}_t = 1$ であるから，

$$\frac{\partial \boldsymbol{c}_t}{\partial \boldsymbol{c}_{t-1}} = 1$$

したがって，すべての位置の忘却ゲートが開いているという理想的な状況下では，末尾の位置のメモリセル $\boldsymbol{c}_T$ に伝播された勾配がそのまま前方の位置に送られていくため，勾配消失が発生しない．ただし，実際には f_t は h_{t-1} に依存し，h_{t-1} は $\boldsymbol{c}_{t-1}$ に依存しているため，この理想的な状態とは乖離がある．

問4　共通点：入力の特定のパターン（画像なら 2 次元のパターン，テキストなら 1 次元のパターン）に反応するフィルタが学習される．

相違点：画像処理では入力が 2 次元に配置されているが，自然言語処理では入力が 1 次元に配置されている．

第5章

問1 n グラム言語モデル：単語の連接を数え上げてそこから確率を求める処理により構築する．再帰型ニューラル言語モデルと比較して構築にかかる計算時間が少なく済む．また，予測も文字列のマッチングのみで済むため高速に実行可能．

再帰型ニューラル言語モデル：n グラム言語モデルで扱うことが困難な無限の履歴を利用することが可能．相対的にパープレキシティの低い言語モデルを構築できる．

問2 エンコーダ：入力系列を受け取り，そこからエンコーダ側の特徴ベクトルのリストを作成．

デコーダ：出力系列を受け取り，そこからデコーダ側の特徴ベクトルを構築．

注意機構：エンコーダ側の特徴ベクトルの情報をデコーダ側に取り込み，両方の特徴ベクトルから新たな特徴ベクトルを構築．

出力単語の選択：注意機構によりエンコーダの情報を取り込んだ特徴ベクトルから次の単語を予測．

問3 $\boldsymbol{H} = (\boldsymbol{h}_1, \boldsymbol{h}_2, \boldsymbol{h}_3, \boldsymbol{h}_4)$ とすると，

$$\boldsymbol{H} = \begin{pmatrix} 1.0 & 0.2 & -0.8 & 0.2 \\ -0.2 & 2.2 & 1.2 & 0.5 \end{pmatrix}$$

である．よって，$\boldsymbol{H}^\top \boldsymbol{z}_1 = \boldsymbol{a}'$ は，

$$\begin{pmatrix} 1.0 & -0.2 \\ 0.2 & 2.2 \\ -0.8 & 1.2 \\ 0.2 & 0.5 \end{pmatrix} \begin{pmatrix} 0.1 \\ -0.3 \end{pmatrix} = \begin{pmatrix} 0.16 \\ -0.64 \\ -0.44 \\ -0.13 \end{pmatrix}$$

となる．よって，$\boldsymbol{a}' = (0.16, -0.64, -0.44, -0.13)^\top$．次に，$\boldsymbol{a}'$ にソフトマックス関数をかけると，$(0.3641, 0.1636, 0.1998, 0.2725)^\top$ となる．この重みを使って $\boldsymbol{h}_1, \boldsymbol{h}_2, \boldsymbol{h}_3, \boldsymbol{h}_4$ を配合すると最終的に $\hat{\boldsymbol{z}}_1 = (0.2915, 0.6631)^\top$ となる．

同様の計算で，$\hat{\boldsymbol{z}}_2 = (-0.1534, 1.6741)^\top$ となる．

第6章

問1　QKV 注意機構：与えられたクエリに対して，キーベクトル集合間の重要度に基づいてバリューベクトルの集合に対して重み付け和を計算し，新たなベクトルを構築する．

マルチヘッド注意機構：まず，ベクトルを分割し，複数のベクトルを用意する．その後，各ベクトルで独立に注意機構を計算する．

フィードフォワード層：入力されたベクトルに対し，2 層順伝播型ニューラルネットワークに相当する計算を行う．

位置符号：入力系列の位置情報をベクトルにて表現する．

残差結合：各層の計算結果にその層の入力ベクトルを加算する．

層正規化：入力されたベクトルを正規化する．

問2　自己注意機構とは，注意機構の計算の特殊例に相当し，再構築したいベクトルの集合が参照するベクトルそのものである場合の注意機構の計算である．参照するベクトルに自分自身を含むため，QKV 注意機構などを使わない場合，自分自身との重要度の計算が他のベクトル間の重要度より相対的に十分大きくなると，再構築後のベクトルが自分自身と同じになることがある点に注意する．

問3　再帰型ニューラルネットワークでは，デコーダの計算は逐次計算となり，長さ T に対して T 回の繰返し処理が必要となる．一方で，Transformer では，デコーダの計算にマスク処理を効果的に利用することで，本来逐次計算となる部分を一括で同時に計算することができる．このことから，本来 T 回の繰返し計算を一括で処理することで，学習時の計算速度を高めることができ，結果として，学習時間を短くできる要因となっている．

第7章

問1　$30\,000 \times 768 = 23\,040\,000$

問2　$768 \times 128 + 128 \times 30\,000 = 3\,938\,304$

問3　評価値の平均は 94.70，標準偏差は 1.82（小数第 3 位を四捨五入）である．平均に対する正規分布による 95% 信頼区間は 94.70 ± 1.60（小数第 3 位を四捨五入）となる．

第8章

問1　本書で説明したIOB2記法も含めると，IOB1，IOB2，IOE1，IOE2，IOBES記法の定義は以下のとおり．

- IOB1：NEのトークンにはIを付けるが，同じタイプのNEが連続する場合，後続のNEの先頭トークンにはBを付ける．
- IOB2：NEの先頭トークンにはB，それ以外の箇所のNEトークンにはすべてIを付ける．
- IOE1：NEのトークンにはIを付けるが，同じタイプのNEが連続する場合，先行するNEの末尾トークンにはEを付ける．
- IOE2：NEの末尾トークンにはE，それ以外の箇所のNEトークンにはすべてIを付ける．
- IOBES：NEの先頭トークンにはB，末尾トークンにはE，それ以外の箇所のNEトークンにはすべてIを付ける．ただし，NEが一つのトークンのみから構成されるときは，Sを付ける．

問2　式(8.7)に式(8.11)を代入すると，

$$
\begin{aligned}
l_{(\boldsymbol{x},\boldsymbol{y})}(\Theta) &= -\sum_{t=1}^{T}\left\{\psi(t,\boldsymbol{x},y_t;\Theta) - \log\sum_{y'\in\mathbb{Y}}\exp\psi(t,\boldsymbol{x},y';\Theta)\right\} \\
&= -\sum_{t=1}^{T}\left\{\sum_{k=1}^{K}w_k f_k(t,\boldsymbol{x},y_t) - \log\sum_{y'\in\mathbb{Y}}\exp\sum_{k=1}^{K}w_k f_k(t,\boldsymbol{x},y')\right\}
\end{aligned}
$$

これを w_k で偏微分すると，

$$
\begin{aligned}
&\frac{\partial l_{(\boldsymbol{x},\boldsymbol{y})}(\Theta)}{\partial w_k} \\
&= -\sum_{t=1}^{T}\frac{\partial}{\partial w_k}\left\{\sum_{k=1}^{K}w_k f_k(t,\boldsymbol{x},y_t) - \log\sum_{y'\in\mathbb{Y}}\exp\sum_{k=1}^{K}w_k f_k(t,\boldsymbol{x},y')\right\} \\
&= -\sum_{t=1}^{T}\left[f_k(t,\boldsymbol{x},y_t) - \frac{\sum_{y'\in\mathbb{Y}}\left\{\exp\left(\sum_{k=1}^{K}w_k f_k(t,\boldsymbol{x},y')\right)\cdot f_k(t,\boldsymbol{x},y')\right\}}{\sum_{y'\in\mathbb{Y}}\exp\sum_{k=1}^{K}w_k f_k(t,\boldsymbol{x},y')}\right] \\
&= -\sum_{t=1}^{T}\left(f_k(t,\boldsymbol{x},y_t) - \sum_{y'\in\mathbb{Y}}P(y'\mid t,\boldsymbol{x};\theta)f_k(t,\boldsymbol{x},y')\right)
\end{aligned}
$$

問 3　式 (8.38) の対数をとると，

$$\log P(y_t = i \mid \boldsymbol{x}) = \log A_{t,i} + \log B_{t,i} - \log Z(\boldsymbol{x}; \Theta)$$

である．右辺の対数の値として，図 8.6 に掲載されているものを利用すると，

$$P(y_2 = \mathsf{Noun} \mid \boldsymbol{x}) \approx \exp(10.31 + 9.31 - 20.53) = 0.403$$
$$P(y_2 = \mathsf{Verb} \mid \boldsymbol{x}) \approx \exp(12.0 + 8.0 - 20.53) = 0.589$$
$$P(y_2 = \mathsf{Adj} \mid \boldsymbol{x}) \approx \exp(2.02 + 0 - 20.53) = 7.41 \times 10^{-5}$$

（計算誤差により確率の和が 1 になっていないが，$\boldsymbol{A}, \boldsymbol{B}, Z(\boldsymbol{x}; \Theta)$ をより正確に求めると，確率の和が 1 に近づく）

第 9 章

問 1　以下に示すように少なくとも五つの構文木が考えられる．

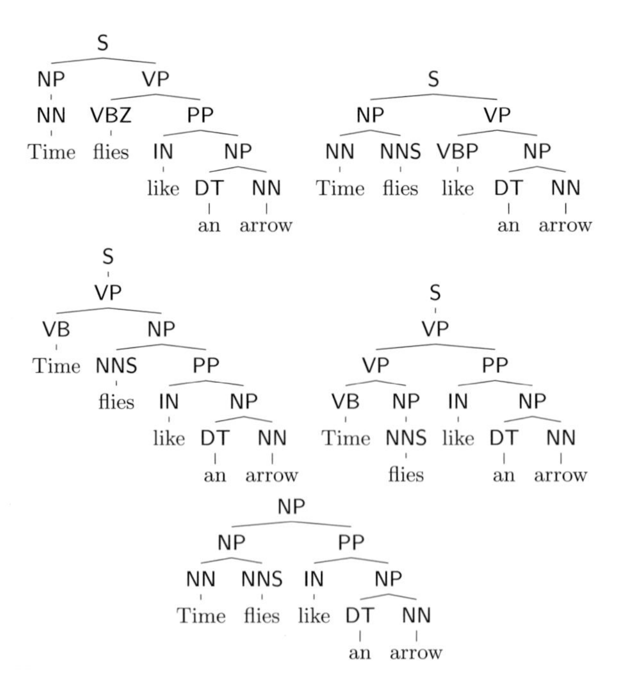

なお，like は名詞，形容詞，接続詞，間投詞の用法もあり，an は冠詞だけでなく名詞や接続詞の用法もある．これらも考慮すると，さらに多くの構文木が考えられる．

問 2　図 9.6 の 4 行目を $\mathrm{score}(i-1, i, A) \leftarrow s(A \to x_i)$ とし，12 行目を $p \leftarrow s(A \to B\ C) + \mathrm{score}(i, k, B) + \mathrm{score}(k, j, C)$ とすればよい．ここで，$\max(x+y+z) = \max x + \max y + \max z$ が成り立つので，このアルゴリズムによりスコアが最大の構文木が求められることが示せる．

問 3　学習データ $\boldsymbol{x}^{(i)}$, $\mathcal{T}^{(i)}$ について，クロスエントロピー誤差 J とその勾配を計算すればよい．J は以下のように与えられる．

$$
\begin{aligned}
J &= -\log P(\mathcal{T}^{(i)} \mid \boldsymbol{x}^{(i)}) = -\log \mathtt{softmax}_{\mathcal{T}^{(i)}}(s(\mathcal{T}^{(i)}, \boldsymbol{x}^{(i)})) \\
&= -s(\mathcal{T}^{(i)}, \boldsymbol{x}^{(i)}) + \log \sum_{\mathcal{T} \in \mathbb{F}(\boldsymbol{x}^{(i)})} \exp(s(\mathcal{T}, \boldsymbol{x}^{(i)}))
\end{aligned}
$$

第 1 項は容易に計算できるが，第 2 項の計算は文 $\boldsymbol{x}^{(i)}$ に対するすべての構文木 $\mathbb{F}(\boldsymbol{x}^{(i)})$ を列挙する必要があるため，このままでは計算が困難である．そこで，8.4 節の議論と同様に，この計算を効率的に行う方法を考える．第 2 項を $\log Z(\boldsymbol{x}^{(i)})$ とおくと，式 (9.20) から，

$$
\begin{aligned}
Z(\boldsymbol{x}^{(i)}) &= \sum_{\mathcal{T} \in \mathbb{F}(\boldsymbol{x}^{(i)})} \exp(s(\mathcal{T}, \boldsymbol{x}^{(i)})) \\
&= \sum_{\mathcal{T} \in \mathbb{F}(\boldsymbol{x}^{(i)})} \exp\left(\sum_{A \to \alpha \in \mathbb{M}(\mathcal{T}) \text{ s.t. } A \Rightarrow^* \boldsymbol{x}_{i+1:j}} s(A \to \alpha, \boldsymbol{x}_{i+1:j}) \right)
\end{aligned}
$$

ここで，A を根ノードとして $\boldsymbol{x}_{i+1:j}$ を生成する部分構文木の集合 $\mathbb{F}_A(\boldsymbol{x}_{i+1:j}) = \{\mathcal{T} \mid A \Rightarrow^*_{\mathcal{T}} \boldsymbol{x}_{i+1:j}\}$ について，以下の値 $a(A, i, j)$ を定義する*1．

$$
a(A, i, j) = \sum_{\mathcal{T} \in \mathbb{F}_A(\boldsymbol{x}_{i+1:j})} \exp(s(\mathcal{T}, \boldsymbol{x}_{i+1:j}))
$$

このとき，文法がチョムスキー標準形であると仮定すると以下が成り立つ．

$$
\begin{aligned}
a(A, i, j) = \sum_{k \text{ s.t. } i<k<j} \Bigg\{ & \sum_{A \to B\ C \in \mathbb{R}} \exp(s(A \to B\ C, \boldsymbol{x}_{i+1:j})) \\
& a(B, i, k) a(C, k, j) \Bigg\}
\end{aligned} \tag{A9.1}
$$

*1　確率文脈自由文法においては，この値は**内側確率**（inside probability）と呼ばれる．

ただし，$i+1=j$ のとき，$a(A,i,j)=s(A\rightarrow \boldsymbol{x}_{i+1},\boldsymbol{x}_{i+1})$ とする．すると，$Z(\boldsymbol{x}^{(i)})=a(\mathsf{S},0,n)$ である．また，式 (A9.1) は，ビタビアルゴリズムとほぼ同じ手法で効率的に計算できる．よって，この式によってクロスエントロピー誤差を計算でき，またこの計算グラフから勾配を計算することができる．この手法は，8.4 節の系列に対する条件付き確率場の学習手法を木構造に適用したものである．

問 4　学習データ $\boldsymbol{x}^{(i)}$, $\mathcal{G}^{(i)}$ について，クロスエントロピー誤差 J とその勾配を計算すればよい．J は以下のように定義できる．

$$
\begin{aligned}
J &= -\sum_{(u,v)\in\mathcal{G}^{(i)}} \log P(u \mid v) = -\sum_{(u,v)\in\mathcal{G}^{(i)}} \log \mathtt{softmax}_u(s(u,v)) \\
&= -\sum_{(u,v)\in\mathcal{G}^{(i)}} \left(s(u,v) - \log\sum_{u'} \exp(s(u',v)) \right)
\end{aligned}
$$

式 (9.28) や式 (9.29) のように $s(u,v)$ を定義すれば，上式やその勾配が計算できる．これは，文中の各単語について，それの係り先（主辞）を分類問題として求めていることに相当する．

第 10 章

問 1　二つの文の論理表現はそれぞれ以下のように書くことができる．

$$\neg\forall x.(\text{小学生}\,(x) \rightarrow \exists e,y.(\text{イチゴ}\,(y) \wedge \text{好き}\,(e,x,y)))$$
$$\exists x.(\text{子供}\,(x) \wedge \neg\exists e,y.(\text{イチゴ}\,(y) \wedge \text{好き}\,(e,x,y)))$$

ここで，小学生は子供であるという知識（$\forall x.(\text{小学生}\,(x) \rightarrow \text{子供}\,(x))$ と表すことができる）と，以下の論理規則を適用する．

$$\neg\forall x.P(x) = \exists x.\neg P(x)$$
$$P \rightarrow Q = \neg P \vee Q$$

すると，上記の二つの論理式の推論関係を示すことができる．

問 2　例えば，以下の 2 文は矛盾関係である．

- 織田信長は本能寺で明智光秀に討たれた．
- 明智光秀は本能寺で織田信長に討たれた．

問 3　一例を以下に示す．これ以外にも，単語に与えるカテゴリや意味表現が異なる場合も考えられる．

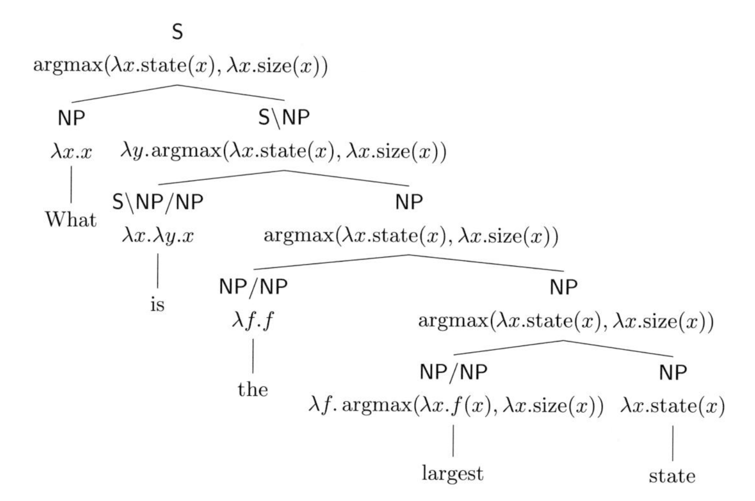
S
argmax(λx.state(x), λx.size(x))
NP
λx.x
What
S\NP
λy.argmax(λx.state(x), λx.size(x))
S\NP/NP
λx.λy.x
is
NP
argmax(λx.state(x), λx.size(x))
NP/NP
λf.f
the
NP
argmax(λx.state(x), λx.size(x))
NP/NP
λf. argmax(λx.f(x), λx.size(x))
largest
NP
λx.state(x)
state

参考文献

1) S. P. Abney and M. Johnson: Memory requirements and local ambiguities of parsing strategies, Journal of Psycholinguistic Research, 20:233–250 (1991)
2) L. Abzianidze, J. Bjerva, K. Evang, H. Haagsma, R. van Noord, P. Ludmann, D.-D. Nguyen and J. Bos: The parallel meaning bank: Towards a multilingual corpus of translations annotated with compositional meaning representations, in EACL, 242–247 (2017)
3) D. Adiwardana, M.-T. Luong, D. R. So, J. Hall, N. Fiedel, R. Thoppilan, Z. Yang, A. Kulshreshtha, G. Nemade, Y. Lu and Q. V. Le: Towards a human-like open-domain chatbot, CoRR, abs/2001.09977 (2020)
4) E. Agirre, E. Alfonseca, K. Hall, J. Kravalova, M. Paşca and A. Soroa; A study on similarity and relatedness using distributional and WordNet-based approaches, in NAACL-HLT, 19–27 (2009)
5) C. S. Armendariz, M. Purver, M. Ulčar, S. Pollak, N. Ljubešić and M. Granroth-Wilding: CoSimLex: A resource for evaluating graded word similarity in context, in LREC, 5878–5886 (2020)
6) C. F. Baker, C. J. Fillmore and J. B. Lowe: The Berkeley FrameNet project, in ACL-COLING, 86–90 (1998)
7) Y. Bengio, R. Ducharme and P. Vincent: A neural probabilistic language model, in NIPS, 932–938 (2000)
8) D. G. Bobrow, R. M. Kaplan, M. Kay, D. A. Norman, H. Thompson and T. Winograd: GUS, a frame-driven dialog system, Artificial Intelligence, 8(2):155–173 (1977)
9) P. Bojanowski, E. Grave, A. Joulin and T. Mikolov; Enriching word vectors with subword information, Transactions of the Association for Computational Linguistics, 5:135–146 (2017)
10) J. Bos: Wide-coverage semantic analysis with Boxer, in STEP, 277–286 (2008)
11) J. Bos and K. Markert: Recognising textual entailment with logical inference, in HLT-EMNLP, 628–635 (2005)
12) S. R. Bowman, G. Angeli, C. Potts and C. D. Manning: A large annotated corpus for learning natural language inference, in EMNLP, 632–642 (2015)
13) T. Brown, B. Mann, N. Ryder, M. Subbiah, J. D Kaplan, P. Dhariwal, A. Neelakantan, P. Shyam, G. Sastry, A. Askell, S. Agarwal, A. Herbert-Voss, G. Krueger, T. Henighan, R. Child, A. Ramesh, D. Ziegler, J. Wu, C. Winter, C. Hesse, M. Chen, E. Sigler, M. Litwin, S. Gray, B. Chess, J. Clark, C. Berner, S. McCandlish, A. Radford, I. Sutskever and D. Amodei: Language models are few-shot learners, in NeurIPS, 1877–1901 (2020)
14) E. Charniak: A maximum-entropy-inspired parser, in NAACL, 132–139 (2000)
15) N. Chomsky: Syntactic Structures, De Gruyter Mouton (1957)
16) Y. J. Chu and T. H. Liu: On the shortest arborescence of a directed graph, Science Sinica,

14:1396–1400 (1965)
17) K. W. Church and P. Hanks: Word association norms, mutual information, and lexicography. in ACL, 76–83 (1989)
18) J. Cocke: Programming Languages and Their Compilers: Preliminary Notes, Courant Institute of Mathematical Sciences (1969)
19) M. Collins: Three generative, lexicalised models for statistical parsing, in ACL-EACL, 16–23 (1997)
20) R. Collobert and J. Weston: A unified architecture for natural language processing: Deep neural networks with multitask learning, in ICML, 160–167 (2008)
21) A. Conneau, K. Khandelwal, N. Goyal, V. Chaudhary, G. Wenzek, F. Guzmán, E. Grave, M. Ott, L. Zettlemoyer and V. Stoyanov: Unsupervised cross-lingual representation learning at scale, in ACL, 8440–8451 (2020)
22) A. Conneau, D. Kiela, H. Schwenk, L. Barrault and A. Bordes: Supervised learning of universal sentence representations from natural language inference data, in EMNLP, 670–680 (2017)
23) R. Cooper, R. Crouch, J. van Eijck, C. Fox, J. van Genabith, J. Jaspars, H. Kamp, M. Pinkal, D. Milward, M. Poesio, S. Pulman, T. Briscoe, H. Maier and K. Konrad: Using the framework, Technical report, FraCaS: A Framework for Computational Semantics, FraCaS Deliverable D16 (1996)
24) I. Dagan, O. Glickman and B. Magnini: The PASCAL recognising textual entailment challenge, in Machine Learning Challenges, Evaluating Predictive Uncertainty, Visual Object Classification, and Recognising Tectual Entailment, Lecture Notes in Computer Science, 3944, Springer (2006)
25) A. M. Dai and Q. V. Le: Semi-supervised sequence learning, in NIPS, 3079–3087 (2015)
26) M.-C. de Marneffe, C. D. Manning, J. Nivre and Z. Daniel: Universal dependencies, Computational Linguistics, 47(2):255–308 (2021)
27) J. Devlin, M.-W. Chang, K. Lee and K. Toutanova: BERT: Pre-training of deep bidirectional transformers for language understanding, in NAACL-HLT, 4171–4186 (2019)
28) L. Dong and M. Lapata: Language to logical form with neural attention, in ACL, 33–43 (2016)
29) A. Dosovitskiy, L. Beyer, A. Kolesnikov, D. Weissenborn, X. Zhai, T. Unterthiner, M. Dehghani, M. Minderer, G. Heigold, S. Gelly, J. Uszkoreit and N. Houlsby: An image is worth 16x16 words: Transformers for image recognition at scale, in ICLR (2021)
30) T. Dozat and C. D. Manning: Deep biaffine attention for neural dependency parsing, in ICLR (2017)
31) T. Dozat and C. D. Manning: Simpler but more accurate semantic dependency parsing, in ACL, 484–490 (2018)
32) G. Durrett and D. Klein: Neural CRF parsing, in ACL-IJCNLP, 302–312 (2015)
33) C. Dyer, A. Kuncoro, M. Ballesteros and N. A. Smith: Recurrent neural network grammars, in NAACL-HLT, 199–209 (2016)
34) J. Earley: An efficient context-free parsing algorithm, Communications of the ACM, 13(2):94–102 (1970)
35) J. Edmonds: Optimum branchings, Journal of Research of the National Bureau of Standards, 71B, 233–240 (1967)

36) S. Edunov, M. Ott, M. Auli and D. Grangier: Understanding back-translation at scale, in EMNLP, 489–500 (2018)
37) J. M. Eisner: Three new probabilistic models for dependency parsing: An exploration, in COLING, 340–345 (1996)
38) M. Faruqui, J. Dodge, S. K. Jauhar, C. Dyer, E. Hovy and N. A. Smith: Retrofitting word vectors to semantic lexicons, in NAACL-HLT, 1606–1615 (2015)
39) C. Fellbaum: WordNet: An Electronic Lexical Database, Bradford Books (1998)
40) J. R. Firth: A synopsis of linguistic theory, 1930–1955, reprinted in F.R. Palmer ed.: Selected Papers of J. R. Firth 1952–1959, 1–32 (1957)
41) J. Ganitkevitch and C. Callison-Burch: The multilingual paraphrase database, in LREC, 4276–4283 (2014)
42) I. Goodfellow, Y. Bengio and A. Courville: Deep Learning, MIT Press (2016)
43) S. Gururangan, S. Swayamdipta, O. Levy, R. Schwartz, S. Bowman and N. A. Smith: Annotation artifacts in natural language inference data, in NAACL-HLT, 107–112 (2018)
44) J. Hajič, M. Ciaramita, R. Johansson, D. Kawahara, M. A. Martí, L. Màrquez, A. Meyers, J. Nivre, S. Padó, J. Štěpánek, P. Straňák, M. Surdeanu, N. Xue and Y. Zhang: The CoNLL-2009 shared task: Syntactic and semantic dependencies in multiple languages, in CoNLL, 1–18 (2009)
45) Z. S. Harris: Distributional structure, Word, 10(2–3):146–162 (1954)
46) L. He, K. Lee, M. Lewis and L. Zettlemoyer: Deep semantic role labeling: What works and what's next, in ACL, 473–483 (2017)
47) F. Hill, R. Reichart and A. Korhonen: SimLex-999: Evaluating semantic models with (genuine) similarity estimation, Computational Linguistics, 41(4):665–695 (2015)
48) E. Hosseini-Asl, B. McCann, C.-S. Wu, S. Yavuz and R. Socher: A simple language model for task-oriented dialogue, in NeurIPS, 20179–20191 (2020)
49) J. Howard and S. Ruder: Universal language model fine-tuning for text classification, in ACL, 328–339 (2018)
50) E. Huang, R. Socher, C. Manning and A. Ng: Improving word representations via global context and multiple word prototypes, in ACL, 873–882 (2012)
51) Z. Jiang, F. F. Xu, J. Araki and G. Neubig: How can we know what language models know? Transactions of the Association for Computational Linguistics, 8:423–438 (2020)
52) M. Johnson, M. Schuster, Q. V. Le, M. Krikun, Y. Wu, Z. Chen, N. Thorat, F. Viégas, M. Wattenberg, G. Corrado, M. Hughes and J. Dean: Google's multilingual neural machine translation system: Enabling zero-shot translation, Transactions of the Association for Computational Linguistics, 5:339–351 (2017)
53) H. Kamp and U. Reyle: From Discourse to Logic, Studies in Linguistics and Philosophy, 42, Springer (1993)
54) T. Kasami: An efficient recognition and syntax-analysis algorithm for context-free languages, Technical report, Air Force Cambridge Research Lab, Bedford, MA (1965)
55) A. Kawazoe, R. Tanaka, K. Mineshima and D. Bekki: A framework for constructing multilingual inference problem, in International Workshop on the Use of Multilingual Language Resources in Knowledge Representation Systems (MLKRep2015) (2015)
56) U. Khandelwal, K. Clark, D. Jurafsky and L. Kaiser: Sample efficient text summarization using a single pre-trained Transformer, CoRR, abs/1905.08836 (2019)

57) E. Kiperwasser and Y. Goldberg: Simple and accurate dependency parsing using bidirectional LSTM feature representations, Transactions of the Association for Computational Linguistics, 4:313–327 (2016)
58) R. Kiros, Y. Zhu, R. R. Salakhutdinov, R. Zemel, R. Urtasun, A. Torralba and S. Fidler: Skip-thought vectors, in NIPS, 3294–3302 (2015)
59) A. Krizhevsky, I. Sutskever and G. E. Hinton: Imagenet classification with deep convolutional neural networks, in NIPS, 1097–1105 (2012)
60) T. Kudo and Y. Matsumoto: Japanese dependency analysis using cascaded chunking, in CoNLL, 63–69 (2002)
61) Z. Lan, M. Chen, S. Goodman, K. Gimpel, P. Sharma and R. Soricut: ALBERT: A lite BERT for self-supervised learning of language representations, in ICLR (2020)
62) K. Lee, M.-W. Chang and K. Toutanova: Latent retrieval for weakly supervised open domain question answering, in ACL, 6086–6096 (2019)
63) B. Lester, R. Al-Rfou and N. Constant: The power of scale for parameter-efficient prompt tuning, in EMNLP, 3045–3059 (2021)
64) O. Levy and Y. Goldberg: Dependency-based word embeddings, in ACL, 302–308 (2014)
65) O. Levy and Y. Goldberg: Neural word embedding as implicit matrix factorization, in NIPS, 2177–2185 (2014)
66) M. Lewis, Y. Liu, N. Goyal, M. Ghazvininejad, A. Mohamed, O. Levy, V. Stoyanov and L. Zettlemoyer: BART: Denoising sequence-to-sequence pre-training for natural language generation, translation and comprehension, in ACL, 7871–7880 (2020)
67) X. L. Li and P. Liang: Prefix-tuning: Optimizing continuous prompts for generation, in ACL-IJCNLP, 4582–4597 (2021)
68) P. J. Liu, M. Saleh, E. Pot, B. Goodrich, R. Sepassi, L. Kaiser and N. Shazeer: Generating Wikipedia by summarizing long sequences, in ICLR (2018)
69) Y. Liu, J. Gu, N. Goyal, X. Li, S. Edunov, M. Ghazvininejad, M. Lewis and L. Zettlemoyer: Multilingual denoising pre-training for neural machine translation, Transactions of the Association for Computational Linguistics, 8:726–742 (2020)
70) Y. Liu, M. Ott, N. Goyal, J. Du, M. Joshi, D. Chen, O. Levy, M. Lewis, L. Zettlemoyer and V. Stoyanov: RoBERTa: A robustly optimized BERT pretraining approach, CoRR, abs/1907.11692 (2019)
71) W. N. Locke: Machine Translation, volume 16:414–444 (1975)
72) L. Logeswaran and H. Lee: An efficient framework for learning sentence representations, in ICLR (2018)
73) M. P. Marcus, B. Santorini and M. A. Marcinkiewicz: Building a large annotated corpus of English: The Penn Treebank, Computational Linguistics, 19(2):313–330 (1993)
74) M. Marelli, S. Menini, M. Baroni, L. Bentivogli, R. Bernardi and R. Zamparelli: A SICK cure for the evaluation of compositional distributional semantic models, in LREC, 216–223 (2014)
75) F. Martelli, N. Kalach, G. Tola and R. Navigli: SemEval-2021 task 2: Multilingual and cross-lingual word-in-context disambiguation (MCL-WiC), in SemEval, 24–36 (2021)
76) P. Martínez-Gómez, K. Mineshima, Y. Miyao and D. Bekki: ccg2lambda: A compositional semantics system, in ACL 2016 System Demonstrations, 85–90 (2016)
77) R. McDonald, F. Pereira, K. Ribarov and J. Hajič: Nonprojective dependency parsing

using spanning tree algorithms, in HLT-EMNLP, 523–530 (2005)

78) O. Melamud, J. Goldberger and I. Dagan: context2vec: Learning generic context embedding with bidirectional LSTM, in CoNLL, 51–61 (2016)

79) T. Mikolov, K. Chen, G. Corrado and J. Dean: Efficient estimation of word representations in vector space, in ICLR (2013)

80) T. Mikolov, I. Sutskever, K. Chen, G. S. Corrado and J. Dean: Distributed representations of words and phrases and their compositionality, in NIPS, 3111–3119 (2013)

81) T. Mikolov, M. Karafiát, L. Burget, J. Černocký and S. Khudanpur: Recurrent neural network based language model, in INTERSPEECH, 1045–1048 (2010)

82) K. Mineshima, P. Martínez-Gómez, Y. Miyao and D. Bekki: Higher-order logical inference with compositional semantics, in EMNLP, 2055–2061 (2015)

83) R. Montague: The proper treatment of quantification in ordinary English, in K. J. J. Hintikka, J. M. E. Moravcsik and P. Suppes eds.: Approaches to Natural Language, Synthese Library, 49:221–242, Springer (1973)

84) J. Nivre and M. Scholz: Deterministic dependency parsing of English text, in COLING, 64–70 (2004)

85) S. Oepen, M. Kuhlmann, Y. Miyao, D. Zeman, S. Cinková, D. Flickinger, J. Hajič and Z. Urešová: SemEval 2015 task 18: Broad-coverage semantic dependency parsing, in SemEval, 915–926 (2015)

86) M. Palmer, D. Gildea and P. Kingsbury: The Proposition Bank: An annotated corpus of semantic roles, Computational Linguistics, 31(1):71–106 (2005)

87) R. Pascanu, T. Mikolov and Y. Bengio: On the difficulty of training recurrent neural networks, in ICML, 1310–1318 (2013)

88) E. Pavlick, P. Rastogi, J. Ganitkevitch, B. Van Durme and C. Callison-Burch: PPDB 2.0: Better paraphrase ranking, fine-grained entailment relations, word embeddings and style classification, in ACL-IJCNLP, 425–430 (2015)

89) M. E. Peters, M. Neumann, M. Iyyer, M. Gardner, C. Clark, K. Lee and L. Zettlemoyer: Deep contextualized word representations, in NAACL-HLT, 2227–2237 (2018)

90) M. T. Pilehvar and J. Camacho-Collados: WiC: The word-in-context dataset for evaluating context-sensitive meaning representations, in NAACL-HLT, 1267–1273 (2019)

91) M. F. Porter: An algorithm for suffix stripping, Program, 14(3):130–137 (1980)

92) M. Rabinovich, M. Stern and D. Klein: Abstract syntax networks for code generation and semantic parsing, in ACL, 1139–1149 (2017)

93) A. Radford, K. Narasimhan, T. Salimans and I. Sutskever: Improving language understanding by generative pre-training, Technical report, Open AI (2018)

94) A. Radford, J. Wu, R. Child, D. Luan, D. Amodei and I. Sutskever: Language models are unsupervised multitask learners, Technical report, Open AI (2019)

95) C. Raffel, N. Shazeer, A. Roberts, K. Lee, S. Narang, M. Matena, Y. Zhou, W. Li and P. J. Liu: Exploring the limits of transfer learning with a unified text-to-text Transformer, Journal of Machine Learning Research, 21(140):1–67 (2020)

96) N. Reimers and I. Gurevych: Making monolingual sentence embeddings multilingual using knowledge distillation, in EMNLP, 4512–4525 (2020)

97) K. Richardson, H. Hu, L. Moss and A. Sabharwal: Probing natural language inference models through semantic fragments, in AAAI, 8713–8721 (2020)

98) M. Roemmele, C. A. Bejan and A. S. Gordon: Choice of plausible alternatives: An evaluation of commonsense causal reasoning, in AAAI Spring Symposium on Logical Formalizations of Commonsense Reasoning (2011)
99) S. Roller, E. Dinan, N. Goyal, D. Ju, M. Williamson, Y. Liu, J. Xu, M. Ott, K. Shuster, E. M. Smith, Y-L. Boureau and J. Weston: Recipes for building an open-domain chatbot, in EACL, 300–325 (2020)
100) S. Rongali, L. Soldaini, E. Monti and W. Hamza: Don't parse, generate! A sequence to sequence architecture for task-oriented semantic parsing, in WWW, 2962–2968 (2020)
101) M. Roth and M. Lapata: Neural semantic role labeling with dependency path embeddings, in ACL, 1192–1202 (2016)
102) J. Ruppenhofer, M. Ellsworth, M. R. L. Petruck, C. R. Johnson and J. Scheffczyk: FrameNet II: Extended Theory and Practice, Berkeley, California (2006)
103) K. Sagae and A. Lavie: A classifier-based parser with linear run-time complexity, in International Workshop on Parsing Technology, 125–132 (2005)
104) V. Sanh, L. Debut, J. Chaumond and T. Wolf: DistilBERT, a distilled version of BERT: smaller, faster, cheaper and lighter, in Workshop on Energy Efficient Machine Learning and Cognitive Computing (2019)
105) B. Santorini: Part-of-speech tagging guidelines for the Penn Treebank project (3rd revision), Technical Report MS-CIS-90-47, Department of Computer and Information Science, University of Pennsylvania (1990)
106) F. Seide, G. Li and D. Yu: Conversational speech transcription using context-dependent deep neural networks, in INTERSPEECH, 437–440 (2011)
107) R. Sennrich, B. Haddow and A. Birch: Improving neural machine translation models with monolingual data, in ACL, 86–96 (2016)
108) C. E. Shannon: A mathematical theory of communication, Bell System Technical Journal, 27:379–423 & 623–656 (1948)
109) N. Srivastava, G. Hinton, A. Krizhevsky, I. Sutskever and R. Salakhutdinov: Dropout: A simple way to prevent neural networks from overfitting, Journal of Machine Learning Research, 15(56):1929–1958 (2014)
110) M. Steedman: The Syntactic Process, The MIT Press (2000)
111) M. Stern, J. Andreas and D. Klein: A minimal span-based neural constituency parser, in ACL, 818–827 (2017)
112) I. Sutskever, O. Vinyals and Q. V. Le: Sequence to sequence learning with neural networks, in NIPS, 3104–3112 (2014)
113) C. Szegedy, V. Vanhoucke, S. Ioffe, J. Shlens and Z. Wojna: Rethinking the inception architecture for computer vision, in CVPR, 2818–2826 (2016)
114) T. Tanaka and M. Nagata: Constructing a practical constituent parser from a Japanese treebank with function labels, in Workshop on Statistical Parsing of Morphologically-Rich Languages, 108–118 (2013)
115) M. Tomita: Efficient parsing for natural language: A fast algorithm for practical systems, The Springer International Series in Engineering and Computer Science, Springer (1986)
116) A. Vaswani, N. Shazeer, N. Parmar, J. Uszkoreit, L. Jones, A. N. Gomez, Ł. Kaiser and I. Polosukhin: Attention is all you need, in NIPS, 6000–6010 (2017)
117) I. Vulić, E. M. Ponti, R. Litschko, G. Glavaš and A. Korhonen: Probing pretrained

language models for lexical semantics, in EMNLP, 7222–7240 (2020)
118) B. Wang, L. Shang, C. Lioma, X. Jiang, H. Yang, Q. Liu and J. G. Simonsen: On position embeddings in BERT, in ICLR (2021)
119) Y. Watanabe, Y. Miyao, J. Mizuno, T. Shibata, H. Kanayama, C.-W. Lee, C.-J. Lin, S. Shi, T. Mitamura, N. Kando, H. Shima and K. Takeda: Overview of the recognizing inference in text (RITE-2) at NTCIR-10, in NTCIR, 385–404 (2013)
120) W. Weaver: Translation, in W. N. Locke and A. D.Boothe eds.: Machine Translation of Languages, 15–23, MIT Press, Cambridge, MA, 1949/1955, Reprinted from a memorandum written by Weaver (1949)
121) A. Williams, N. Nangia and S. Bowman: A broad-coverage challenge corpus for sentence understanding through inference, in NAACL-HLT, 1112–1122 (2018)
122) L. Xue, N. Constant, A. Roberts, M. Kale, R. Al-Rfou, A. Siddhant, A. Barua and C. Raffel: mT5: A massively multilingual pre-trained text-to-text transformer, in NAACL-HLT, 483–498 (2021)
123) H. Yamada and Y. Matsumoto: Statistical dependency analysis with support vector machines, in International Conference on Parsing Technologies, 195–206 (2003)
124) H. Yanaka, K. Mineshima, D. Bekki and K. Inui: Do neural models learn systematicity of monotonicity inference in natural language?, in ACL, 6105–6117 (2020)
125) P. Yin and G. Neubig: A syntactic neural model for general purpose code generation, in ACL, 440–450 (2017)
126) D. H. Younger: Recognition and parsing of context-free languages in time n^3, information and Control, 10(2):189–208 (1967)
127) J. M. Zelle and R. J. Mooney: Learning to parse database queries using inductive logic programming, in AAAI, 1050–1055 (1996)
128) L. S. Zettlemoyer and M. Collins: Learning to map sentences to logical form: Structured classification with probabilistic categorial grammars, in UAI, 658–666 (2005)
129) T. Zhang, V. Kishore, F. Wu, K. Q. Weinberger and Y. Artzi: BERTScore: Evaluating text generation with BERT, in ICLR (2020)
130) Y. Zhu, R. Kiros, R. Zemel, R. Salakhutdinov, R. Urtasun, A. Torralba and S. Fidler: Aligning books and movies: Towards story-like visual explanations by watching movies and reading books, in ICCV, 19–27 (2015)
131) G. K. Zipf: Human Behavior and the Principle of Least Effort, Addison-Wesley (1949)
132) 井上ひさし: 日本語教室, 新潮社 (2011)
133) 河原大輔, 黒橋禎夫: 格フレーム辞書の漸次的自動構築, 自然言語処理, 12(2):109–131 (2005)
134) 松田寛: GiNZA - Universal dependencies による実用的日本語解析, 自然言語処理, 27(3):695–701 (2020)
135) 峯島宏次: 人工知能と言語, 神奈川大学評論, 95:64–71 (2020)
136) 国立国語研究所: 『NINJAL parsed corpus of modern Japanese』(バージョン 1.0), https://npcmj.ninjal.ac.jp/interfaces/ (2016)
137) 黒橋禎夫, 長尾眞: 京都大学テキストコーパス・プロジェクト, 言語処理学会第 3 回年次大会発表論文集, 115–118 (1997)
138) 長尾真: 言語処理の歴史, 言語処理学事典, 2–20, 共立出版 (2009)
139) 浅原正幸, 金山博, 宮尾祐介, 田中貴秋, 大村舞, 村脇有吾, 松本裕治: Universal dependencies 日本語コーパス, 自然言語処理, 26(1):3–36 (2019)

140) 浅原正幸, 松本裕治: 『現代日本語書き言葉均衡コーパス』に対する文節係り受け・並列構造アノテーション, 自然言語処理, 25(4):331–356 (2018)
141) 小谷通隆, 柴田知秀, 中田貴之, 黒橋禎夫: 日本語 textual entailment のデータ構築と自動獲得した類義表現に基づく推論関係の認識, 言語処理学会第 14 回年次大会発表論文集, 1140–1143 (2008)
142) 田中貴秋, 永田昌明, 松崎拓也, 宮尾祐介, 植松すみれ: 統語情報と意味情報を統合した日本語句構造ツリーバンクの構築, 言語処理学会第 20 回年次大会発表論文集, 737–740 (2014)
143) 飯田龍, 小町守, 井之上直也, 乾健太郎, 松本裕治: 述語項構造と照応関係のアノテーション: NAIST テキストコーパス構築の経験から, 自然言語処理, 17(2):25–50 (2010)

索　引

ア　行

カ　行

サ　行

タ　行

ナ　行

ハ　行

マ　行

ヤ　行

ラ　行

ワ　行

英数字

〈著者略歴〉

岡 﨑 直 観（おかざき　なおあき）

2007年　東京大学大学院情報理工学系研究科博士後期課程修了
　　　　博士（情報理工学）
2017年　東京工業大学情報理工学院情報工学系 教授（現職）

荒 瀬 由 紀（あらせ　ゆき）

2010年　大阪大学大学院情報科学研究科博士後期課程修了
　　　　博士（情報科学）
2014年　大阪大学大学院情報科学研究科准教授（現職）

鈴 木　 潤（すずき　じゅん）

2005年　奈良先端科学技術大学院大学博士後期課程修了
　　　　博士（工学）
2020年　東北大学データ駆動科学・AI教育研究センター 教授（現職）

鶴 岡 慶 雅（つるおか　よしまさ）

2002年　東京大学大学院工学系研究科博士後期課程修了
　　　　博士（工学）
2018年　東京大学大学院情報理工学系研究科 教授（現職）

宮 尾 祐 介（みやお　ゆうすけ）

2001年　東京大学大学院理学系研究科博士後期課程中途退学
2006年　博士（情報理工学）
2018年　東京大学大学院情報理工学系研究科 教授（現職）

IT Text
自然言語処理の基礎

2022年 8 月20日　　第1版第1刷発行
2023年10月10日　　第1版第5刷発行

著　者　岡 﨑 直 観・荒 瀬 由 紀・鈴 木　 潤・鶴 岡 慶 雅・宮 尾 祐 介
発行者　村 上 和 夫
発行所　株式会社 オーム社
　　　　郵便番号　101-8460
　　　　東京都千代田区神田錦町 3-1
　　　　電話　03(3233)0641(代表)
　　　　URL https://www.ohmsha.co.jp/

印刷・製本　三美印刷
ISBN978-4-274-22900-8　Printed in Japan